普通高等学校"十四五"规划BIM技术应用新形态教材
1＋X建筑信息模型(BIM)职业技能等级证书考核培训教材

U0179947

# BIM 建模基础

主　编　任楚超
副主编　张天琪　谭宇翔　吕海霞　徐伟伟
参　编　张亚飞　欧阳禄龙　黄　盒　曹　轲
主　审　胡建平　曾　波

华中科技大学出版社
http://www.hustp.com
中国·武汉

**图书在版编目(CIP)数据**

BIM 建模基础/任楚超主编. —武汉:华中科技大学出版社,2022.8(2025.1 重印)
ISBN 978-7-5680-8412-3

I. ① B… II. ① 任… III. ① 建筑设计-计算机辅助设计-应用软件 IV. ① TU201.4

中国版本图书馆 CIP 数据核字(2022)第 123585 号

**BIM 建模基础** 任楚超 主编
BIM Jianmo Jichu

策划编辑:简晓思
责任编辑:陈 忠
封面设计:金 刚
责任校对:刘 竣
责任监印:朱 玢
出版发行:华中科技大学出版社(中国·武汉) 电话:(027)81321913
武汉市东湖新技术开发区华工科技园 邮编:430223
录 排:华中科技大学出版社美编室
印 刷:北京虎彩文化传播有限公司
开 本:787mm×1092mm 1/16
印 张:21
字 数:511 千字
版 次:2025 年 1 月第 1 版第 2 次印刷
定 价:98.00 元

# 前　言

　　BIM(建筑信息模型)技术是目前土木工程领域较为前沿和热门的技术之一,推动土木工程相关行业进行"信息化"革命。住建部在《关于推进建筑信息模型应用的指导意见》中明确提出,要全面推进 BIM 技术的应用,到 2020 年末以国有资金投资为主的大中型建筑项目,在建设实施中集成应用 BIM 技术的项目比率需达到 90%。随着 BIM 技术的普及以及政府对 BIM 技术的大力推广,政府主管部门、投资建设、工程总承包、勘察设计、施工、监理、造价管理等机构对 BIM 人才的需求日益突出。

　　2019 年开始,教育部在职业院校、应用型本科高校启动"学历证书+若干职业技能等级证书"制度试点(以下称"1+X"证书制度试点)工作。"1+X"证书制度重点围绕服务国家需要、市场需求、学生就业能力提升等内容,从 10 个左右的领域做起,启动试点工作,建筑信息模型(BIM)职业技能等级证书被遴选为首批试点的职业技能等级证书,并已于 2019 年 11 月 23 日开展首次全国统一考核。

　　本书依据《建筑信息模型(BIM)职业技能等级标准》《"1+X"建筑信息模型(BIM)职业技能等级证书考评大纲》和《BIM 技能等级考评大纲(中国图学学会)》等要求,基于"以项目为导向,以学生为中心"的课程理念,实践"岗课证"融合育人模式。本书共设 8 个学习情境,其中学习情境 1 为"BIM 建模准备",学习情境 2 为"建筑专业建模",学习情境 3 为"标记、标注与注释",学习情境 4 为"BIM 成果输出",学习情境 5 为"结构专业建模",学习情境 6 为"BIM 构件创建",学习情境 7 为"概念体量创建",学习情境 8 为"小模型的创建"。

　　本书学习情境 1 和学习情境 2 主要由任楚超编写,学习情境 3、学习情境 4 和学习情境 5 主要由谭宇翔编写,学习情境 6、学习情境 7 和学习情境 8 主要由张天琪编写。此外,吕海霞和徐伟伟参与编写了学习情境 1 和学习情境 5 的部分内容。全书由任楚超统稿,由胡建平、曾波担任主审。

　　本书在编写期间,得到广州建筑湾区智造科技有限公司高级工程师张亚飞、中国建筑土木建设有限公司华南分公司高级工程师欧阳禄龙、华东建筑设计研究院有限公司高级工程师黄盒以及重庆大学副教授曹轲等专家的指导和帮助并对本书提出宝贵意见。在本书在出版期间,得到华中科技大学出版社的大力支持,在此一并感谢。

　　由于编者水平有限,虽经反复斟酌修改,书中难免有疏漏和不妥之处,恳请广大读者谅解并指正,以期再版时修订,在此深表谢意。

编　者

2025 年 1 月

# 本书微课列表

学习
情境 2

2.12.2 创建
洞口

2.13.2 创建
台阶

2.13.2 创建
散水

2.14.3 创建
门窗明细表

2.14.3 创建
一层平面图图纸

2.14.3 模型渲染

学习
情境 3

3.2.1 标记
学习任务

3.2.2 标记
实施任务

3.2.3 标记
真题任务

3.3.1 标记
学习任务

3.3.2 标注
实施任务

3.3.3 标记
真题任务

3.4.1 注释
学习任务

3.4.2 注释
实施任务

学习
情境 4

4.2.1 明细表
学习任务

4.2.2 明细表
实施任务

4.2.3 明细表
真题任务

4.3.1 图纸
学习任务

4.3.2 图纸
实施任务

4.3.3 图纸
真题任务

| 学习情境 5 |  5.2.1 结构柱学习任务 |  5.2.2 结构柱实施任务 |  5.2.3 结构柱真题任务 |  5.3.1 梁学习任务 |  5.3.2 梁实施任务 |
|---|---|---|---|---|---|
| 学习情境 6 |  6.2.3 拉伸实施任务 |  6.3.3 融合实施任务 |  6.4.3 旋转实施任务 |  6.5.3 放样实施任务 | |
| 学习情境 7 |  7.2.3 体量实施任务 | | | | |
| 学习情境 8 |  8.2.1 小模型真题1 |  8.2.2 小模型真题2 | | | |

# 目　录

# 学习情境 1　BIM 建模准备

## 1.1　学 习 情 境

### 1.1.1　学习目标

了解建筑构件的基本概念以及 BIM 建筑专业建模的一般步骤。掌握 BIM 建模软件及建模环境设置。

### 1.1.2　学习任务

| | 序号 | 任务描述 | 真题 |
|---|---|---|---|
| 学习任务 | 任务 1：Revit 用户界面 | 掌握 BIM 建模的软件、硬件环境设置；<br>熟悉参数化设计的概念与方法；<br>熟悉建模流程；<br>熟悉相关 BIM 建模软件功能；<br>了解不同专业的 BIM 建模方式 | "1+X"建筑信息模型（BIM）职业技能等级考试——初级：BIM 建模理论试题 |
| | 任务 2：创建项目及保存项目 | 掌握创建项目需要进行预先设置的内容，如项目名称、项目文件最大备份数；<br>掌握 BIM 建模环境设置；<br>了解项目单位设置、项目基点和测量点设置 | "1+X"建筑信息模型（BIM）职业技能等级考试——初级：BIM 建模理论试题与实操试题第三题考题一 |

# 1.2 任务1:Revit 用户界面

## 1.2.1 学习任务

### 1. Revit 用户界面

1)初始界面

双击桌面 Revit 2016 快捷图标 ,启动 Revit 2016,进入软件初始界面。初始界面主要包括:项目模块、族模块以及资源模块。项目模块包括"打开 Revit 项目文件""新建 Revit 项目文件"和四个软件自带样板文件:"构造样板""建筑样板""结构样板"和"机械样板"。族模块包括"打开 Revit 族文件""新建 Revit 族文件"和"新建概念体量模型"。资源模块包括"新特性"(Revit 中新功能)、"Revit 帮助文件""基本技能视频""Exchange Apps"和"Revit 社区",如图 1-1 所示。

图 1-1

(1)项目模块

项目文件是单个建筑设计信息数据库,包含某个建筑的所有信息,如:建筑三维模型、平立剖及节点视图、各种明细表、施工图图纸,以及其他相关信息等。项目文件使用文件扩展名为 rvt。

项目样板提供了用于简化项目设置和实现标准的初始设置,包括视图样板、已载入的族、已定义的建模设置(如单位、填充样式、线样式、线宽、视图比例等)等内容。Revit 中提供了若干样板,用于不同的规程和建筑项目类型。项目样板使用文件扩展名为 rte。

(2)族模块

族是构成 Revit 中模型的基本元素。在 Revit 中,墙、门、窗、楼梯、楼板等基本的图形单元被称为图元,任何一个图元都是由某一个特定族生成的。族文件使用文件扩展名为 rft。

　　体量是建筑模型的形状。体量模型的创建可以用于项目前期的概念设计,为建筑师提供灵活、简单、快速的概念设计模型。

　　2)工作界面

　　建筑样板工作界面即建模界面,如图 1-2 所示,主要包括:① 应用程序菜单;② 快速访问工具栏;③ 信息中心;④ 选项栏;⑤ 类型选择器;⑥ "属性"选项板;⑦ 项目浏览器;⑧ 状态栏;⑨ 视图控制栏;⑩ 绘图区域;⑪ 功能区;⑫ 功能区上的选项卡;⑬ 功能区上的上下文选项卡,提供与选定对象或当前动作相关的工具;⑭ 功能区当前选项卡上的工具;⑮ 功能区上的面板。

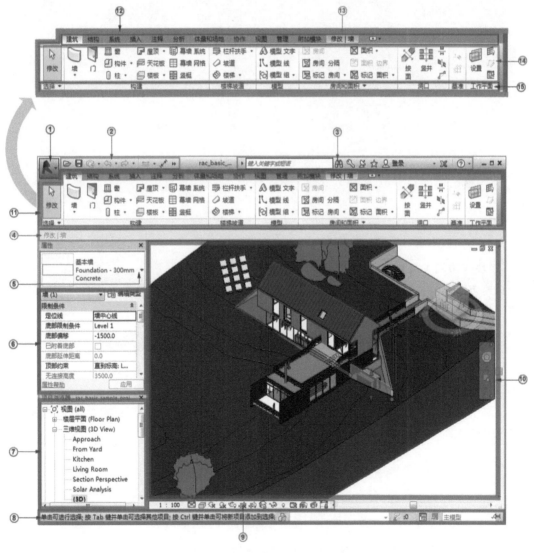

图 1-2

　　(1)应用程序菜单

　　应用程序菜单提供对常用文件操作的访问,例如"新建""打开"和"保存"。还可使用更高级的工具(如"导出"和"发布")来管理文件,如图 1-3 所示。

最近使用的文档
按已排序列表
新建
打开
保存
另存为
导出
Suite 工作流
发布
打印
关闭
选项
退出 Revit

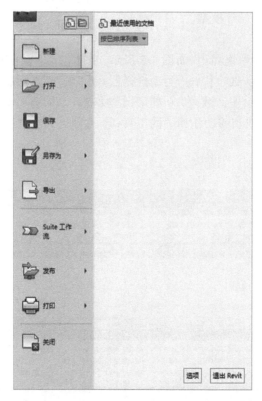

图 1-3

(2)快速访问工具栏

快速访问工具栏包含一组默认工具，并且可以根据需要对该工具栏进行自定义，使其显示较常用的工具，如图 1-4 所示。

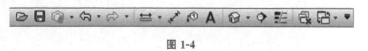

图 1-4

(3)信息中心

信息中心包括一个位于标题栏右侧的工具集，可访问许多与产品相关的信息源，如图 1-5 所示。

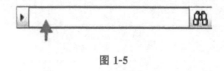

图 1-5

(4)选项栏

选项栏位于功能区下方，根据当前工具或选定的图元显示条件工具，如图 1-6 所示。

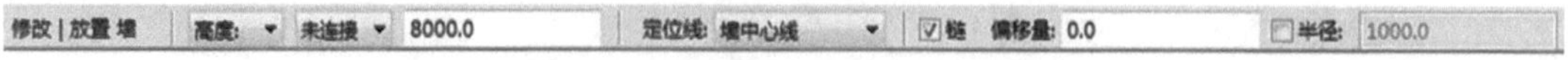

修改 | 放置 墙
高度:
未连接
8000.0
定位线: 墙中心线
链
偏移量: 0.0
半径:
1000.0

图 1-6

（5）类型选择器

如果某图元的工具处于活动状态，或者在绘图区域中选择了同一类型的多个图元，则"属性"选项板的顶部将显示"类型选择器"。"类型选择器"标识当前选择的族类型，并提供一个可从中选择其他类型的下拉列表，如图 1-7 所示。单击"类型选择器"时，会显示搜索字段，在搜索字段中输入关键字来快速查找所需的内容类型。

（6）"属性"选项板

"属性"选项板可以查看和修改用来定义图元属性的参数。第一次启动 Revit 时，"属性"选项板处于打开状态并固定在绘图区域左侧"项目浏览器"的上方。通常，在执行 Revit 任务期间应使"属性"选项板保持打开状态。如关闭"属性"选项板，可以使用下列方法重新打开它。

① 在绘图区域中单击鼠标右键并单击"属性"，如图 1-8 所示。

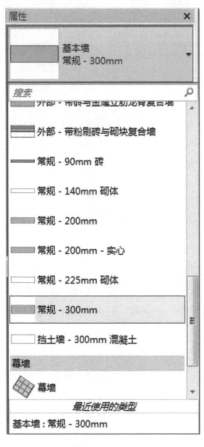

图 1-7　　　　　　　　　　　　　　　　图 1-8

② 单击"修改"选项卡中的"属性"面板 ▣ （属性），如图 1-9 所示。

③ 单击"视图"选项卡，在"窗口"面板"用户界面"下拉列表中勾选"属性"，如图 1-10 所示。

通常将"属性"选项板固定在绘图区域左侧，并在水平方向上调整其大小。在取消对选项板的固定之后，可以在水平方向和垂直方向上调整其大小。同一个用户从一个任务切换到下一个任务时，选项板的显示和位置将保持不变。

图 1-9

图 1-10

(7)项目浏览器

项目浏览器用于显示当前项目中所有视图、明细表、图纸、组和其他部分的逻辑层次,展开和折叠各分支时,将显示下一层项目,如图 1-11 所示。通常,在执行 Revit 任务期间应使"项目浏览器"保持打开状态。

如关闭项目浏览器,可以使用下列方法重新打开它。

① 在应用程序窗口中的任意位置单击鼠标右键,然后单击"浏览器"菜单中的"项目浏览器",如图 1-12 所示。

② 单击"视图"选项卡下"窗口"面板上"用户界面"下拉列表中的"项目浏览器",如图 1-13 所示。

通常将项目浏览器固定在绘图区域右侧。若要更改"项目浏览器"的位置,可拖动其标题栏。若要更改其尺寸,请拖动边。对项目浏览器的大小和位置所做的修改将被保存,并在重新启动应用程序时得到恢复。

(8)状态栏

状态栏会提供有关要执行操作的相关提示。高亮显示图元或构件时,状态栏会显示族和类型的名称。状态栏沿应用程序窗口底部显示,如图 1-14 所示。

图 1-11

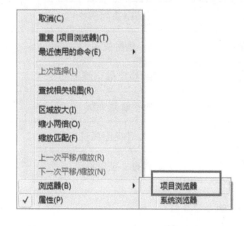

图 1-12

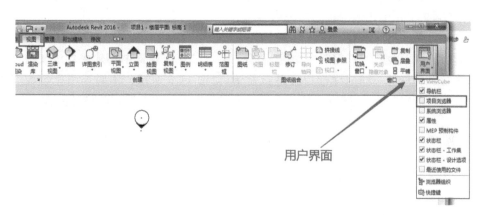

图 1-13

图 1-14

（9）视图控制栏

视图控制栏可以快速访问影响当前视图显示的功能。"视图控制栏"位于视图窗口底部，状态栏的上方，并包含以下工具，如图 1-15 所示。

图 1-15

视图控制栏中的工具的功能如表 1-1 所示。

表 1-1

| 工具 | 功能 | 工具 | 功能 |
| --- | --- | --- | --- |
| 1 : 100 | 比例 | | 详细程度 |
| | 视觉样式 | | 打开/关闭日光路径 |
| | 打开/关闭阴影 | | 显示/隐藏渲染对话框 |
| | 裁剪视图 | | 显示/隐藏裁剪区域 |
| | 解锁/锁定的三维视图 | | 临时隐藏/隔离 |
| | 显示隐藏的图元 | | 工作共享显示 |
| | 临时视图属性 | | 显示或隐藏分析模型 |
| | 高亮显示置换组 | | 显示限制条件 |

① 比例。

视图比例是在图纸中用于表示模型的比例系统。可为项目中的每个视图指定不同比例，也可以创建自定义视图比例。不同视图比例模型显示区别可参阅"1.2.2 实施任务"视图显示样式调整中视图比例调整的相关内容。

② 详细程度。

视图模型详细程度分为"粗略""中等"和"精细"。如族编辑器中创建的自定义门可以按照粗略、中等和精细等不同的详细程度进行显示，如图 1-16 所示。不同视图详细程度模型显示区别可参阅"1.2.2 实施任务"视图显示样式调整中详细程度调整的相关内容。

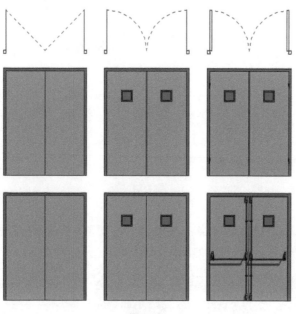

图 1-16

③ 视觉样式。

视觉样式可为项目视图指定不同的图形样式。视觉样式可以分为模型显示、阴影、照明、摄影曝光和背景选项。

·线框视觉样式

线框视觉样式可显示绘制了所有边和线而未绘制表面的模型图像。

·隐藏线视觉样式

隐藏线视觉样式可显示绘制了除被表面遮挡部分以外的所有边和线的图像。

·着色视觉样式

着色视觉样式显示处于着色模式下的图像,而且具有显示间接光及其阴影的选项。

·一致的颜色视觉样式

一致的颜色视觉样式显示所有表面都按照表面材质颜色设置进行着色的图像。

·真实视觉样式

真实视觉样式可在模型视图中即时显示真实材质外观。

·光线追踪视觉样式

光线追踪视觉样式是真实照片级渲染模式,可在照片级真实感模式中渲染模型,并可平移和缩放 Revit 模型。

不同视图详细程度模型显示区别可参阅"1.2.2 实施任务"视图显示样式调整中视觉样式调整的相关内容。

④ 打开/关闭日光路径。

在研究日光和阴影对建筑和场地的影响时,为了获得最佳的结果,应打开三维视图中的日光路径和阴影显示。在一个视图中打开或关闭日光路径或阴影时,其他视图不受影响。三维视图中投射阴影的图元要比二维视图多,因此产生的自然采光、阴影要求、被动式太阳能设计潜力和可再生能源潜力等相关信息也就更多。打开日光路径,可使用下列方法:

·在视图控制栏上,单击"关闭/打开日光路径" ⚙ 中的"打开日光路径";

·在"属性"选项板上的"图形"下,选择"日光路径",然后单击"应用"。

⑤ 打开/关闭阴影。

打开阴影,可使用下列方法:

·在视图控制栏上,单击"关闭/打开阴影" ⚙ 中的"打开阴影";

·在视图控制栏上,单击"视觉样式" ▱ 中的"图形显示选项"。在"图形显示选项"对话框的"阴影"下方,选择"投射阴影",然后单击"确定"。

⑥ 显示/隐藏渲染对话框。

渲染可为建筑模型创建照片级真实感图像。在渲染三维视图前,先定义控制照明、曝光、分辨率、背景和图像质量等设置。使用默认设置来渲染视图,可在大多数情况下得到令人满意的结果。仅当绘图区域显示三维视图时才可进行渲染。

⑦ 裁剪视图。

裁剪区域定义了项目视图的边界,可以在所有图形项目视图中显示模型裁剪区域和注释裁剪区域。透视三维视图不支持注释裁剪区域。

⑧ 显示/隐藏裁剪区域。

在视图控制栏上,单击"显示裁剪区域" ▨ 或"隐藏裁剪区域",可在建模时根据需要显示或隐藏裁剪区域。

⑨ 解锁/锁定的三维视图。

通过锁定的三维视图,可以在视图中标记图元并添加注释记号。

⑩ 临时隐藏/隔离。

建模过程中如需查看或编辑视图中特定类别的少数几个图元,可使用临时隐藏/隔离图元或类别。在绘图区域中,选择一个或多个图元,在视图控制栏上单击"临时隐藏/隔离",然后选择下列操作。

•隔离类别,即视图中仅显示所有选定类别。例如,选择某些墙和门,则仅在视图中显示所有墙和门。

•隐藏类别,即隐藏视图中所有选定类别。例如,选择某些墙和门,则在视图中隐藏所有墙和门。

•隔离图元,即视图中仅显示选定图元。

•隐藏图元,即视图中仅隐藏选定图元。

启动临时隐藏图元或图元类别时,将显示带有边框的"临时隐藏/隔离"图标 。若不保存更改退出临时隐藏/隔离模式,需在视图控制栏上单击 ,然后单击"重设临时隐藏/隔离",所有临时隐藏的图元恢复到视图中。若要退出临时隐藏/隔离模式并保存更改,则需在视图控制栏上单击 ,然后单击"将隐藏/隔离应用到视图"。

⑪ 显示隐藏的图元。

临时查看隐藏图元或将其取消隐藏,需在视图控制栏上,单击"显示隐藏的图元" ,此时"显示隐藏的图元"图标和绘图区域将显示一个彩色边框,用于指示目前处于"显示隐藏的图元"模式下。所有隐藏的图元都以彩色显示,而可见图元则显示为半色调,如图 1-17 所示。

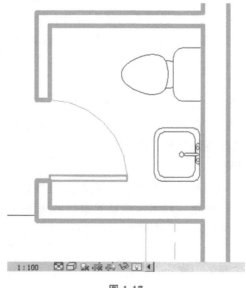

图 1-17

要显示隐藏的图元,可执行下列步骤。

•选择图元。

•执行以下操作之一：

a.单击"修改|〈图元〉"选项卡，在"视图"面板选择"取消隐藏图元" 📵 工具或"取消隐藏类别" 🏭 工具；

b.在图元上单击鼠标右键，然后单击"取消在视图中隐藏"，选择"图元"或"类别"。

•在视图控制栏上，单击 📖 以退出"显示隐藏的图元"模式。

⑫ 工作共享显示。

工作共享允许多名团队成员同时处理同一个项目模型，不同团队成员负责不同的特定功能领域。使用工作共享显示模式以直观地区分工作共享项目图元，仅当为项目启用工作共享时才适用。

⑬ 临时视图属性。

在视图控制栏上，单击"临时视图属性" 📑 以显示可用视图选项列表，包括启用临时视图属性、临时应用样板属性、最近使用的模板和恢复视图属性。

•启用临时视图属性：选择并输入临时视图模式。在选择清除或"恢复视图属性"前，对视图实例属性所做的更改都为可见。

•临时应用样板属性：打开"临时应用样板属性"对话框，在其中可以应用、指定或创建视图样板。

•最近使用的模板：显示最近使用的 5 个视图样板。选择一个以将其重新应用于临时视图。

•恢复视图属性：选择该选项可退出临时视图模式并显示当前项目视图。

⑭ 显示或隐藏分析模型。

在 Revit 结构项目（样板）中，可以在任何视图中显示分析模型。单击"视图控制栏"上的"显示分析模型" 🏭，此时显示"可见性/图形替换"对话框中指定的分析模型设置，如图 1-18 所示。若要隐藏，则单击"视图控制栏"上的"隐藏分析模型" 🏭，如图 1-19 所示。

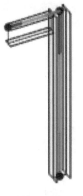

图 1-18

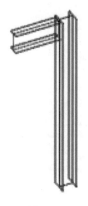

图 1-19

⑮ 高亮显示置换组。

使某一特定组突出于其他族，使用颜色是高亮显示位移的一种方法。单击"视图控制栏"上的"高亮显示位移集" 🏭 工具可启用高亮显示模型中所有位移集的视图，如图 1-20 所示，再次单击可去除高亮显示视图。使用 ViewCube 可重新定位高亮显示的视图并放大到位移集。

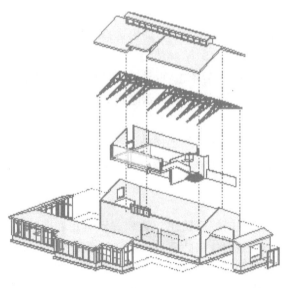

图 1-20

⑯ 显示限制条件。

单击"视图控制栏"上的"显示限制条件" ，可在视图中临时查看尺寸标注和对齐限制条件，以修改模型中的图元。

（10）绘图区域

绘图区域显示当前项目的视图（以及图纸和明细表）。每次打开项目中的某一视图时，新开视图会显示在绘图区域中其他打开的视图的上面。

绘图区域背景的默认颜色为白色，可根据工作习惯更换绘图区背景颜色。单击"应用程序菜单"  中的"选项"，如图 1-21 所示。在"选项"对话框中单击"图形"选项卡，点击"背景"可更换绘图区背景颜色，如图 1-22 所示。

图 1-21

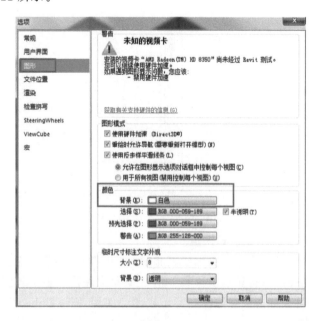

图 1-22

(11)功能区

创建或打开文件时,会显示功能区,功能区提供创建项目或族所需的全部工具,如图 1-23 所示。

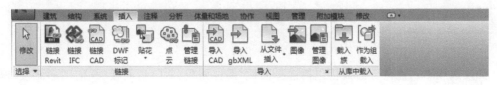

图 1-23

(12)功能区上的选项卡

功能区选项卡包括建筑选项卡、结构选项卡、系统选项卡、插入选项卡、注释选项卡、分析选项卡、体量和场地选项卡、协作选项卡、视图选项卡、管理选项卡、附加模块选项卡和修改选项卡,如图 1-24 所示。

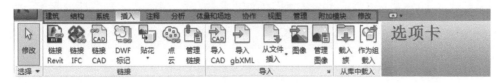

图 1-24

(13)功能区上的上下文选项卡及工具

使用某些工具或者选择图元时,上下文功能区选项卡中会显示与该工具或图元的上下文相关的工具,如图 1-25 所示。退出该工具或清除选择时,该选项卡将关闭。

图 1-25

(14)功能区上的面板

建筑选项卡功能区上的面板包括构建面板、楼梯坡道面板、模型面板、房间和面积面板、洞口面板、基准面板和工作平面面板,如图 1-26 所示。

图 1-26

注释选项卡功能区上的面板包括尺寸标注面板、详图面板、文字面板、标记面板、颜色填充面板和符号面板,如图 1-27 所示。

图 1-27

视图选项卡功能区上的面板包括图形面板、创建面板、图纸组合面板和窗口面板,如图 1-28 所示。

图 1-28

修改选项卡功能区上的面板包括选择面板、属性面板、剪贴板面板、几何图形面板、修改面板、视图面板、测量面板和创建面板,如图 1-29 所示。

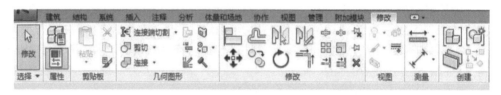

图 1-29

## 1.2.2 实施任务

本书以 2020 年第四期"1+X"建筑信息模型(BIM)职业技能等级考试——初级——实操试题第三题考题一为项目案例,进行实施任务和拓展任务等内容的讲解,以下简称"别墅"项目。

### 1. 打开项目

进入 Revit 2016 初始界面,点击项目模块中的"打开",在"打开"对话框中,定位到 Revit 项目文件"别墅"所在的文件夹,如图 1-30 所示。

图 1-30

此外,还可通过单击应用程序菜单 中"打开" "项目",如图 1-31 所示。

图 1-31

## 2. 模型观测

1）平移/缩放/旋转模型视图

在平面视图、立面视图或三维视图中，通过鼠标和键盘协同操作，可以对模型视图进行控制及观测。

·模型视图平移：按住鼠标中键（滚轮）并移动，可实现模型视图平移。

·模型视图缩放：前后滑动鼠标滚轮或者按住"Ctrl"键的同时按住鼠标中键（滚轮）并移动，可以对模型视图进行缩放。

·模型视图旋转：在三维视图中，按住"Shift"键的同时按住鼠标中键（滚轮）并拖动，可以对模型视图进行旋转。

2）ViewCube 导航三维视图

使用 ViewCube 可以导航三维视图，如图 1-32 所示。在三维视图中，ViewCube 可以指示模型的当前方向，并用于重定向模型的当前视图。

（1）将当前视图重新定向到预设方向

单击 ViewCube 上的某个面、边缘或角点。

（2）查看相邻面

单击 ViewCube 边缘附近显示的某个三角形（注：确保某个面视图是当前视图），如图 1-33 所示。

图 1-32　　　　　　　　　　　　　　　　　图 1-33

（3）以交互方式重定向视图的步骤

单击"ViewCube"，在定点设备上按鼠标左键并进行拖曳，以动态观察模型。沿着所需的方向拖曳，以动态观察模型。

3)视图显示样式调整

(1)视图比例调整

视图控制栏中,"视图比例"可以调整模型尺寸与当前视图之间的关系,修改视图比例不会影响模型的实际尺寸。打开新建的"别墅"项目,选择"项目浏览器"中的"楼层平面",双击"F1-0.00"进入"F1-0.00"标高平面视图,调整视图控制栏中的视图比例,则"F1-0.00"标高平面视图的"视图比例"为 1：50、1：100 和 1：200 时,三种显示状态如图 1-34 所示。

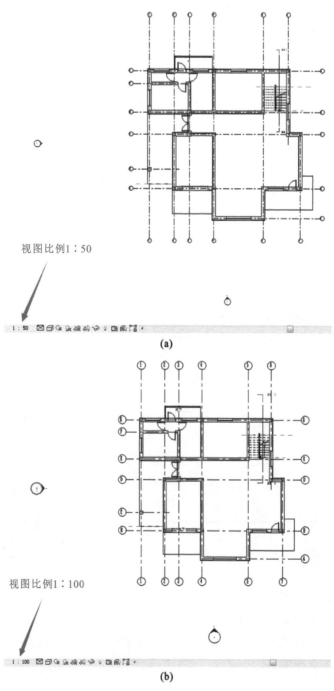

视图比例1：50

(a)

视图比例1：100

(b)

图 1-34

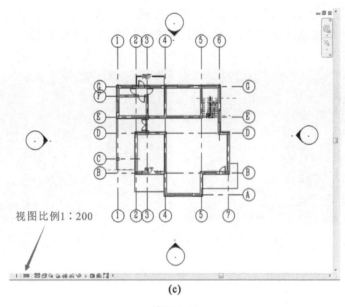

视图比例1：200

(c)

续图 1-34

（2）详细程度调整

打开新建的"别墅"项目，选择"项目浏览器"中的"楼层平面"，双击"F1-0.00"进入"F1-0.00"标高平面视图，滑动鼠标滚轮放大视图并调整至合适位置观测墙体。调整视图控制栏中的视图详细程度，则"F1-0.00"标高平面视图中墙体三种显示状态如图 1-35 所示，可以看出，"粗略显示状态"，墙体仅显示内外轮廓线，切换至"中等显示状态"或"精细显示状态"，墙体可显示不同构造层次。

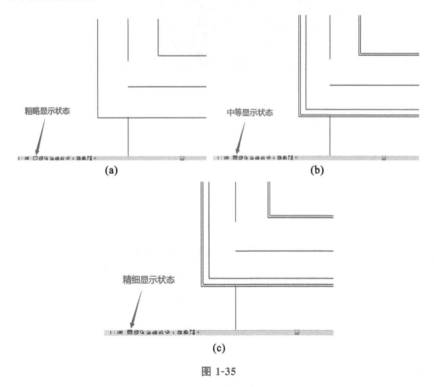

粗略显示状态　　(a)　　中等显示状态　　(b)

精细显示状态　　(c)

图 1-35

将"别墅"项目切换至"西"立面视图,该立面视图中 M1521 三种显示状态如图 1-36 所示,可以看出,"精细显示状态"下,M1521 可显示门框和把手等构件。

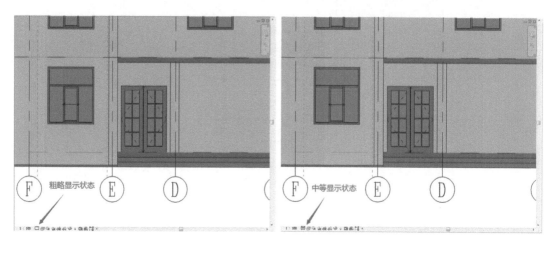

(a)　　　　　　　　　　　　　　(b)

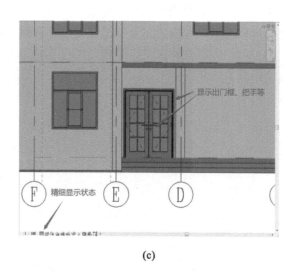

(c)

图 1-36

(3)视觉样式调整

"别墅"项目中,选择"项目浏览器"中的"三维视图",双击"三维视图"下的"三维"进入别墅三维视图,控制 ViewCube 将别墅模型调整至合适位置。调整视图控制栏中的视图视觉样式,则别墅模型三维视图线框、隐藏线、着色、一致的颜色、真实和光线追踪视觉样式如图 1-37 所示。

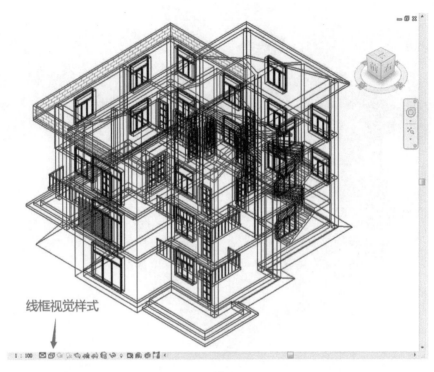

(a)

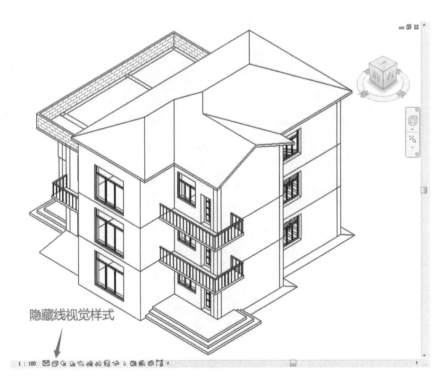

(b)

图 1-37

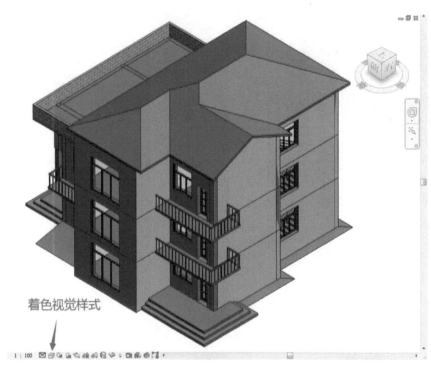

着色视觉样式

(c)

一致的颜色视觉样式

(d)

续图 1-37

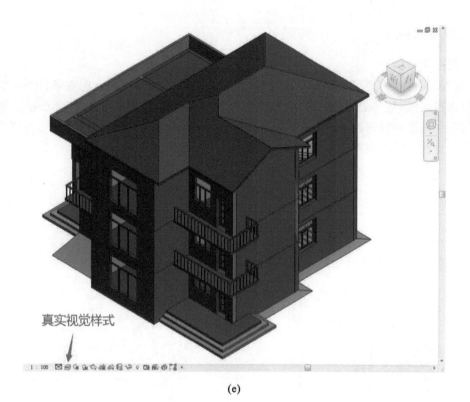

真实视觉样式

(e)

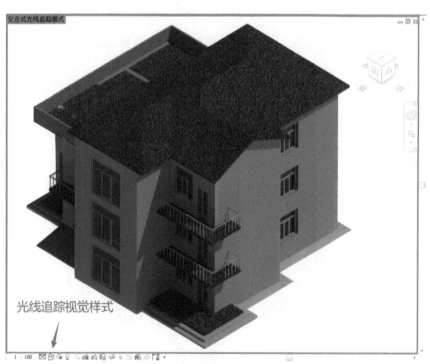

光线追踪视觉样式

(f)

续图 1-37

## 3.拓展任务

### 1)视图规程

"规程"属性确定规程专有图元在视图中的显示方式。根据各专业的需求,Revit 中提供了 6 种规程,分别是"建筑""结构""机械""电气""卫浴"和"协调",如图 1-38 所示。规程决定着项目浏览器中视图的组织结构以及显示状态。"协调"选项兼具"建筑"和"结构"选项功能。规程可在属性选项板中查询与修改,如图 1-39 所示。

图 1-38

图 1-39

"别墅"项目中,三维视图属性选项板中规程选择不同时,绘图区域模型会有不同的显示。

• 规程选择"建筑"时,"别墅"项目所有构件(图元)均可见,如图 1-40 所示。

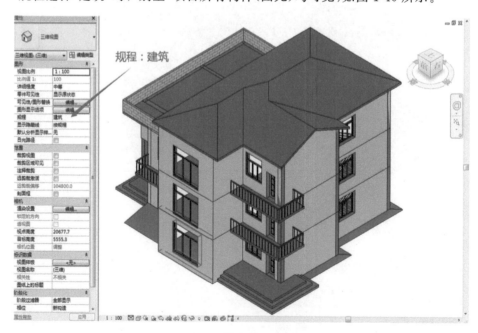

图 1-40

• 规程选择"结构"时，"别墅"项目除建筑墙外其余可见，如图 1-41 所示。

图 1-41

• 规程选择"机械""卫浴"或"电气"时，"别墅"项目不可见（灰显），如图 1-42 所示。

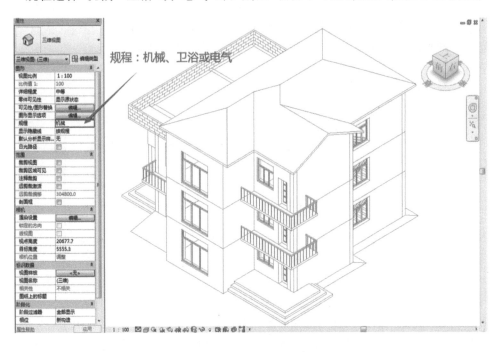

图 1-42

• 规程选择"协调"时，"别墅"项目所有构件（图元）均可见，如图 1-43 所示。

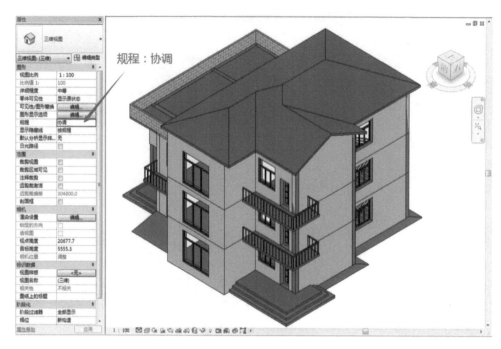

图 1-43

2)视图范围控制

视图范围是控制模型中图元在视图中的可见性和外观的水平平面集,定义视图范围的水平平面为"顶部平面""剖切面"和"底部平面"和"视图深度"。如图 1-44 所示,左侧立面图显示了平面视图的视图范围⑦,包括:顶部平面①、剖切面②、底部平面③、偏移(从底部)④、主要范围⑤和视图深度⑥;右侧平面视图显示了此视图范围的结果。

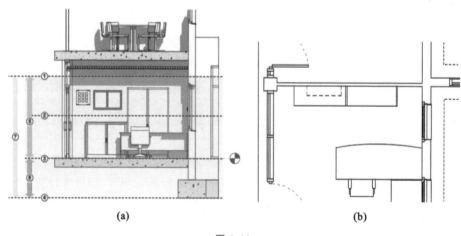

(a)                                    (b)

图 1-44

顶部平面和底部平面表示视图范围的最顶部和最底部的部分。剖切面用于确定特定平面视图中图元的剖切高度,使低于该剖切面的建筑构件以投影显示,而与该剖切面相交的其他建筑构件显示为截面。这三个平面可以定义视图范围的主要范围。视图深度是主要范围之外的附加平面。可以更改视图深度,以显示底部平面下的图元。默认情况下,视图深度与底部平面重合。

　　"别墅"项目中,双击项目浏览器"视图"中"楼层平面"下的"F1-0.00"平面视图,进入"F1-0.00"平面视图。单击属性选项板中"视图范围"后的"编辑",弹出"视图范围"对话框,可以看出"F1-0.00"标高平面视图的视图范围剖切面偏移量默认值为1200mm,如图 1-45 所示,单击"确定"完成剖切面高度设置。以"别墅"项目中一层门为例,门的高度为 2100mm,剖切面可剖切到门,因此门在"F1-0.00"标高平面视图中可显示,如图 1-46 所示。

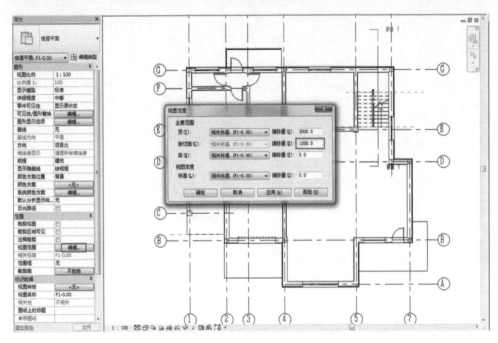

图 1-45

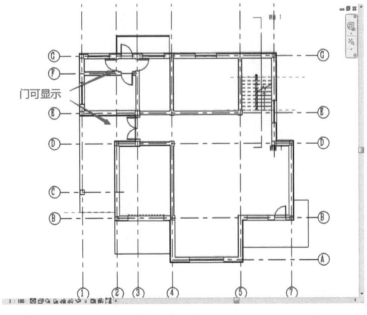

图 1-46

当调整视图范围剖切面偏移量为 2200mm（高于门的高度 2100mm）时，如图 1-47 所示，剖切面不剖切门，"F1-0.00"标高平面视图中门不可见，如图 1-48 所示。

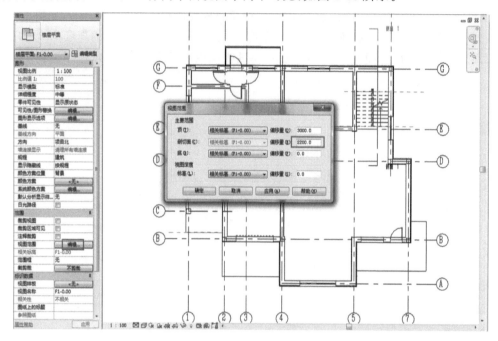

图 1-47

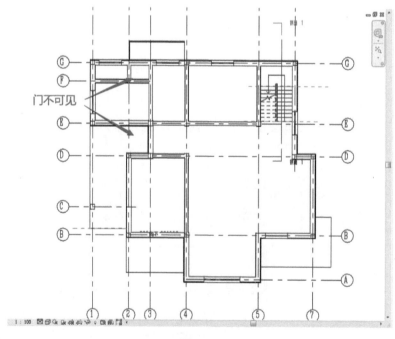

图 1-48

3）视图可见性控制

视图可见性可控制项目中各个视图的模型图元、基准图元和视图专有图元的可见性和图形显示。"别墅"项目中，单击"视图"选项卡，选择"图形"面板上的 ⬚ （可见性/图形）工具,如图 1-49 所示。在该对话框中,通过是否勾选某个类别图元前的√来控制视图中该类图元的显示或隐藏。

图 1-49

例如,取消勾选"别墅"项目三维视图中"可见性/图形替换"对话框中"屋顶"前的√,则"别墅"项目三维视图中屋顶不显示,如图 1-50 所示。

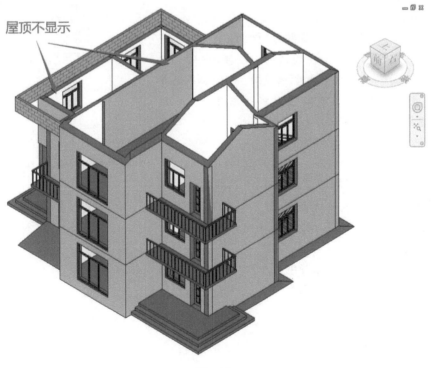

屋顶不显示

图 1-50

## 4. 真题任务

① 下列不属于职业道德所要求的是(　　)。

A. 忠于职守,乐于奉献
B. 弄虚作假,故弄玄虚
C. 依法行事,严守秘密
D. 公正透明,服务社会

② 对于受委托而创建的 BIM 模型,BIM 从业人员可以(　　)。

A. 设置保密措施,并交给委托方

B. 将其上传到公共平台,换取积分和流量

C. 将其卖给其他个人

D. 将资料无偿分享给他人

③ BIM 的 5D 是在 4D 建筑信息模型基础上,融入(　　)信息。(2020 年第一期"1+X"建筑信息模型(BIM)职业技能等级考试——初级:BIM 建模)

A. 成本信息
B. 合同信息
C. 项目团队信息
D. 质量控制信息

④ 在以下 Revit 用户界面中可以关闭的界面是(　　)。(2019 年试考"1+X"建筑信息模型(BIM)职业技能等级考试——初级:BIM 建模)

A. 绘图区域
B. 项目浏览器
C. 功能区
D. 视图控制栏

⑤ 图 1-51 是设定(　　)的操作显示。(2019 第一期"1+X"建筑信息模型(BIM)职业技能等级考试——初级:BIM 建模)

A. 视觉样式　　　　B. 详细程度
C. 比例　　　　　　D. 隐藏分析模型

图 1-51

⑥ 图 1-52 所示的模型在项目的视图显示中,采用以下(　　)显示样式可以达到图示效果。(2019 年试考"1+X"建筑信息模型(BIM)职业技能等级考试——初级:BIM 建模)

A. 线框　　　　　　B. 着色
C. 隐藏线　　　　　D. 一致的颜色

⑦ 在 Revit 的项目视图显示中,以下哪种显示样式的显示效果更接近实际项目表现? (　　)(2019 第二期"1+X"建筑信息模型(BIM)职业技能等级考试——初级:BIM 建模)

A. 线框　　　　　　B. 着色
C. 一致的颜色　　　D. 真实

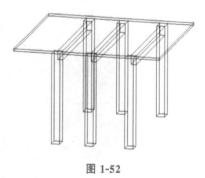

图 1-52

# 1.3 任务 2:创建项目及保存项目

## 1.3.1 学习任务

### 1.创建项目

在 Revit 初始界面项目模块中,通过以下三种方法可以创建项目。

· 使用项目模块中所列样板创建项目,这种方法使用较多。单击所需的样板,软件使用选定的样板作为起点,创建一个新项目,如图 1-53 所示。

· 使用默认设置创建项目:单击"新建",打开"新建项目"对话框,在"新建项目"对话框的"样板文件"下选择适合的样板,单击"确定",如图 1-54 所示。

· 使用软件自带的其他样板创建项目:单击"新建",打开"新建项目"对话框,在"新建项目"对话框中单击"浏览",定位到所需的样板文件(.rte 文件),然后单击"打开",如图 1-55 所示。

图 1-53

其中,Revit 软件自带的样板中文名称如表 1-2 所示。

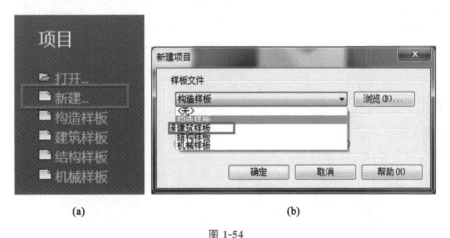

(a)                    (b)

图 1-54

表 1-2 样板名称

| 样板名称 | 中文名称 | 样板名称 | 中文名称 |
|---|---|---|---|
| Construction-DefaultCHSCHS | 构造样板 | DefaultCHSCHS | 建筑样板 |
| Electrical-DefaultCHSCHS | 电气样板 | Mechanical-DefaultCHSCHS | 机械样板 |
| Plumbing-DefaultCHSCHS | 管道样板 | Structural Analysis-DefaultCHNCHS | 结构样板 |
| Systems-DefaultCHSCHS | 系统样板 | | |

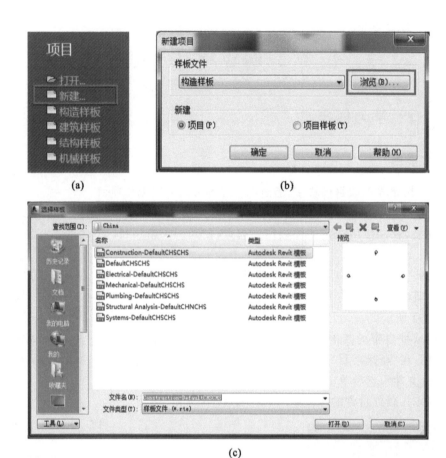

图 1-55

## 2. 保存项目

1)保存文件

要保存文件,可执行下列操作。

· 在快速访问工具栏上,单击"保存" ,如图 1-56 所示。

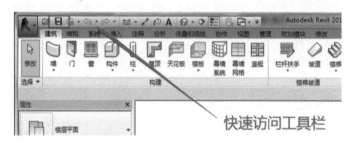

图 1-56

· 在项目建模界面,单击"应用程序菜单" ,在应用程序菜单中单击"保存" ,如图 1-57 所示。

· 按键盘上的"Ctrl"键和"S"键。

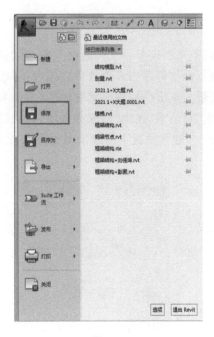

图 1-57

2) 另存项目

若要将当前文件以其他文件名或位置进行保存,在应用程序菜单中单击"另存为" 🖫 。

3) 定义保存提醒

单击"应用程序菜单" 🔺 中的"选项",在"选项"对话框中("常规"选项卡下)可以设置 Revit 中项目的"保存提醒间隔",如图 1-58 所示,通常按照默认的 30 分钟设置即可。

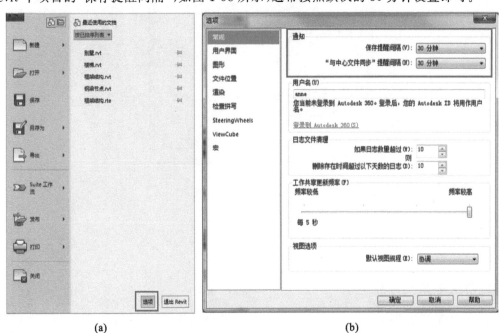

(a)　　　　　　　　　　　　　　　　　(b)

图 1-58

### 3.文件保存设置

使用"文件保存选项"对话框来指定备份文件的最大数量以及与文件保存相关的其他设置。建模过程中,为防止不规范操作等原因导致软件建模中止,软件会将项目文件进行自动备份,并可设置备份文件的数量。单击应用程序菜单中的"另存为",在"另存为"对话框中单击"选项",弹出"文件保存选项"对话框,在"文件保存选项"对话框中可修改模型文件最大备份数,软件默认最大备份数为 20,通常情况下将最大备份数修改为 1 即可,最后单击"确定"完成设置,如图 1-59 所示。

图 1-59

## 1.3.2 实施任务

### 1.创建考试文件夹

创建项目及
保存项目

由 2020 年第四期"1＋X"建筑信息模型(BIM)职业技能等级考试——初级——实操试题"考生须知"可知,考生需要将每道实操题的所有成果放入以"考题号"命名的文件夹内,如图 1-60 所示。由实操试题第三题考题一题目要求可知,在本题文件夹下新建名为"第三题输出结果＋考生姓名"的文件夹,将本题结果文件保存至该文件夹中,如图 1-61 所示。

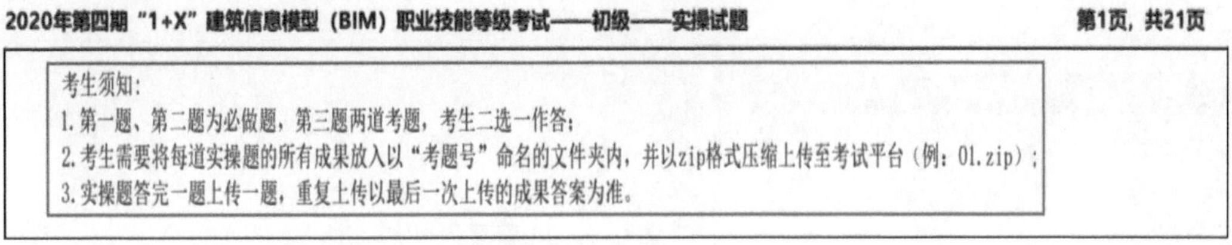

2020年第四期 "1+X" 建筑信息模型 (BIM) 职业技能等级考试——初级——实操试题　　第1页,共21页

考生须知:
1.第一题、第二题为必做题,第三题两道考题,考生二选一作答;
2.考生需要将每道实操题的所有成果放入以"考题号"命名的文件夹内,并以zip格式压缩上传至考试平台(例: 01.zip);
3.实操题答完一题上传一题,重复上传以最后一次上传的成果答案为准。

图 1-60

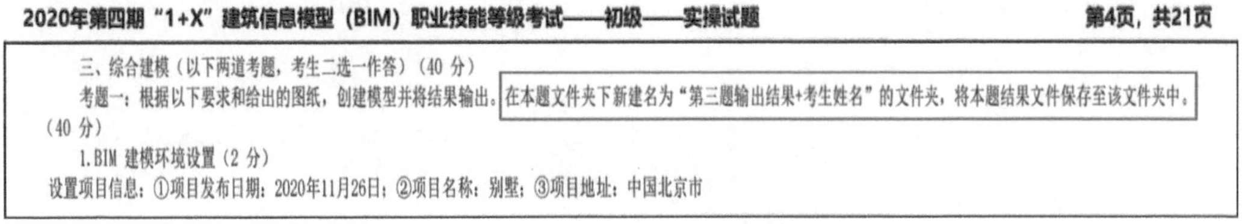

2020年第四期 "1+X" 建筑信息模型 (BIM) 职业技能等级考试——初级——实操试题　　第4页,共21页

三、综合建模 (以下两道考题,考生二选一作答) (40 分)
考题一:根据以下要求和给出的图纸,创建模型并将结果输出。 在本题文件夹下新建名为"第三题输出结果+考生姓名"的文件夹,将本题结果文件保存至该文件夹中。
(40 分)
1.BIM 建模环境设置 (2 分)
设置项目信息:①项目发布日期: 2020年11月26日;②项目名称: 别墅;③项目地址: 中国北京市

图 1-61

在电脑合适位置创建"03"文件夹,并在"03"文件夹下创建"第三题输出结果＋XXX"(XXX 为考生姓名)的文件夹,如图 1-62 所示。

图 1-62

### 2. 创建"别墅"项目

在 Revit 2016 软件初始界面中的项目模块单击"建筑样板",进入软件建模界面,如图 1-63 所示。

1)设置项目名称

在快速访问工具栏上,单击"保存"工具,在"另存为"对话框中将文件名修改为"别墅＋XXX"(XXX 为考生姓名),并将模型保存在"第三题输出结果＋XXX"的文件夹下,如图 1-64 所示。

2)设置项目文件最大备份数

单击"选项"弹出"文件保存选项"对话框,在"文件保存选项"对话框中将"最大备份数"修改为 1,并单击"确定",如图 1-65 所示。

图 1-63

(a)　　　　　　　　　　　　　　　(b)

图 1-64

图 1-65

### 3. BIM 建模环境设置

在 Revit 软件中,BIM 建模环境可通过设置项目信息实现。通过设置项目信息,可以将"项目发布日期""项目地址""项目名称"和"项目编号"等项目信息赋予项目模型。

"别墅"项目中,项目信息为"① 项目发布日期:2020 年 11 月 26 日; ② 项目名称:别墅;③ 项目地址:中国北京市",如图 1-66 所示。

单击"管理"选项卡,在"设置"面板中单击"项目信息",如图 1-67 所示。

在"项目属性"对话框中,设置项目信息为"项目发布日期:2020 年 11 月 26 日;项目名称:别墅;项目地址:中国北京市"。项目信息设置完后单击"确定",如图 1-68 所示。

BIM 建模
环境设置

2020年第四期"1+X"建筑信息模型（BIM）职业技能等级考试——初级——实操试题　　　第4页，共21页

三、综合建模（以下两道考题，考生二选一作答）（40 分）

考题一：根据以下要求和给出的图纸，创建模型并将结果输出。在本题文件夹下新建名为"第三题输出结果+考生姓名"的文件夹，将本题结果文件保存至该文件夹中。（40 分）

1.BIM 建模环境设置（2 分）

设置项目信息：①项目发布日期：2020年11月26日；②项目名称：别墅；③项目地址：中国北京市

2.BIM 参数化建模（30 分）

（1）根据给出的图纸创建标高、轴网、柱、墙、门、窗、楼板、屋顶、台阶、散水、楼梯等，阳台栏杆尺寸及类型自定。门窗需按门窗表尺寸完成，窗台自定义，未标明尺寸不做要求。（24 分）

（2）主要建筑构件参数要求如下：（6 分）

外墙：350，10厚灰色涂料、30厚泡沫保温板、300厚混凝土砌块、10厚白色涂料；内墙：240，10厚白色涂料、220厚混凝土砌块、10厚白色涂料；女儿墙：120厚砖砌体；楼板：150厚混凝土；屋顶：125厚混凝土；柱子尺寸为300×300；散水宽度600，厚度50。

3.创建图纸（5 分）

（1）创建门窗明细表，门明细表要求包含：类型标记、宽度、高度、合计字段；窗明细表要求包含：类型标记、底高度、宽度、高度、合计字段；并计算总数。（3 分）

（2）创建项目一层平面图，创建A3公制图纸，将一层平面图插入，并将视图比例调整为1:100。（2 分）

4.模型渲染（2 分）

对房屋的三维模型进行渲染，质量设置：中，设置背景为"天空：少云"，照明方案为"室外：日光和人造光"，其他未标明选项不做要求，结果以"别墅渲染.JPG"为文件名保存在本题文件夹中。

5.模型文件管理（1 分）

将模型文件命名为"别墅+考生姓名"，并保存项目文件。

图 1-66

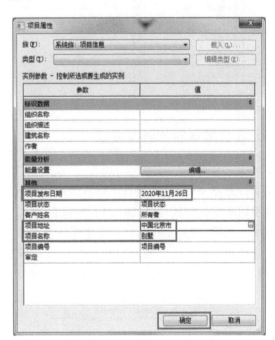

图 1-67　　　　　　　　　　　　　　　　图 1-68

## 1.3.3　拓展任务

### 1.项目单位设置

　　BIM 项目建模前期，可对项目单位进行设置，以方便 BIM 模型的创建和确保模型的准确度，Revit 软件中的项目单位在"管理"选项卡中设置。单击"管理"选项卡，在"设置"面板中单击"项目单位"，进行单位设置，项目单位设置完成后单击"确定"，如图1-69 所示。

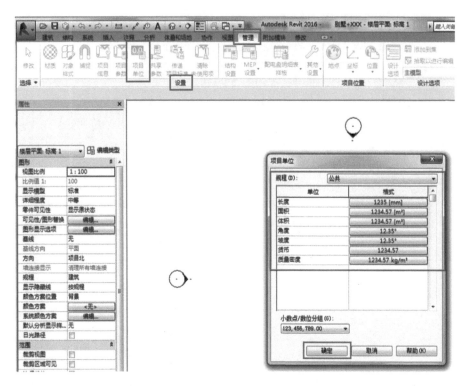

图 1-69

## 2. 项目基点和测量点设置

### 1) 项目基点

项目基点 ⊗ 定义了项目坐标系的原点 (0,0,0),可用于在场地中确定建筑的位置,并在建模期间定位建筑构件(图元)。为保证 BIM 模型能够实现无缝对接协同,在保证标高、轴网统一之后,还需要在建模过程中保证各个专业建模的项目基点也完全一致。

项目基点默认各项数值均为 0,默认基点设置如图 1-70 所示,宜在 Revit 中完成"标高""轴网"的绘制后进行项目基点的设置,且保证标高、轴网的定位尺寸关系数据准确。

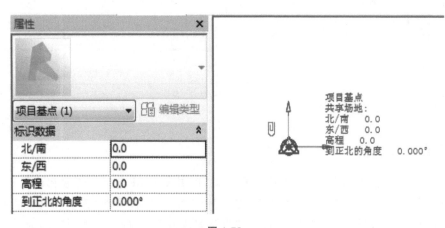

图 1-70

一般选取建筑物平面的左下角(常为 1 轴和 A 轴交点)作为项目 X、Y 轴坐标原点。使用相对标高的零点±0.000 作为 Z 轴坐标原点。

2)测量点

测量点 ⚠ 代表现实世界中的已知点,例如大地测量标记。测量点用于在其他坐标系(如在土木工程应用程序中使用的坐标系)中正确确定建筑几何图形的方向。

每个项目都有项目基点 ⊗ 和测量点 ⚠ ,但是由于可见性设置和视图剪裁,它们不一定在所有的视图中都可见,无法将它们删除。

## 1.3.4　真题任务

以下对于 Revit 高低版本和保存项目文件之间的关系描述正确的是(　　)。(2019 第一期"1+X"建筑信息模型(BIM)职业技能等级考试——初级:BIM 建模)

A. 高版本 Revit 可以打开低版本项目文件,并只能保存为高版本项目文件

B. 高版本 Revit 可以打开低版本项目文件,可以保存为低版本项目文件

C. 低版本 Revit 可以打开高版本项目文件,并只能保存为高版本项目文件

D. 低版本 Revit 可以打开高版本项目文件,可以保存为低版本项目文件

# 学习情境 2　建筑专业建模

## 2.1　学习情境

### 2.1.1　学习目标

以某工程项目(真题项目)为依据,进行建筑专业建模。掌握标高、轴网、建筑柱、建筑墙、门窗、楼板、屋顶、楼梯、坡道、栏杆扶手、洞口、室外常用零星构件以及幕墙等实体创建和编辑方法。

### 2.1.2　学习任务

| | 序号 | 任务描述 | 真题 |
|---|---|---|---|
| 学习任务 | 任务1:标高 | 了解标高的基本概念;<br>掌握标高的创建与修改;<br>了解阵列工具创建标高 | 第三期全国 BIM 等级考试一级试题第一题 |
| | 任务2:轴网 | 了解轴网的基本概念;<br>掌握轴网的创建与修改;<br>了解多段线创建轴网、轴网标注以及轴网在楼层平面视图中显示问题(轴网影响范围) | 第九期全国 BIM 等级考试一级试题第一题 |
| | 任务3:建筑柱 | 了解建筑柱的基本概念;<br>掌握建筑柱的创建与修改;<br>了解结构柱以及在轴网放置多个结构柱 | |

| | 序号 | 任务描述 | 真题 |
|---|---|---|---|
| 学习任务 | 任务 4:建筑墙 | 了解建筑墙的基本概念;<br>掌握建筑墙的创建与修改;<br>了解建筑墙内外侧更改以及墙体轮廓的编辑与修改 | 第十八期全国 BIM 等级考试一级试题第一题 |
| | 任务 5:门窗 | 了解门窗的基本概念;<br>掌握门窗的创建与修改;<br>了解门窗的标记以及门窗修改技巧 | 第一期全国 BIM 等级考试一级试题第 4 题 |
| | 任务 6:楼板 | 了解楼板的基本概念;<br>掌握楼板的创建与修改;<br>了解坡度箭头创建斜楼板(楼板斜表面)以及修改楼板子图元 | 第四期全国 BIM 等级考试一级试题第二题 |
| | 任务 7:屋顶 | 了解拉伸屋顶、迹线屋顶的概念;<br>掌握按迹线创建屋顶以及按拉伸创建屋顶;<br>了解屋檐和檐沟 | 第十一期全国 BIM 等级考试一级试题第一题 |
| | 任务 8:楼梯 | 了解楼梯的基本概念;<br>掌握楼梯的创建与修改;<br>了解螺旋楼梯的创建方法 | 第九期全国 BIM 等级考试一级试题第二题 |
| | 任务 9:坡道 | 了解坡道的基本概念;<br>掌握坡道的创建与修改;<br>了解通过修改类型属性来更改坡道族的构造、图形、材质和其他属性的方法 | 第十五期全国 BIM 等级考试一级试题第一题 |
| | 任务 10:栏杆扶手 | 了解栏杆扶手的基本概念;<br>掌握栏杆扶手的创建与修改;<br>了解编辑栏杆位置的方法 | 第七期全国 BIM 等级考试一级试题第二题 |
| | 任务 11:洞口 | 了解洞口的基本概念;掌握竖井洞口的创建与修改,了解创建"按面"或"垂直"洞口的方法,了解墙洞口的创建方法;了解老虎窗的创建方法 | "建筑信息模型(BIM)职业技能等级考试——初级样题"第二题 |

续表

| | 序号 | 任务描述 | 真题 |
|---|---|---|---|
| 学习任务 | 任务 12:室外常用零星构件 | 了解散水和台阶的基本概念;<br>掌握使用族工具,创建和修改散水和台阶;<br>了解实心拉伸构件的创建方法 | 第七期全国 BIM 等级考试一级试题第二题 |
| | 任务 13:幕墙 | 了解幕墙的基本概念;<br>掌握幕墙的创建与修改;<br>了解实心拉伸构件的创建方法 | 第一期全国 BIM 等级考试一级试题第 3 题 |

# 2.2　任务 1:标高

## 2.2.1　学习任务

### 1.标高基本概念

标高表示建筑物各部分的高度,是建筑物某一部位相对于基准面(标高的零点)的竖向高度,也是竖向定位的依据。在 Revit 2016 中,使用"标高"工具定义垂直高度或建筑内的楼层标高。建模时,可为每个已知楼层或其他必需的建筑参照(例如,第二层、基础底端、窗台或墙顶)创建标高。

要添加标高,须处于立面视图(或剖面视图)中。添加标高时,通常需要创建一个关联的平面视图,如图 2-1 所示。

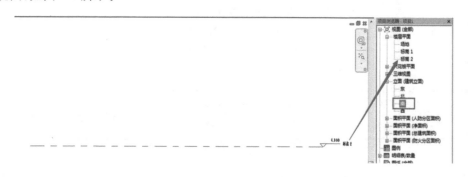

图 2-1

### 2.标高的创建与修改

1)添加标高

① 在"项目浏览器"中双击"立面(建筑立面)"视图中的任意方向,例如"南"立面,打开要添加标高的立面视图。

② 选择"建筑"选项卡下"基准"面板上的"标高" ⁻̣⁻̟ 工具。

③ 将鼠标放置在绘图区域之内并与现有标高线左端对齐,则鼠标和该标高线之间会显示一个临时的垂直尺寸标注,在键盘上输入尺寸数值,通过水平向右移动鼠标绘制标高线,当标高线达到合适的长度时单击鼠标结束此标高绘制。

2)编辑标高

选择一条标高线,会出现临时尺寸、控制符号等,如图 2-2 所示。单击临时尺寸数字或标头数字,可对标高高度进行修改。标头隐藏/显示,可控制标头符号的关闭与显示。通过标头位置调整小圆圈可对所有标高长度进行调整。单击标头对齐锁将其解开,可单独修改选中标高的长度。单击"添加弯头"的折线符号,可偏移标头,用于标高间距过小时调整标头显示。

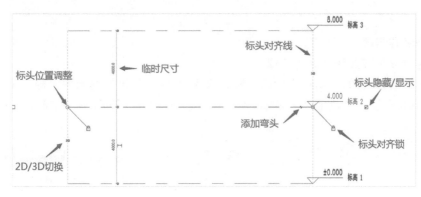

图 2-2

3)标高高度修改

可以通过以下方法修改标高高度。

· 选择需要修改的标高,在标高标头位置单击标高数值并修改,输入数值以 m 为单位,如图 2-3 所示,然后按"Enter"键完成标高高度修改。

图 2-3

· 选择需要修改的标高,单击临时尺寸标注并修改,输入数值以 mm 为单位,如图 2-4 所示,然后按"Enter"键完成标高高度修改。

图 2-4

• 选择需要修改的标高,在属性面板中的"立面"高度处修改标高数值,输入数值以 mm 为单位,如图 2-5 所示,然后按"Enter"键完成标高高度修改。

图 2-5

4)标高名称修改

可以通过以下方法修改标高名称。

• 选择需要修改的标高,单击标高名称并修改,在随后弹出的提示框中确认是否重命名相应视图,点击"是(Y)",如图 2-6 所示,则所有与之相关的视图同步更新名称。

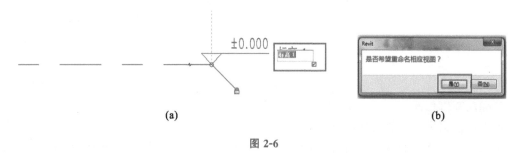

(a)                                   (b)

图 2-6

图 2-7

• 选择需要修改的标高,单击"属性"选项板中的"名称"并修改,在随后弹出的提示框中确认是否重命名相应视图,点击"是(Y)",如图 2-7 所示,则所有与之相关的视图同步更新名称。

5)标高样式和属性修改

(1)标高样式修改

选择需要修改的标高"标高 3",单击"属性"选项板中的类型选择器下拉菜单,如图 2-8 所示,可将"标高 3"由上标头类型更改为下标头类型。

(2)标高属性修改

选择需要修改的标高,单击"属性"选项板中的"编辑类型"按钮,在弹出的"类型属性"对话框中可完成对同类标高线宽、颜色、线型图案、符号等参数的修改,如图 2-9 所示。

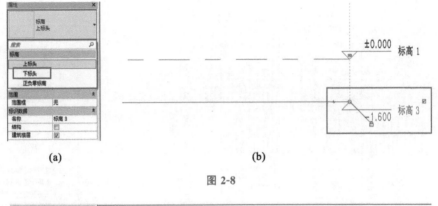

图 2-8

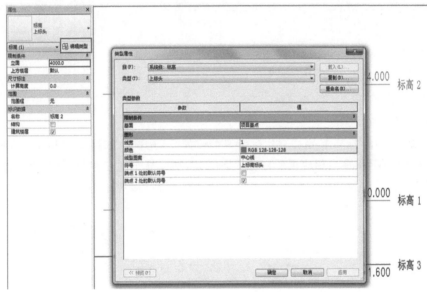

图 2-9

## 2.2.2　实施任务

### 1.识读图纸

根据题目中"别墅"项目的 1—7 轴立面图,如图 2-10 所示,可确定标高信息。"别墅"项目共有 5 条标高,标高高度(单位:m)分别为"−0.450"(室外地坪标高)、"±0.000"(室内地坪标高)、"3.000""6.000"和"9.500"。

### 2.创建标高

1)打开文件

打开新建的"别墅"项目。

2)进入南立面视图

选择"项目浏览器"中的"立面(建筑立面)",双击"南"选项,可以在"南"立面视图看到样板文件自带的标高,如图 2-11 所示。

创建标高

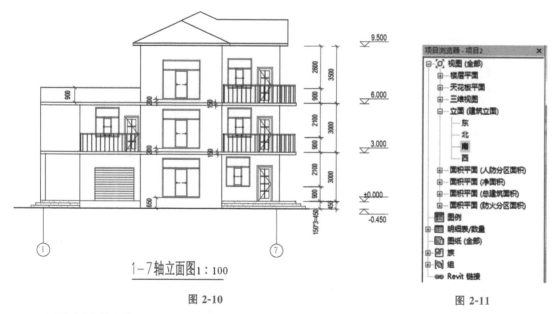

图 2-10

图 2-11

3）更改标高名称

双击标高标头中"标高 1"字样，将"标高 1"修改为"F1-0.00"，如图 2-12 所示。在随后弹出的提示框中确认是否重命名相应视图，点击"是（Y）"，则标高 1 的名称与"项目浏览器"中楼层平面视图相对应，均改为"F1-0.00"。使用同样的方法，将标高 2 名称修改为"F2-3.00"。

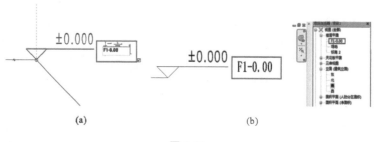

(a)                          (b)

图 2-12

4）修改"标高 2"标高数值

双击标高 2 标头中标高数值"4.000"字样，将"4.0000"修改为"3.000"，如图 2-13 所示。

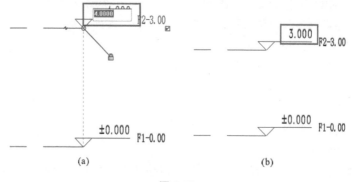

(a)                          (b)

图 2-13

5）复制命令创建标高

单击选择标高"F2-3.00"，并选择"修改｜标高"选项卡下"修改"面板中的"复制"工具，勾选选项栏中"约束"及"多个"复选框（勾选选项栏中"约束"复选框，则复制操作只能在水平或竖直两个正交方向进行；勾选选项栏中"多个"复选框，可连续复制多个对象）。移动鼠标在标高"F2-3.00"上单击，捕捉一点作为复制参考点，然后垂直向上移动鼠标，输入间距值"3000"，按"Enter"键确认，复制出标高"F2-3.01"，如图 2-14 所示。

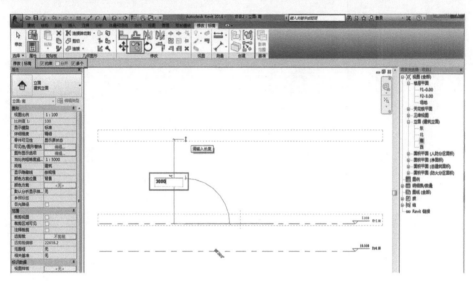

图 2-14

用类似方法，复制出标高"F2-3.02"（9.500m 标高）和标高"F2-3.03"（－0.450m 标高）。将标高"F2-3.01"名称修改为"F3-6.00"，将标高"F2-3.02"名称修改为"F4-9.50"，将标高"F2-3.03"名称修改为"室外地坪"，如图 2-15 所示。

6）修改室外地坪标高样式

选择室外地坪标高，单击"属性"选项板中的类型选择器下拉菜单，将室外地坪标高由上标头类型更改为下标头类型，如图 2-16 所示。

7）生成楼层平面

复制的标高是参照标高，其标头是黑色显示，且不会自动创建楼层平面视图，如图 2-17 所示。

复制创建的标高需要手动创建楼层平面视图，方法如下：单击"视图"选项卡下"创建"面板上的"平面视图"工具，如图 2-18 所示；在"平面视图"工具下拉菜单中选择"楼层平面"，弹出"新建楼层平面"对话框，按住"Ctrl"或"Shift"键，选择复制的标高名称"F3-6.00"和"室外地坪"，单击"确定"，如图 2-19 所示。即可在项目浏览器中创建所有的楼层平面视图，如图 2-20 所示。

图 2-15

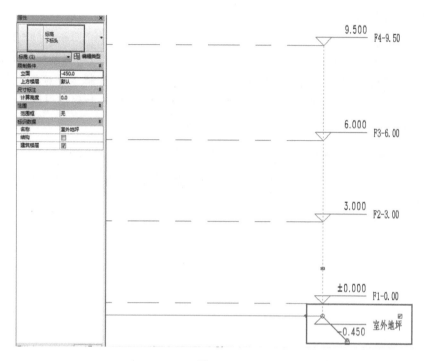

图 2-16

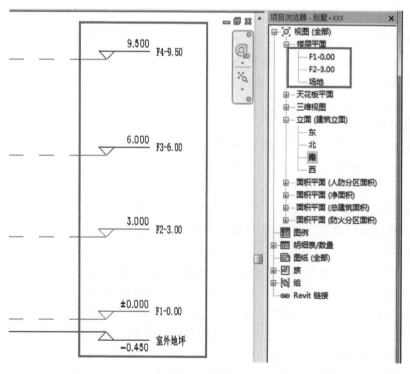

图 2-17

平面视图

图 2-18

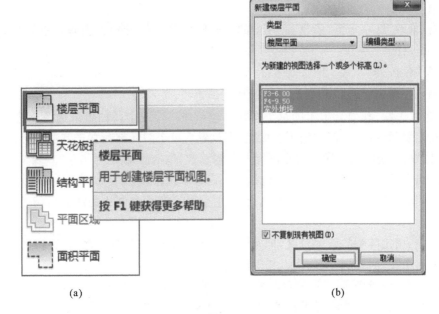

(a)　　　　　　　　　　　(b)

图 2-19

图 2-20

### 2.2.3　拓展任务

**1.阵列工具**

阵列工具用于创建选定图元的线性阵列或半径阵列。使用阵列工具可以创建一个或多个图元的多个实例,阵列的图元可以沿一条线(线性阵列),也可以沿一个弧形(半径阵列)。大多数注释符号不支持阵列。

进入阵列命令,可执行以下操作之一:

• 选择要在阵列中复制的图元,然后单击"修改|〈图元〉"选项卡下"修改"面板上的"阵列"工具 ⊞⊞ ;

• 单击"修改"选项卡下"修改"面板上的"阵列"工具 ⊞⊞ ,选择要在阵列中复制的图元,然后按"Enter"键。

1)创建线性阵列

在选项栏上单击"线性"命令 ⠿ ,选择所需的选项。

① 成组并关联:阵列复制出的每个图元均包括在一个组中。如果未选择此选项,Revit将会复制指定数量的图元,但它们不会成组,即放置后每个图元都独立于其他图元。

② 项目数:指定阵列中所有选定图元的副本总数,包括所选图元。

③ 移动到:用来设置阵列效果,其包括以下两个单选按钮。

第二个:指定第一个图元和第二个图元之间的间距,阵列复制出的所有后续图元将使用相同的间距。

最后一个:指定阵列的整个跨度,即第一个图元和最后一个图元之间的间距,即阵列复制出的所有剩余图元将在它们之间以相等间隔分布。

④ 约束:用于限制阵列成员沿着与所选图元垂直或水平的方向(正交方向)移动。

使用阵列工具时,不能将详图构件与模型构件组合在一起。

2)创建半径阵列

在选项栏上单击 ⟳ 半径命令,选择所需的选项(类似创建线性阵列)。创建半径阵列时,其步骤与旋转和复制图元的步骤类似。

**2.阵列命令创建标高**

当建筑物为"高层结构"或"超高层结构"时,且标准层层高相同,为了提升创建标高的效率,可使用线性阵列命令创建标高。以"以第四期全国 BIM 等级考试一级试题"第五题为例,使用线性阵列命令创建标高,如图 2-21 所示。

从题目中"①~㉓轴立面图"可知,六层建筑在±0.000 标高以上的楼层高度均为 3m。

1)创建 3m 标高

使用建筑样板新建建筑项目,选择"项目浏览器"中的"立面(建筑立面)",双击"南"选项,进入南立面视图。选择需要修改的标高 2(4m 标高),在标高标头位置单击标高数值并修改,输入数值 3(m),如图 2-22 所示,然后按"Enter"键。

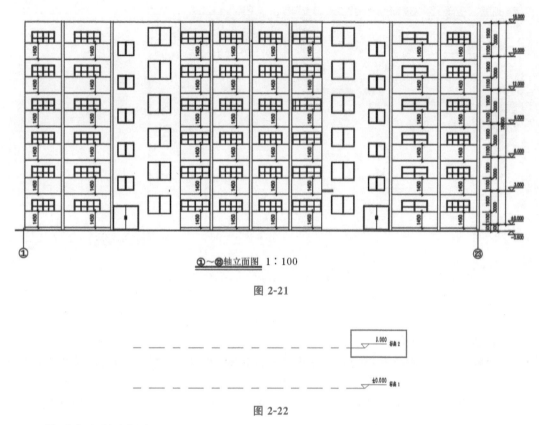

①~㉓轴立面图 1∶100

图 2-21

图 2-22

2)阵列命令创建标高

　　将鼠标移动至标高 2 并单击鼠标左键选择此标高,然后单击"修改|标高"选项卡下"修改"面板上的"阵列"命令,如图 2-23 所示。选择"线性阵列",取消勾选"成组并关联",将"项目数"修改为"6","移动到"选择"第二个"并勾选"约束"。单击标高 2 任意一点作为阵列基点,向上移动鼠标至与基点之间出现临时尺寸标注。输入"3000"作为阵列间距,并按"Enter"键确认,则创建标高 3 至标高 7 共计 5 根标高,标高间距均为 3m,如图 2-24 所示。

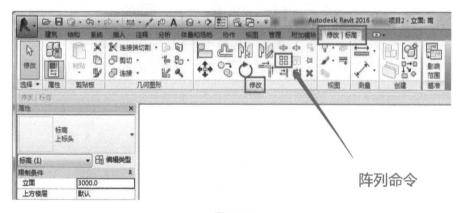

阵列命令

图 2-23

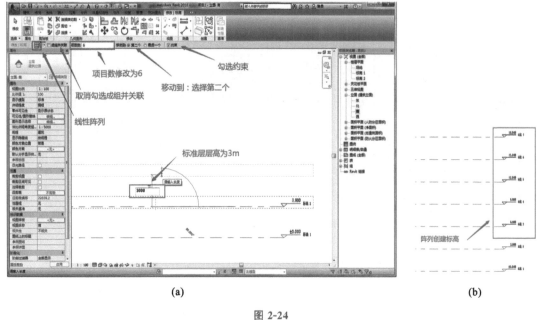

图 2-24

3）创建－0.6m 标高

将鼠标移动至标高 2 并单击鼠标左键选择此标高,然后单击"修改｜标高"选项卡下"修改"面板上的"复制"命令,如图 2-25 所示。单击标高 2 任意一点作为复制基点,向下移动鼠标至与基点之间出现临时尺寸标注。输入"3600"作为复制间距,并按"Enter"键确认,则创建出－0.6m 标高,如图 2-26 所示。

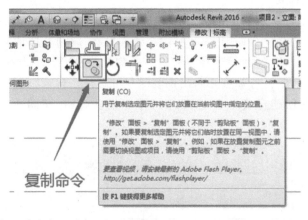

图 2-25

4）修改－0.6m 标高样式

选择标高 8,单击"属性"选项板中的类型选择器下拉菜单,将标高 8 由上标头类型更改为下标头类型,如图 2-27 所示。

5）生成楼层平面

单击"视图"选项卡"创建"面板上的"平面视图"工具,在"平面视图"工具下拉菜单中选择"楼层平面",弹出"新建楼层平面"对话框,按住"Ctrl"或"Shift"键,选择阵列和复制的标高 3 至标高 8,单击"确定",标高及相应楼层平面即创建完毕,如图 2-28 所示。

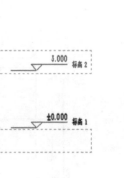

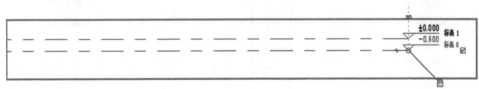

(a)

(b)

图 2-26

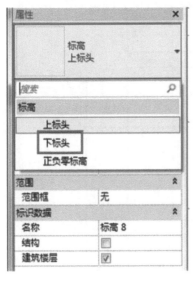

图 2-27

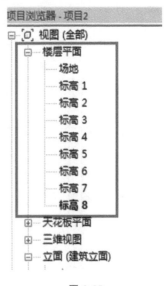

图 2-28

## 2.2.4　真题任务

以"第三期全国 BIM 等级考试一级试题"第一题为例,使用线性阵列命令创建标高,如图 2-29 所示。题目要求:某建筑共 50 层,其中一层地面标高为±0.000,一层层高 6.0 米,第二至第四层层高 4.8 米,第五层及以上均层高 4.2 米。请按要求建立项目标高,并建立每个标高的楼层平面视图。并且,请按照以下平面图中的轴网要求绘制项目轴网。最终结果以"标高轴网"为文件名保存为样板文件,放在考生文件夹中。(10 分)

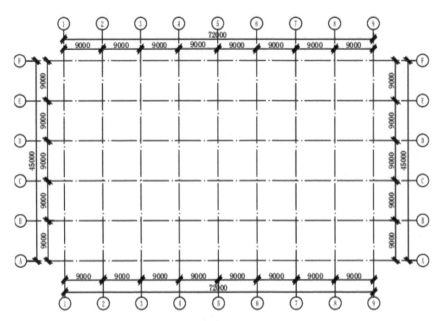

1-5层轴网布置图　　1：500

(a)

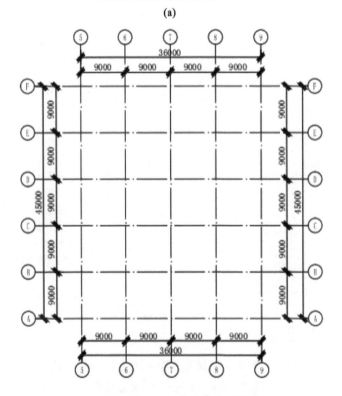

6层及以上轴网布置图　　1：500

(b)

图 2-29

# 2.3　任务 2:轴网

## 2.3.1　学习任务

**1.轴网基本概念**

轴网是由建筑轴线组成的网,是为了标示构件的详细尺寸,人为地在建筑图纸中按照一定的习惯标准虚设的,通常标注在对称界面或截面构件的中心线上。在 Revit 2016 中,标高创建完成后,可以切换至任一平面视图(如楼层平面视图)来创建和编辑轴网。

**2.轴网的创建与修改**

1)添加轴网

(1)打开视图

在项目浏览器中展开“楼层平面”视图类别选项,双击需要创建轴网的楼层平面,切换至该平面视图。在默认情况下,在平面视图中,有四个不同方向的立面视图,分别是东、南、西、北四个立面,如图 2-30 所示。

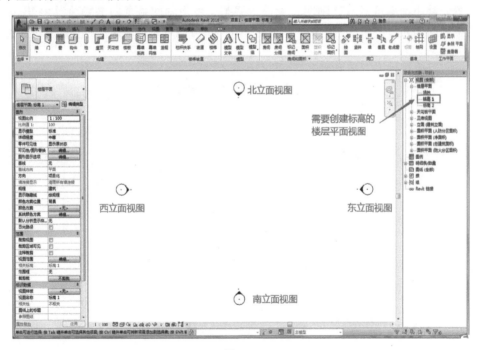

图 2-30

(2)绘制轴网

在“建筑”选项卡下的“基准”面板上单击“轴网” ,如图 2-31(a)所示,Revit 将进入“修改|放置轴网”界面。点击“直线”工具进行绘制,移动鼠标指针至绘图区域视图空白处单击,将其作为轴网起点,向下移动鼠标,软件将在指针位置与起点之间显示轴网预览,并给出当

前轴网方向与水平方向的临时角度显示标注,将鼠标垂直向下移到适当位置,点击鼠标左键确认,完成第一条轴网的绘制,软件会自动将该轴网编号设为1,如图2-31(b)所示。

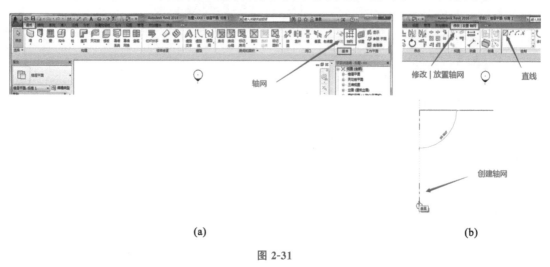

(a)                                                                                                    (b)

图 2-31

2)编辑轴网

选择一条轴网,会出现临时尺寸、控制符号等,如图2-32所示。单击临时尺寸上的数字可对轴网间距进行修改。轴网轴号(编号)隐藏/显示,可控制轴号的关闭与显示。通过轴网端部位置调整小圆圈可对所有轴网长度进行调整。单击轴网端部对齐锁将其解开,可单独修改选中轴网的长度。单击"添加弯头"的折线符号,可偏移轴网轴号,用于轴网间距过小时调整轴号显示。

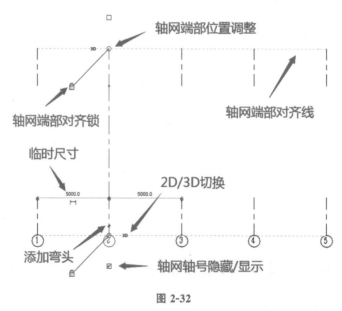

图 2-32

3)修改轴网属性

(1)显示轴网编号

显示和隐藏轴网编号,有2种方法。

① 轴号隐藏/显示复选框修改某一条轴网轴号显示属性。

打开显示轴线的视图,选择需要修改的一条轴线,Revit 会在轴网编号附近显示一个复选框。选中该复选框以显示轴网编号,清除该复选框则隐藏轴网编号。可以重复此步骤,以显示或隐藏该轴线另一端点上的编号,如图 2-33 所示。

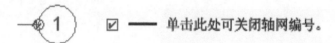

图 2-33

② 使用类型属性批量修改轴网轴号显示属性。

打开显示轴线的视图,选择需要修改的一条轴线,然后选择"属性"选项板上的"编辑类型",在弹出的"类型属性"对话框中进行相关操作:要在平面视图中轴线的起点处显示轴网编号,可选择"平面视图轴号端点 1(默认)";要在平面视图中轴线的终点处显示轴网编号,可选择"平面视图轴号端点 2(默认)";若要在除平面视图之外的其他视图(如立面视图和剖面视图)中指明显示轴网编号的位置,可在"非平面视图轴号(默认)"中选择"顶""底""两者"(顶和底)或"无",如图 2-34 所示。单击"确定"按钮,Revit 将更新所有视图中该类型的所有轴线。

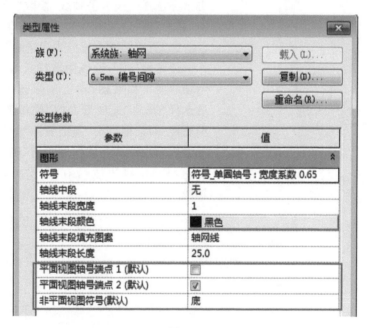

图 2-34

(2)更改轴网编号

在施工图中,通常将竖直轴网编号用阿拉伯数字(1、2、3 等)自左向右依次命名,水平轴网编号用大写英文字母(A、B、C 等)自下而上依次命名。Revit 默认轴网编号为数字,因此创建水平轴网时需要更改轴网编号。

打开显示轴线的平面视图,单击鼠标选择一条水平轴线,然后单击轴网编号中的值并修改,按"Enter"键确定,如图 2-35 所示。

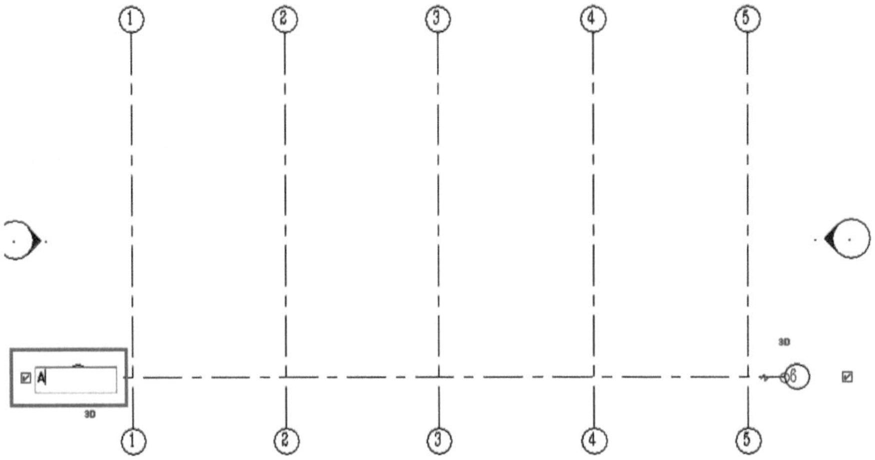

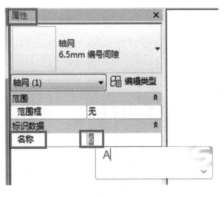

图 2-35

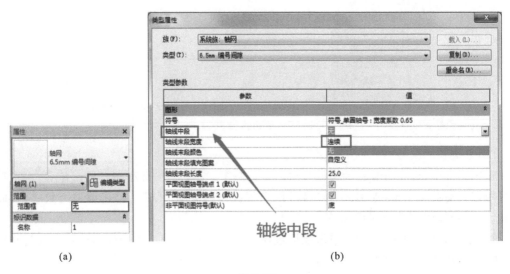

图 2-36

此外，还可通过"属性"选项板进行修改：单击鼠标选择一条水平轴线，修改"属性"选项板中的"名称"即可，如图 2-36 所示。

（3）更改轴线中段样式为连续

通常情况下，轴线中段样式为连续。打开显示轴线的平面视图，单击鼠标选择一条轴线，然后选择"属性"选项板上的"编辑类型"，弹出"类型属性"对话框。在"类型属性"对话框中，将"轴线中段"选择为"连续"，并单击"确定"，如图 2-37 所示，Revit 将更改所有视图中该类型的所有轴线。

(a)  (b)

图 2-37

### 2.3.2 实施任务

**1. 识读图纸**

如图 2-38 所示,根据题目中"别墅"项目一层平面图,可确定轴网信息。

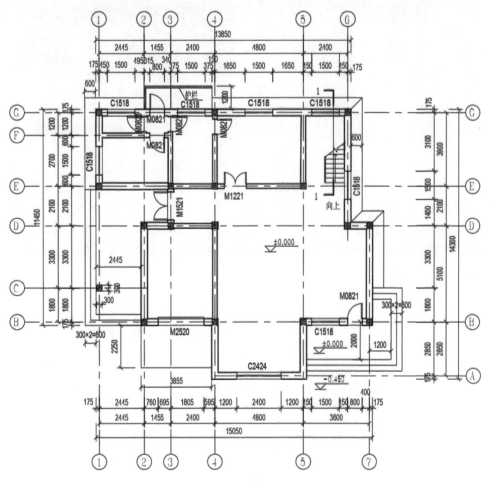

图 2-38

**2. 创建轴网**

创建轴网

1)进入"F1-0.00"楼层平面视图

在项目浏览器中展开"楼层平面"视图类别选项,双击"F1-0.00"楼层平面视图,切换至该平面视图,如图 2-39 所示。

2)创建 1～7 号轴网

① 创建 1 号轴线。单击"建筑"选项卡下"基准"面板上的"轴网"工具,Revit 将会自动转为"修改|放置轴网",在绘制面板下,点击"直线"工具进行绘制,如图 2-40 所示。移动鼠标至绘图区域视图左上角空白处单击,作为轴网起点,向下移动鼠标,Revit 将在指针位置与

起点之间显示轴网预览,并给出当前轴网方向与水平方向的临时角度显示标注,将鼠标垂直向下移,到适当位置,点击鼠标左键确认,完成第一条轴网的绘制,Revit 并会自动将该轴网编号设为 1。

图 2-39

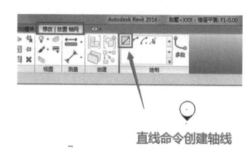

直线命令创建轴线

图 2-40

② 利用"复制"命令创建 2～7 号轴线。单击选择 1 号轴线,单击工具栏"复制"命令,选项栏勾选"约束"和"多个"。移动鼠标在 1 号轴线上单击捕捉一点作为复制参考点,然后水平向右移动鼠标,输入轴线间距"2445"后按"Enter"键,复制出 2 号轴线,继续输入轴线间距"1455"后按"Enter"键,复制出 3 号轴线,以此类推,复制出其余纵向定位轴线,如图 2-41 所示,按 2 次"Esc"键退出。

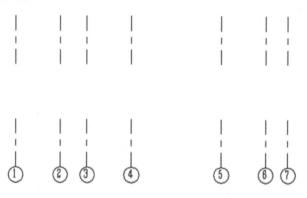

图 2-41

3)修改轴网轴号显示属性并更改轴线中段样式为连续

任意选择需要修改的一条轴线,然后选择"属性"选项板上的"编辑类型",在弹出的"类型属性"对话框中,选择"平面视图轴号端点 1(默认)",将"轴线中段"选择为"连续",如图 2-42 所示,并单击"确定",Revit 将修改轴网轴号显示属性并更改轴线中段样式为连续。

4)创建 A～G 号轴网

① 创建第一条水平轴线。单击"建筑"选项卡下"基准"面板上的"轴网"工具,点击"直线"工具进行绘制。移动鼠标至绘图区域视图左下角空白处单击,作为轴网起点,向右移动鼠标到适当位置,点击鼠标左键确认,完成第一条水平轴网的绘制,Revit 并会自动将该轴网编号设为 8,如图 2-43 所示。

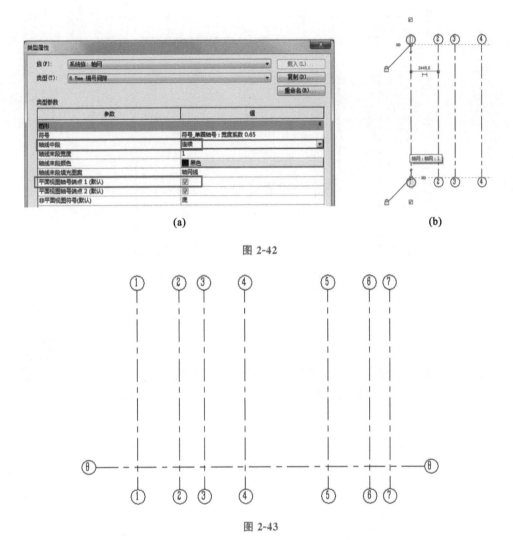

图 2-42

图 2-43

② 更改 8 号轴线编号。单击鼠标选择 8 号轴线,然后单击轴网编号中的"8"并将其修改为"A",按"Enter"键确定,如图 2-44 所示。

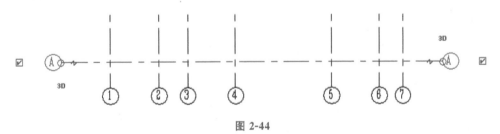

图 2-44

③ 利用"复制"命令创建 B～G 号轴线。单击选择 A 号轴线,单击工具栏"复制"命令,选项栏勾选"约束"和"多个"。移动鼠标在 A 号轴线上单击,捕捉一点作为复制参考点,然后竖直向上移动鼠标,输入轴线间距"2850"后按"Enter"键,复制出 B 号轴线,继续输入轴线间距"1800"后按"Enter"键,复制出 C 号轴线,以此类推,复制出其余水平定位轴线,如图 2-45 所示,按 2 次"Esc"键退出。

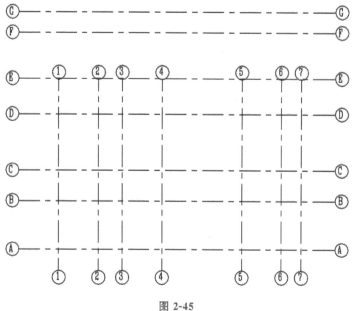

图 2-45

5)更改部分轴线长度及隐藏轴网编号

(1)更改部分轴线长度

若竖直方向轴线长度需要进行调整,可任意选择需要修改的一条轴线,例如1号轴线,拖动上端轴网端部位置调整小圆圈并竖直向上移动至合适位置,如图2-46所示。

轴网修改

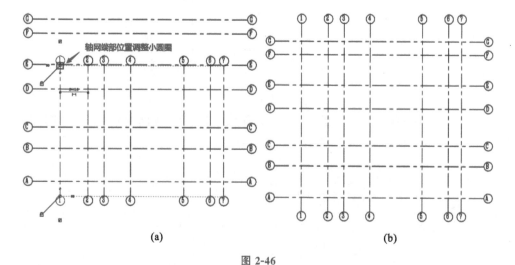

(a)　　　　　　　　　　　　　　(b)

图 2-46

(2)隐藏部分轴网编号并修改其长度

单击鼠标左键选择6号轴线,取消勾选6号轴线下端轴网编号复选框。单击打开6号轴线轴网端部对齐锁,并拖动其下端轴网端部位置调整小圆圈,竖直向上移动至D轴线下方合适位置。单击鼠标左键选择7号轴线,取消勾选7号轴线上端轴网编号复选框。打开7号轴线轴网端部对齐锁,并拖动其上端轴网端部位置调整小圆圈,并竖直向下移动至D轴线上方合适位置。用类似方法,按照图纸调整A号、C号和F号轴线编号及长度,如图2-47所示。

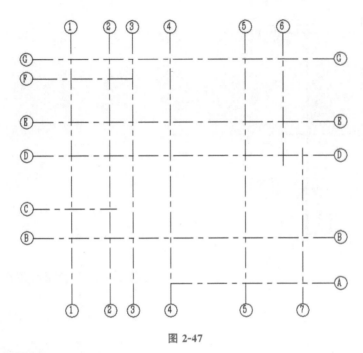

图 2-47

6）测量检查轴网

在"注释"选项卡下的"尺寸标注"面板上选择"对齐"命令,将鼠标移动至 1 号轴线下端处合适位置,单击鼠标左键,将该点作为尺寸标注起始点,水平向右移动鼠标至 7 号轴线下端处合适位置,单击鼠标左键,将该点作为尺寸标注终止点,可以得到 1 号轴线和 7 号轴线间距离为 14700(mm),如图 2-48 所示,与图纸尺寸一致($15050-175\times2=14700$(mm))。

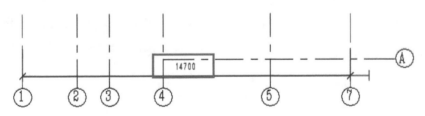

图 2-48

用类似方法,可以测量得到 A 号轴线和 G 号轴线间的距离为 13950(mm),如图 2-49 所示,与图纸尺寸一致($14300-175\times2=13950$(mm))。

7）锁定轴网

轴网创建完成后,为避免后续建模过程误删或移动轴网,可将轴网进行锁定。在"F1-0.00"楼层平面视图中,框选全部轴网,进入"修改|轴网"上下文选项卡中的"修改"面板,单击"锁定"工具将所选轴网锁定,如图 2-50 所示。

锁定轴网后,将不能对轴网进行移动、删除等修改,但可修改轴号名称及轴号位置等信息。若要删除或移动轴网必须将其解锁,选中轴网,点击"修改"面板上的"解锁"图标可进行解锁,如图 2-51 所示。若只需解锁某条轴线,选中轴线,点击轴线上的锁定符号即可切换至解锁状态。

BIM 建模基础

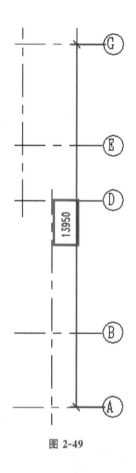

图 2-49

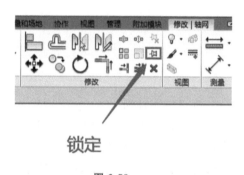

锁定

图 2-50

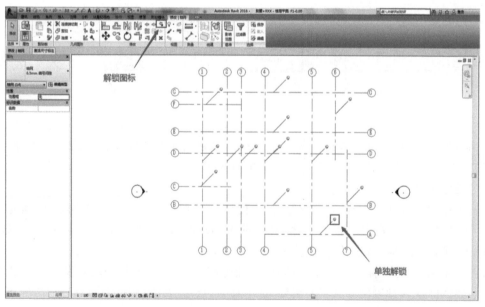

图 2-51

### 2.3.3　拓展任务

**1. 多段线创建轴网**

单击"修改|放置轴网"选项卡下"绘制"面板上的 ⌇（多段），以绘制需要使用多段线创建的轴网，如图 2-52 所示。

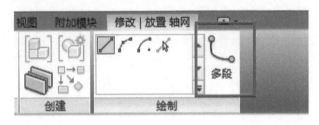

图 2-52

**2. 轴网标注**

通常，一次仅对一个楼层的轴网添加标注。如果需要对其余楼层进行轴网标注，可以使用"复制楼层"的方法来完成。通常在设计初期，只对建筑一层进行标注，以检查轴网创建的准确性，其余平面图中的轴网标注可在最后出施工图时进行。

**3. 轴网在楼层平面视图中显示问题（轴网影响范围）**

在平面视图创建完轴网后，可选中已建轴网，通过调整"影响范围"使其余楼层平面显示相同的轴网信息。具体操作如下：选择轴网，单击"修改〈基准〉"选项卡下"基准"面板上的"影响范围"工具 ▦ ，在"影响基准范围"对话框中，选择需要显示相同轴网的楼层平面（平行视图）后单击"确定"，如图 2-53 所示。

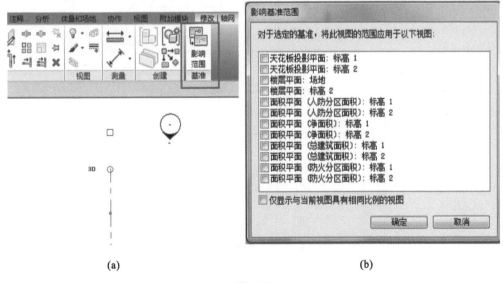

(a)　　　　　(b)

图 2-53

### 2.3.4 真题任务

以"第九期全国 BIM 等级考试一级试题"第一题为例，使用多段线命令创建轴网，如图 2-54、图 2-55 所示。题目要求：根据下图给定数据创建标高与轴网，显示方式参考下图。请将模型以"标高轴网"为文件名保存到考生文件夹中。（10 分）

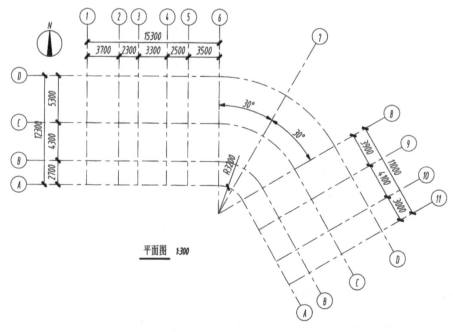

图 2-54

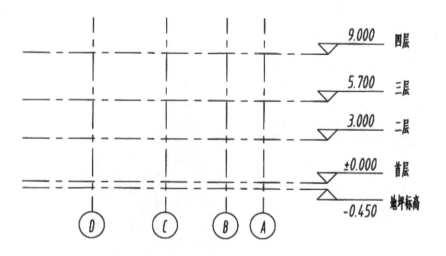

图 2-55

# 2.4　任务 3:建筑柱

## 2.4.1　学习任务

### 1.建筑柱基本概念

柱是建筑物中垂直的构件,承托在它上方构件的重量。在 Revit 2016 中,柱分为建筑柱和结构柱。建筑柱用于装饰柱等非承重结构的柱子;结构柱用于承重柱且可配筋。可以使用建筑柱围绕结构柱创建柱框外围模型,并将其用于装饰应用。建筑柱将继承连接到的其他图元(如墙)的材质。

### 2.建筑柱的创建与修改

1)建筑柱的创建

在"项目浏览器"中双击平面视图中的楼层平面,切换到相应视图,然后单击"建筑"选项卡下"构建"面板上"柱"命令下拉菜单中的"建筑柱",此时自动激活"修改|放置柱"上下文选项卡,在"属性"选项板中的"类型选择器"中选择建筑柱类型,如图 2-56 所示,在绘图区域进行放置。

图 2-56

放置建筑柱时可在选项栏上指定以下内容,如图 2-57 所示。

图 2-57

其中,勾选"放置后旋转"表示可以在放置柱后立即将其旋转。

"标高"(仅限三维视图创建柱时有此选项)表示为柱选择底部标高,在平面视图中,该视图的标高即为柱的底部标高。

"深度/高度"表示选择"深度"时,创建柱由视图平面向下建模,选择"高度"时,创建柱由视图平面向上建模。建模时,通常选择"高度"。

"未连接"表示柱的高度通过手动方式输入,即在"未连接"输入框中输入具体数值以指定柱的高度;或选择下拉菜单中某条标高,即选择柱的顶部标高。

勾选"房间边界"表示结构柱将作为房间边界。在计算房间面积、周长、体积时会用到房间边界。

2)建筑柱的修改

选中已放置的建筑柱,此时自动激活"修改|柱"上下文选项卡,在"属性"选项板中可修改其约束条件,包括底部标高、底部偏移、顶部标高和顶部偏移,如图 2-58 所示。其中,底部标高指柱底所处标高位置,底部偏移指柱底偏移柱底标高的距离(向上偏移为正值,向下偏移为负值),顶部标高指柱顶所处标高位置,顶部偏移指柱顶偏移柱顶标高的距离(向上偏移为正值,向下偏移为负值)。

如果要修改建筑柱的类型属性,则需要单击"属性"选项板上的"编辑类型",进入"类型属性"编辑器,可修改其类型、材质和尺寸标注等类型参数,如图 2-59 所示。

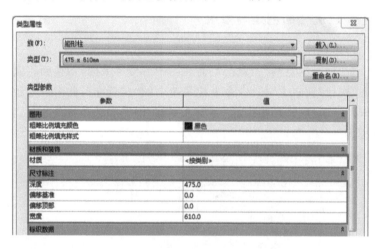

图 2-58                                            图 2-59

此外,单击"编辑族"可进入"族编辑器"修改其属性。

3)建筑柱的载入

载入"圆柱"族。由于此样板文件中所包含的系统族不含圆形建筑柱,需要载入圆形建筑柱的族。具体操作方法如下:点击"插入"选项卡下"从库中载入"面板上的"载入族"工具,如图 2-60 所示,在弹出的对话框中选择"建筑",打开"建筑"文件夹中的"柱"文件夹并从中选择"圆柱",这样"圆柱"这个族就载入项目文件了,如图 2-61 所示。

图 2-60

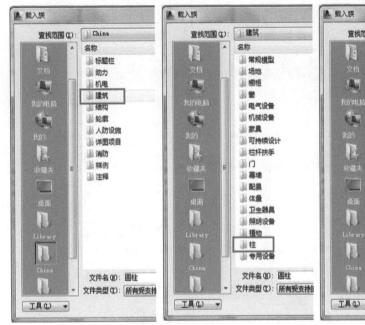

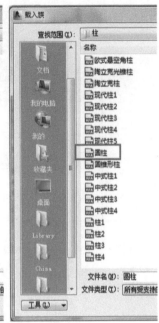

图 2-61

## 2.4.2　实施任务

### 1. 识读图纸

根据题目中"别墅"项目的构件参数要求："柱子尺寸为 300×300"，可确定柱的尺寸信息。根据一层平面图，如图 2-62 所示，可确定别墅一层柱的位置信息。

### 2. 创建一层建筑柱

1）设置一层建筑柱名称和尺寸

在"项目浏览器"中双击平面视图中的楼层平面，切换到"F1-0.00"平面视图。

创建一层
建筑柱

单击"建筑"选项卡下"构建"面板上"柱"工具下的"柱：建筑"，在"类型选择器"中选择"矩形柱"，在"属性"选项板中单击"编辑类型"，进入"类型属性"对话框，选择类型为"475x610mm"的矩形建筑柱，复制新的建筑柱名称为"柱"，如图 2-63 所示。

修改"柱"的尺寸标注，确认"材质"为"按类别"，设置"尺寸标注"中的"深度"为"300.0"，"宽度"为"300.0"，点击"确定"，退出"类型属性"对话框，如图 2-64 所示。

2）绘制一层建筑柱

选项栏中选择"高度"，即创建柱由视图平面向上建模。选择"F2-3.00"，即选择柱的顶部标高为 F2-3.00，如图 2-65 所示。

在绘图区域将鼠标放置在 1 轴与 G 轴交点处，单击鼠标左键放置第一根建筑柱，如图 2-66 所示。

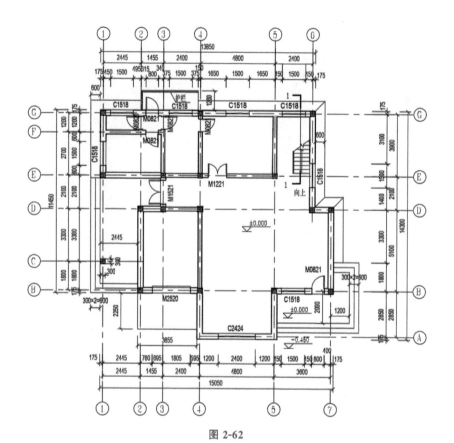

图 2-62

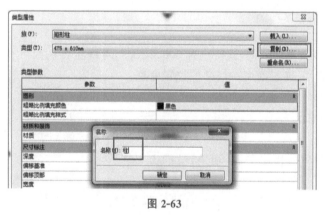

图 2-63

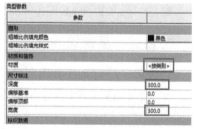

图 2-64

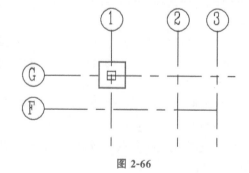

图 2-65

图 2-66

　　在绘图区域依次将鼠标放置在 4 轴与 G 轴交点处、6 轴与 G 轴交点处、1 轴与 E 轴交点处、3 轴与 E 轴交点处、4 轴与 E 轴交点处、5 轴与 E 轴交点处、2 轴与 D 轴交点处、3 轴与 D 轴交点处、4 轴与 D 轴交点处、6 轴与 D 轴交点处、7 轴与 D 轴交点处、1 轴与 C 轴交点处、2 轴与 B 轴交点处、4 轴与 B 轴交点处、5 轴与 B 轴交点处、7 轴与 B 轴交点处,并单击鼠标左键放置建筑柱,一层建筑柱即创建完成,如图 2-67 所示。

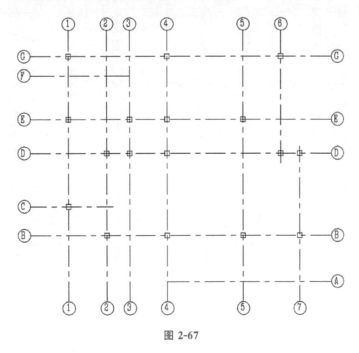

图 2-67

### 3. 创建二层建筑柱

　　根据"别墅"项目二层平面图,如图 2-68 所示,可确定别墅二层柱的位置信息。

创建二、
三层建筑柱

　　本项目二层的部分建筑柱与一层的建筑柱尺寸及位置一样,故可以用复制命令完成二层建筑柱的添加,并根据二层平面图进行修改(删除或增加建筑柱)。

　　在"项目浏览器"中双击平面视图中的楼层平面,切换到"F1-0.00"平面视图。用鼠标框选所有别墅项目一层建筑柱,自动切换至"修改|选择多个"上下文选项卡,单击"过滤器"工具,弹出"过滤器"对话框,如图 2-69 所示。

　　在"过滤器"对话框中单击"放弃全部",然后勾选"柱"类别,单击"确定",退出"过滤器"对话框,仅保留选择集中的柱类别图元,如图 2-70 所示。

　　此时,软件自动切换至"修改|柱"上下文选项卡。单击"剪贴板"面板中的"复制"工具或按"Ctrl"键和"C"键,将所选柱图元复制至剪贴板中,如图 2-71 所示。

　　此时"剪贴板"面板中的"粘贴"工具变为可用。单击"粘贴"工具下拉列表,在下拉列表中选择"与选定的标高对齐"选项,弹出"选择标高"对话框,该对话框将列出当前项目中所有已创建的标高。在列表中选择"F2-3.00",单击"确定",将所选一层建筑柱复制至二层,如图 2-72 所示。

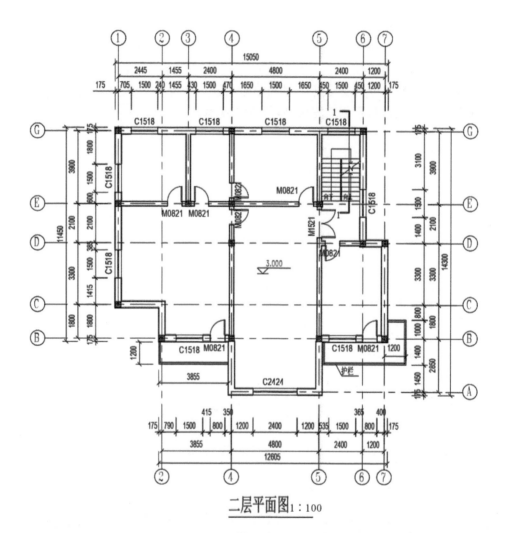

二层平面图 1∶100

图 2-68

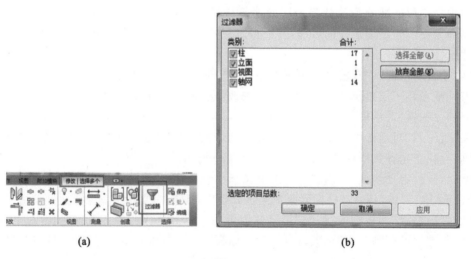

(a)　　　　　　　　　　　　(b)

图 2-69

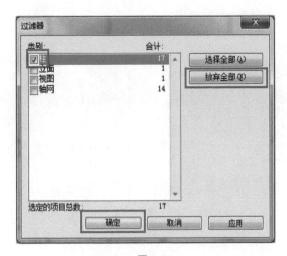

图 2-70

图 2-71

"复制"工具

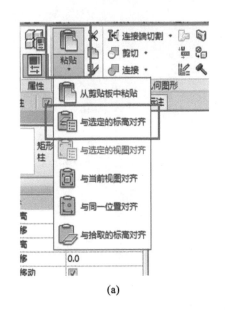

(a)　　　　　　　　　　(b)

图 2-72

在"项目浏览器"中单击三维视图前的 ⊞，并双击"三维视图"下的"{三维}"，换至三维视图查看结果，如图 2-73 所示。

单击三维视图右上角的"关闭"按钮，关闭三维视图，如图 2-74 所示。

在"项目浏览器"中双击平面视图中的楼层平面，切换到"F2-3.00"平面视图，如图 2-75 所示。

根据"别墅"项目的二层平面图，可知二层 D 轴与 2 轴、3 轴交点处无建筑柱。拖动鼠标从左上向右下框选上述建筑柱，此时软件自动切换至"修改|柱"上下文选项卡，单击"修改"面板上的"删除"工具，删除上述建筑柱，如图 2-76 所示。此外，选择需要删除的对象后，可通过"Delete"键进行删除。

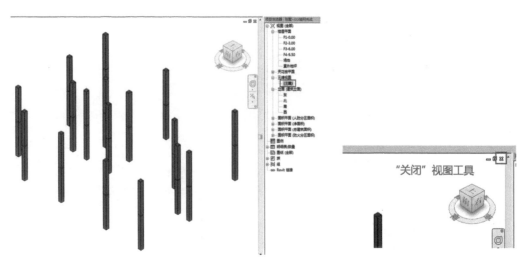

图 2-73

"关闭"视图工具

图 2-74

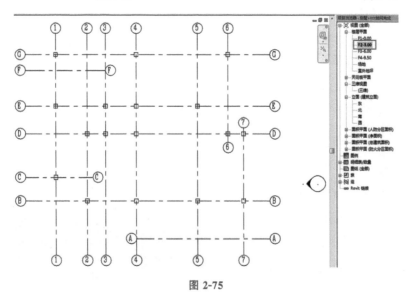

图 2-75

"删除"工具

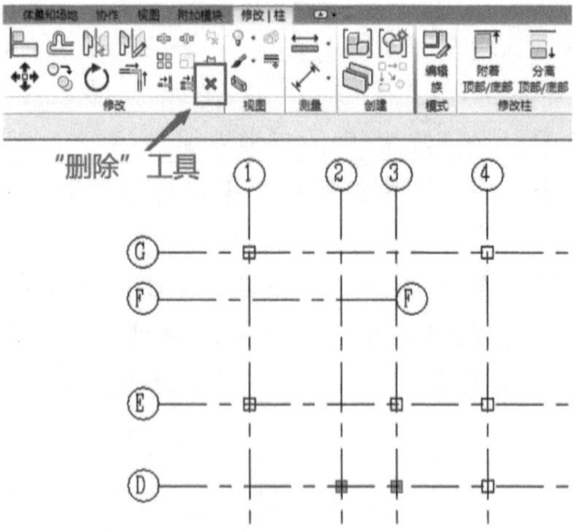

图 2-76

## 4. 创建三层建筑柱

根据"别墅"项目三层平面图,可确定别墅三层柱的位置信息,如图 2-77 所示。

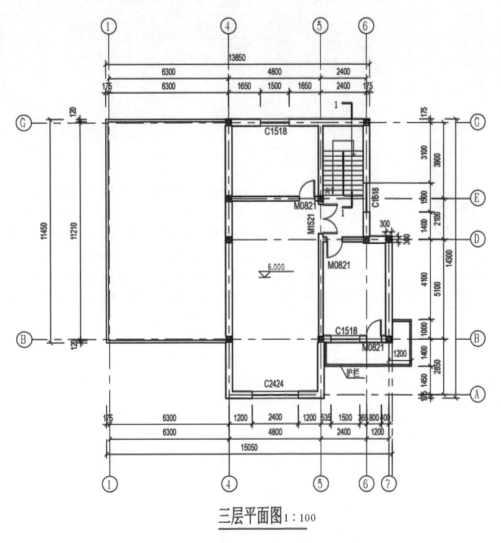

三层平面图 1:100

图 2-77

本项目三层的 4 轴、5 轴、6 轴和 7 轴建筑柱与二层的建筑柱尺寸及位置一样,故可以用复制命令完成三层建筑柱的添加,并根据三层平面图进行修改(删除或增加建筑柱)。

在"项目浏览器"中双击平面视图中的楼层平面,切换到"F2-3.00"平面视图。拖动鼠标从左上向右下框选所有 4 轴、5 轴、6 轴和 7 轴建筑柱,如图 2-78 所示。

此时,软件自动切换至"修改|柱"上下文选项卡。单击"剪贴板"面板中的"复制"工具或按"Ctrl"键和"C"键,将所选柱图元复制至剪贴板中,单击"粘贴"工具下拉列表,在下拉列表中选择"与选定的标高对齐"选项,弹出"选择标高"对话框,该对话框将列出当前项目中所有已创建的标高。在列表中选择"F3-6.00",单击"确定",将所选二层建筑柱复制至三层,如图 2-79 所示。

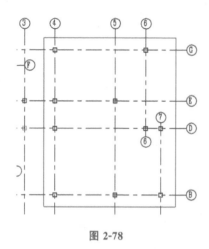

图 2-78

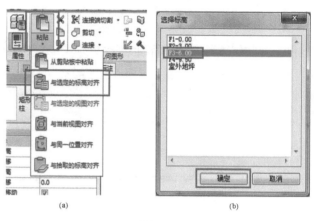

图 2-79

图 2-80

修改三层柱高度。根据"别墅"项目立面图,可知三层柱高度应为 $9.5-6=3.5(\mathrm{m})$。由于三层柱是从二层柱直接复制修改得到的,高度为 3m,因此需修改三层柱高度。在"项目浏览器"中双击平面视图中的楼层平面,切换到"F3-6.00"平面视图。用鼠标框选别墅项目所有三层柱,自动切换至"修改|柱"上下文选项卡,将"属性"选项板中墙的"顶部偏移"由"−500.0"修改为"0.0",并按"Enter"键确定,如图 2-80 所示。

在"项目浏览器"中单击三维视图前的 ⊞,并双击"三维视图"下的"{三维}",换至三维视图查看结果,如图 2-81 所示。

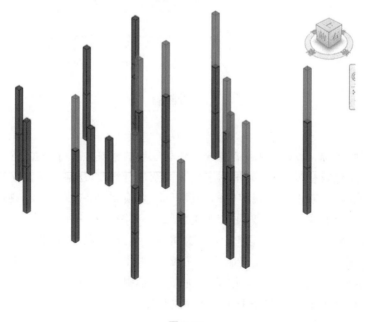

图 2-81

单击三维视图右上角的"关闭"按钮,关闭三维视图。在"项目浏览器"中双击平面视图中的楼层平面,切换到"F3-6.00"平面视图,如图 2-82 所示。至此,"别墅"项目所有柱创建完成。

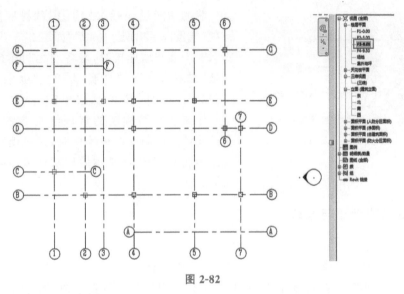

图 2-82

## 2.4.3　拓展任务

### 1. 结构柱

在"项目浏览器"中双击平面视图中的楼层平面或三维视图中的"三维",切换到相应视图,然后单击"结构"选项卡下的"柱"命令或"建筑"选项卡下"构建"面板上"柱"命令下拉菜单中的"结构柱",此时自动激活"修改|放置结构柱"上下文选项卡,在"属性"选项板"类型选择器"中选择结构柱类型,在绘图区域进行放置。

### 2. 在轴网放置多个结构柱

在"项目浏览器"中双击平面视图中的楼层平面或三维视图中的"三维",切换到相应视图,然后单击"结构"选项卡下的"柱"命令;单击"修改|放置结构柱"选项卡下"多个"面板上的"在轴网处" 命令,选择轴网线,以定义所需的轴网交点。单击"在轴网交点处"选项卡下"多个"面板上的"完成" ,以创建柱。

# 2.5　任务 4:建筑墙

## 2.5.1　学习任务

### 1. 建筑墙基本概念

墙体作为建筑物的重要组成部分,主要起维护和分割空间的作用,同时具有隔热、保温、隔声的功能。此外,墙体也是门、窗等建筑构件的承载主体。

在 Revit 2016 中,墙体主要分为基本墙、叠层墙、墙体装饰和幕墙。本节主要讲述基本墙、叠层墙、墙体装饰的创建与编辑。

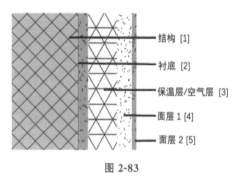

图 2-83

墙的功能层包括"结构[1]""衬底[2]""保温层/空气层[3]""面层1[4]""面层2[5]",如图 2-83 所示。当墙与墙连接时,墙各层之间连接的优先级别是"结构[1]">"衬底[2]">"保温层/空气层[3]">"面层1[4]">"面层2[5]"。

建筑墙与结构墙的默认绘制参考依据不同。在相同楼层绘制这两种墙体时,建筑墙默认以该楼层作为底部标高,而结构墙则默认以该楼层作为顶部标高。

### 2. 建筑墙的创建与修改

1)建筑墙的创建

打开楼层平面视图或三维视图,单击"建筑"选项卡下"构建"面板上"墙"下拉列表中的"墙:建筑"工具(或"结构"选项卡下"结构"面板上"墙"下拉列表中的"墙:建筑"工具),如图 2-84 所示。

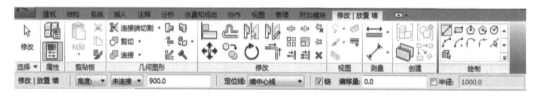

图 2-84

放置建筑墙时可在选项栏上指定以下内容,如图 2-85 所示。

图 2-85

其中,"标高"(仅限三维视图创建墙时有此选项)表示为墙选择底部标高,在平面视图中,该视图的标高即为墙的底部标高。

"深度/高度"表示选择"深度"时,创建墙由视图平面向下建模,选择"高度"时,创建墙由视图平面向上建模。建模时,通常选择"高度"。

"未连接"表示墙的高度通过手动方式输入,即在"未连接"输入框中输入具体数值以指定墙的高度;或选择下拉菜单中某条标高,即选择墙的顶部标高。

"定位线"表示选择在绘制时要将墙的哪个垂直平面与鼠标对齐,或要将哪个垂直平面与将在绘图区域中选定的线或面对齐。"定位线"下拉菜单包括"墙中心线""核心层中心线""面层面:外部""面层面:内部""核心面:外部"以及"核心面:内部"等,即可通过上述六种定位线定位墙体。

"链"表示选择此选项可以绘制一系列在端点处连接的墙段。

"偏移量"表示指定墙的定位线与鼠标位置(或选定的线、面)之间的偏移。

"半径"表示绘制圆形或圆弧形墙体时定义半径。

2)建筑墙的绘制

在"绘制"面板中,如图 2-86 所示,选择一个绘制工具,可以使用下列方法绘制墙:① 使用默认的"线"工具可通过在视图中指定墙体起点和终点来绘制直墙段;② 通过指定起点,沿所需方向移动鼠标,然后输入墙长度值创建墙体;③ 使用"绘制"面板中的其他工具,可以绘制矩形布局、多边形布局、圆形布局或弧形布局的墙体。

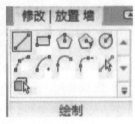

图 2-86

通常情况下,按照顺时针方向绘制墙体,此时墙体外侧向外、内侧向内。如果墙体内外侧反向,可以按键盘上的"空格"键翻转墙(内部/外部)的方向。

3)建筑墙高度修改

选中已放置的建筑墙,此时自动激活"修改|墙"上下文选项卡,在"属性"选项板中可修改其约束条件,包括底部限制条件、底部偏移、顶部约束和顶部偏移,如图 2-87 所示。其中,底部限制条件指墙底所处标高位置,底部偏移指墙底偏移墙底标高的距离(向上偏移为正值,向下偏移为负值),顶部约束指墙顶所处标高位置,顶部偏移指墙顶偏移墙顶标高的距离(向上偏移为正值,向下偏移为负值)。

如果要修改建筑墙的类型属性,则需要单击"属性"选项板上的"编辑类型",进入"类型属性"编辑器,可修改其类型、结构、功能和尺寸标注等类型参数,如图 2-88 所示。

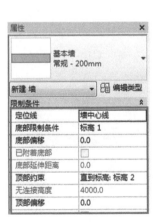

图 2-87

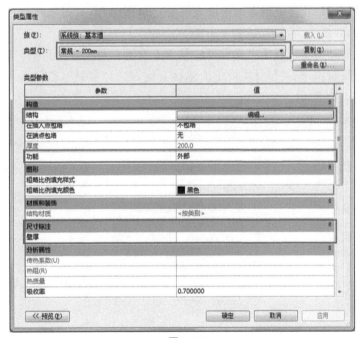

图 2-88

此外,单击"编辑族"可进入"族编辑器"修改其属性。

4)墙体构造创建

单击"属性"选项板上的"编辑类型",进入"类型属性"编辑器,点击"编辑..."选项框,将会弹出"编辑部件"对话框,如图 2-89 所示。

通过设置墙的构造、图形、材质和装饰等类型参数,可以根据需要点击"插入"按钮,自定义增加结构功能,使用"向上"或"向下"按钮调整结构功能的位置(注:核心边界只放置构造层,面层与装饰层等非构造层应向核心边界两侧移动),如图 2-90 所示。

图 2-89

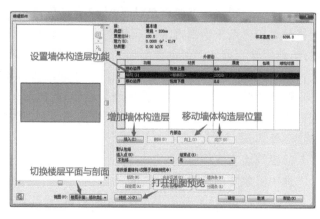

图 2-90

墙部件定义中的"层"用于表示墙体的构造层次,定义的墙结构列表从上(外部边)到下(内部边)代表墙构造从"外"到"内"的顺序。

5)选择/创建墙体构造层材质

根据项目要求编辑墙体结构层材质,单击"结构[1]"层材质栏中的 ┉,弹出"材质浏览器"窗口,在搜索材质框中输入需要的材质名称,如果项目材质中有此材质则可选择对应材质,并单击"确定",如图 2-91 所示。

如果项目材质中没有对应材质但有类似材质,则可选择类似材质并以此材质复制创建所需材质:在类似材质处单击鼠标右键,选择"复制",重新命名新建材质,并单击"确定",如图 2-92 所示。

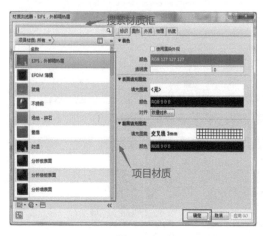

图 2-91

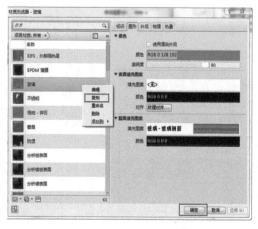

图 2-92

如果项目材质中没有对应材质和类似材质,则可显示库面板,即打开 Autodesk 材质库,在 Autodesk 材质库中选择合适的材质,如图 2-93 所示。

如果项目材质和 Autodesk 材质库中都没有对应材质和类似材质,则可新建材质:单击"材质浏览器"窗口左下方"创建并复制材质"按钮,选择"新建材质",创建名称为"默认为新材质"的材质,通过修改材质名称、材质图形以及外观等属性定义新材质,如图 2-94 所示。

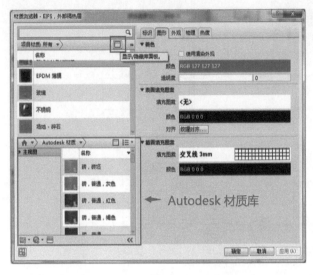

图 2-93　　　　　　　　　　　　　　　　　　　图 2-94

"材质浏览器"中有"图形"和"外观"两种材质样式效果,"图形"栏对应的是模型"着色"视觉样式下的效果;"外观"栏中对应的是模型"真实"视觉样式下的效果。在"图形"编辑栏中勾选"使用渲染外观",可使"图形"显示的颜色自动与"外观"显示的颜色保持一致。

## 2.5.2　实施任务

### 1.识读图纸

根据题目中"别墅"项目墙体参数要求:"外墙:350,10 厚灰色涂料、30 厚泡沫保温板、300 厚混凝土砌块、10 厚白色涂料;内墙:240,10 厚白色涂料、220 厚混凝土砌块、10 厚白色涂料;女儿墙:120 厚砖砌体",可确定外墙、内墙和女儿墙的构造信息。根据一层平面图、二层平面图和三层平面图,可确定别墅外墙、内墙和女儿墙的位置信息,如图 2-95 所示。

### 2.创建建筑墙

1)创建一层外墙

(1)设置一层外墙材质

在"项目浏览器"中双击平面视图中的楼层平面,切换到"F1-0.00"平面视图。

设置一层
外墙材质

单击"建筑"选项卡下"构建"面板上的"墙"工具下拉列表,在列表中选择"墙:建筑"工具,进入建筑墙体的"修改|放置墙"界面。在"属性"选项板中单击"编辑类型",进入"类型属性"对话框,单击"族"下拉列表,设置族为"系统族:基本墙",设置类型为"常规-200 mm"。单击"复制"工具,在"名称"对话框中输入"外墙"后单击"确定"按钮,返回"类型属性"对话框,如图 2-96 所示。

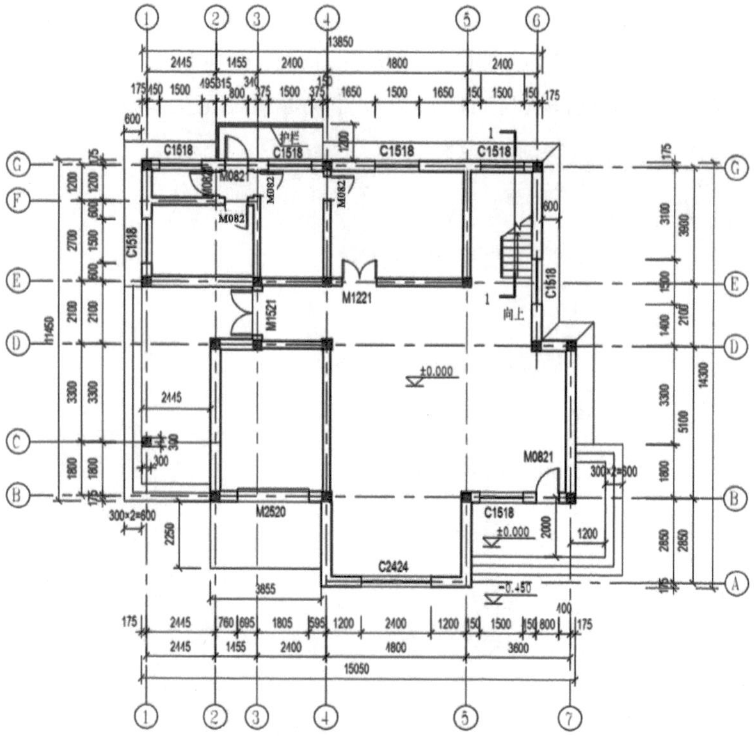

(a)

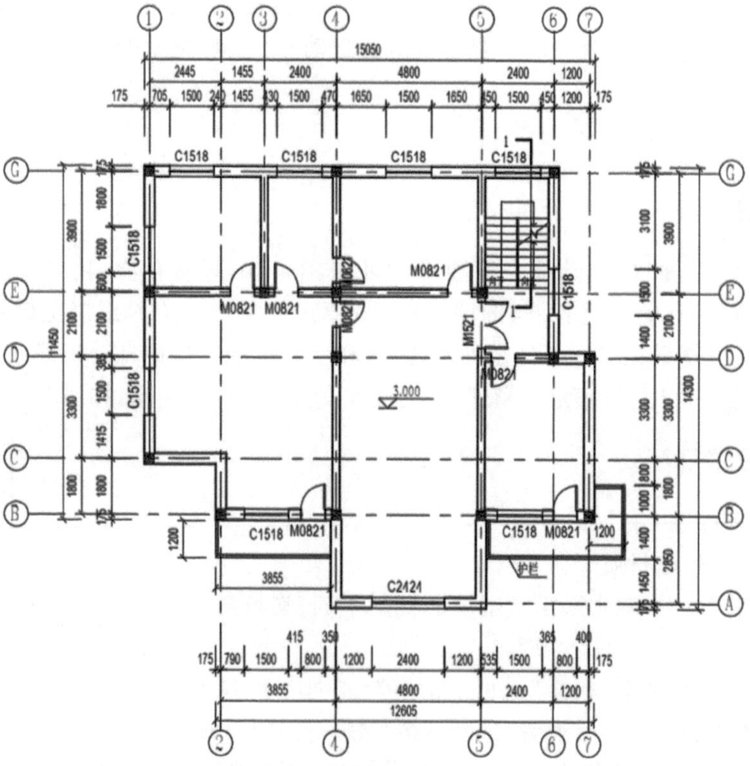

二层平面图1:100

(b)

图 2-95

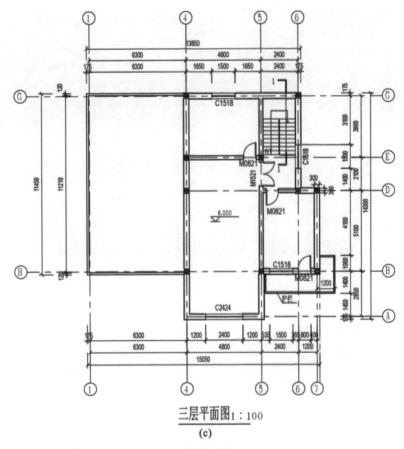

三层平面图1:100

(c)

续图 2-95

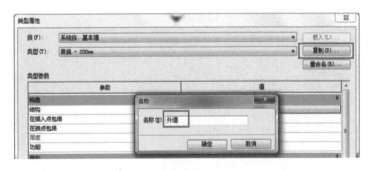

图 2-96

单击"类型属性"对话框中的"编辑"工具,进入"编辑部件"对话框,如图 2-97 所示。

在"编辑部件"对话框中单击"结构[1]"层材质栏中的 ,弹出"材质浏览器"窗口,在搜索材质框中输入"混凝土砌块",并单击"确定",在"编辑部件"对话框中修改"结构[1]"层厚度为"300.0",如图 2-98 所示。

单击"编辑部件"对话框中的"插入"按钮,添加一个新构造层,新插入的层的默认功能为"结构[1]",厚度为"0.0",如图 2-99 所示。

单击"向上"按钮,向上移动该层使其层编号为"1",即置于核心边界上层,单击修改该行"功能",在下拉列表中选择"衬底[2]",如图 2-100 所示。

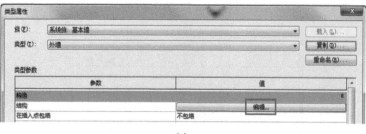

(a)

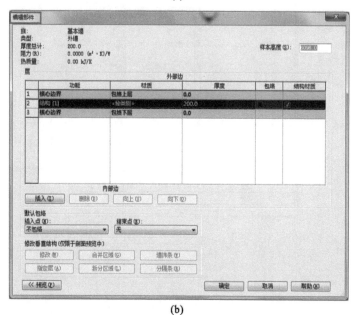

(b)

图 2-97

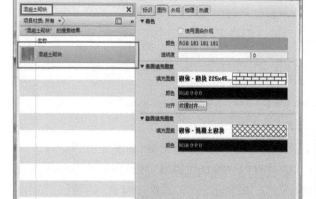

(a)

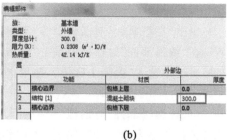

(b)

图 2-98

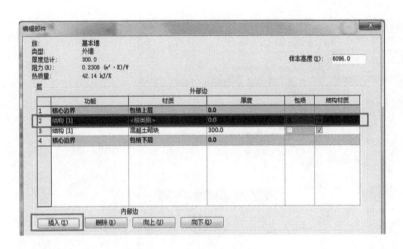

图 2-99

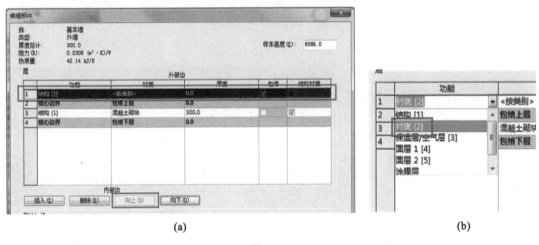

(a)　　　　　　　　　　　　　　(b)

图 2-100

单击"衬底[2]"层材质栏中的 ⬚ ，弹出"材质浏览器"窗口，单击"显示/隐藏库面板"，显示 Autodesk 材质库，如图 2-101 所示。

在搜索材质框中输入"泡沫保温板"，项目材质库和 Autodesk 材质库均无对应材质。重新在搜索材质框中输入"泡沫"，在 Autodesk 材质库中选择相似材质"聚氨酯泡沫"，并将其添加至项目材质，如图 2-102 所示。

选择项目材质中的"聚氨酯泡沫"，单击鼠标右键选择"复制"，得到新材质类型"聚氨酯泡沫(1)"，名称呈蓝色字体显示，将其重命名为"泡沫保温板"，并单击"确定"，在"编辑部件"对话框中修改"衬底[2]"层厚度为"30.0"，如图 2-103 所示。

单击"编辑部件"对话框中的"插入"，添加一个新构造层，并使用"向上"按钮向上移动该层，使其层编号为"1"，单击修改该行"功能"，在下拉列表中选择"面层 1[4]"，如图 2-104 所示。

单击"面层 1[4]"层材质栏中的 ⬚ ，弹出"材质浏览器"窗口，在搜索材质框中输入"涂料"，在项目材质库中选择相似材质"涂料-黄色"，单击鼠标右键选择"复制"，得到新材质类型"涂料-黄色"，将其重命名为"灰色涂料"，如图 2-105 所示。

BIM 建模基础

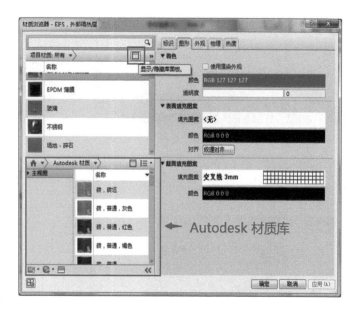

图 2-101

图 2-102

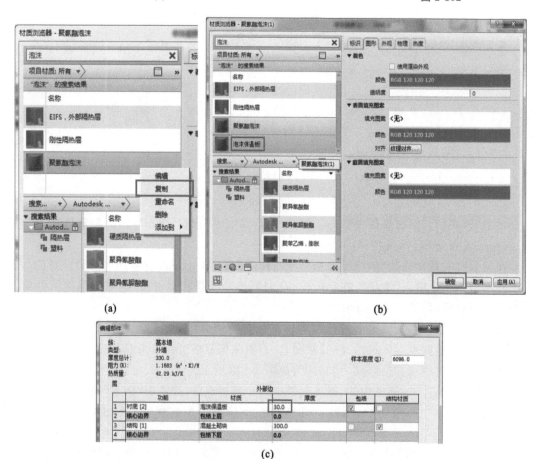

图 2-103

84

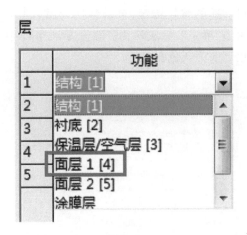

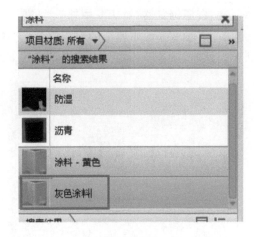

图 2-104　　　　　　　　　　　　　　　　　图 2-105

单击"材质浏览器"中"图形"选项卡"着色"面板上的"颜色"色块，在弹出的"颜色"对话框中选择一种灰色，并单击"确定"，如图 2-106 所示。此时，灰色涂料在"着色"视觉样式下的颜色已改为灰色。

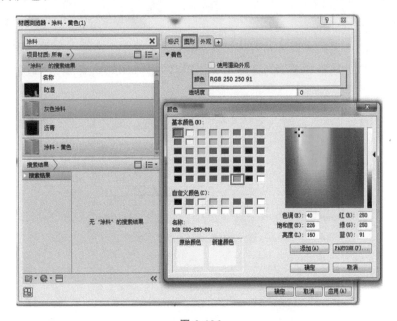

图 2-106

单击"材质浏览器"中的"外观"选项卡，切换至"外观"选项卡界面，单击"黄色"面板上"替换此资源"工具，如图 2-107 所示，弹出"资源浏览器"对话框。

图 2-107

在"资源浏览器"对话框中输入"灰色"并找到合适的替换资源,单击替换资源后的 ⇄ (使用此资源替换编辑器中的当前资源)工具,并单击"确定",完成外观资源设置,如图 2-108 所示。此时,灰色涂料在"外观"视觉样式下的颜色已改为灰色。

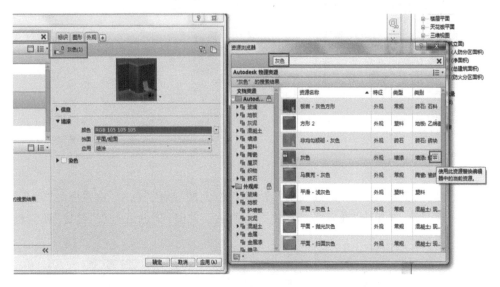

图 2-108

在"编辑部件"对话框中修改"面层 1[4]"层厚度为"10.0",并单击"确定",如图 2-109 所示。

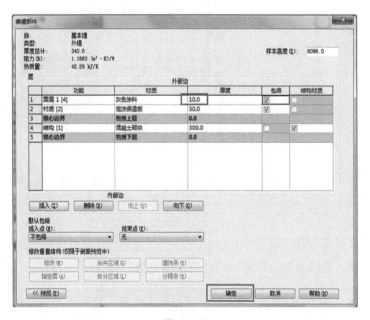

图 2-109

单击"编辑部件"对话框中的"插入",添加一个新构造层,并使用"向下"按钮向下移动该层,使其层编号为"6",单击修改该行"功能",在下拉列表中选择"面层 1[4]",如图 2-110 所示。

| 层 | | 外部边 | | | |
|---|---|---|---|---|---|
| | 功能 | 材质 | 厚度 | 包络 | 结构材质 |
| 1 | 面层 1 [4] | 灰色涂料 | 10.0 | ☑ | |
| 2 | 衬底 [2] | 泡沫保温板 | 30.0 | ☑ | |
| 3 | 核心边界 | 包络上层 | 0.0 | | |
| 4 | 结构 [1] | 混凝土砌块 | 200.0 | ☐ | ☑ |
| 5 | 核心边界 | 包络下层 | 0.0 | | |
| 6 | 面层 1 [4] ▼ | <按类别> | 0.0 | ☑ | ☐ |

| | 内部边 | | | |
|---|---|---|---|---|
| 插入 (I) | 删除 (D) | 向上 (U) | 向下 (O) | |

图 2-110

单击新建"面层 1[4]"层材质栏中的 ⋯ ，弹出"材质浏览器"窗口，在搜索材质框中输入"涂料"，在项目材质库中选择相似材质"灰色涂料"，单击鼠标右键选择"复制"，得到新材质类型"灰色涂料(1)"，将其重命名为"白色涂料"，如图 2-111 所示。

单击"材质浏览器"中"图形"选项卡"着色"面板上的"颜色"色块，在弹出的"颜色"对话框中选择白色，并单击"确定"，如图 2-112 所示。此时，白色涂料在"着色"视觉样式下的颜色已改为白色。

单击"材质浏览器"中的"外观"选项卡，切换至"外观"选项卡界面，单击"黄色"面板上"替换此资源"工具，如图 2-113 所示，弹出"资源浏览器"对话框。

图 2-111

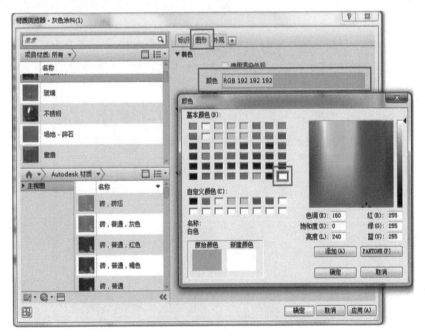

图 2-112

图 2-113

在"资源浏览器"对话框中输入"白色"并找到合适的替换资源,单击替换资源后的 ⇄ (使用此资源替换编辑器中的当前资源)工具,并单击"确定",完成外观资源设置,如图 2-114 所示。此时,白色涂料在"外观"视觉样式下的颜色已改为白色。

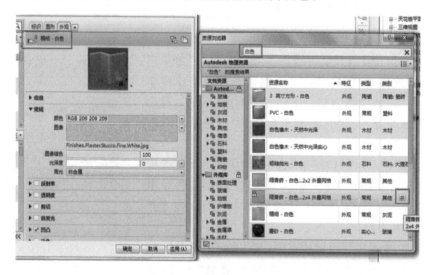

图 2-114

在"编辑部件"对话框中修改新建"面层 1[4]"层厚度为"10.0",并单击"确定",如图 2-115 所示。

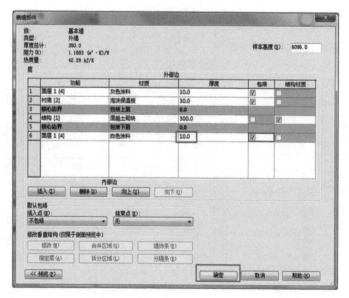

图 2-115

此时,外墙材质设置完成。

(2)绘制一层外墙

在"项目浏览器"中双击平面视图中的楼层平面,切换到"F1-0.00"平面视图。

绘制
一层外墙

单击"建筑"选项卡下"构建"面板上"墙"下拉列表中的"墙:建筑"工具(或"结构"选项卡下"结构"面板上"墙"下拉列表中的"墙:建筑"工具),在"属性"选项板的"类型选择器"中选择"外墙",选择墙体定位线为"墙中心线",确认勾选"链"。在 G 轴和 1 轴交点处单击鼠标左键,移动鼠标至 G 轴和 6 轴交点处,单击鼠标左键,如图 2-116 所示,完成 G 轴线外墙绘制,此时 G 轴线外墙呈黄色高亮显示,并弹出警告对话框"一个图元完全位于另一个图元之中。",单击"确定"。警告对话框表示 G 轴线上建筑柱完全位于 G 轴线建筑墙中。

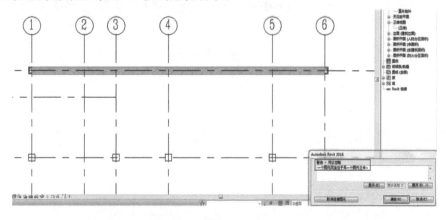

图 2-116

继续在 D 轴和 6 轴交点处单击鼠标左键,移动鼠标至 D 轴和 7 轴交点处单击鼠标左键,并在弹出的警告对话框中单击"确定"。类似地,依次在 B 轴和 7 轴交点处、B 轴和 5 轴交点处、A 轴和 5 轴交点处、A 轴和 4 轴交点处、B 轴和 4 轴交点处、B 轴和 2 轴交点处、D 轴和 2 轴交点处、D 轴和 3 轴交点处、E 轴和 3 轴交点处、E 轴和 1 轴交点处以及 G 轴和 1 轴交点处单击鼠标左键,并在每一次弹出的警告对话框中单击"确定",进行一层外墙的绘制。最后,按"Esc"键结束一层外墙的绘制,如图 2-117 所示。

通常情况下,按照顺时针方向绘制墙体,此时墙体外侧向外、内侧向内。如果墙体内外侧反向,可以按"空格"键翻转墙(内部/外部)的方向。

2)创建一层内墙

(1)设置一层内墙材质

在"项目浏览器"中双击平面视图中的楼层平面,切换到"F1-0.00"平面视图。

单击"建筑"选项卡下"构建"面板上的"墙"工具下拉列表,在列表中选择"墙:建筑"工具,进入建筑墙体的"修改|放置墙"界面。在"属性"选项板中单击"编辑类型",进入"类型属性"对话框,单击"族"下拉列表,设置族为"系统族:基本墙",类型选择为"外墙"。单击"复制"按钮,在"名称"对话框中输入"内墙"后单击"确定"按钮,返回"类型属性"对话框,如图 2-118 所示。

创建
一层内墙

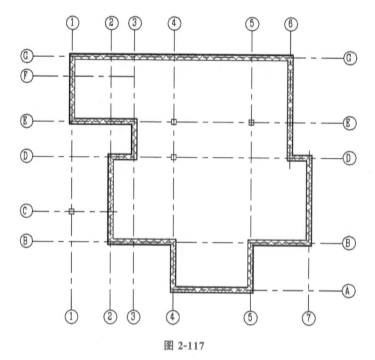

图 2-117

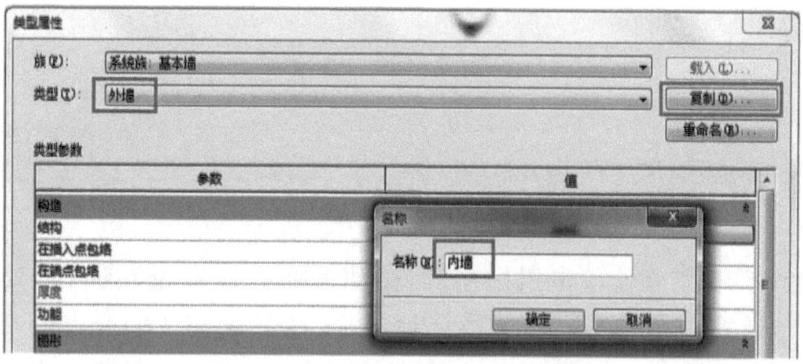

图 2-118

单击"类型属性"对话框中的"编辑"工具,进入"编辑部件"对话框,如图 2-119 所示。

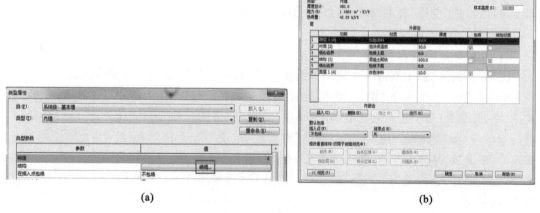

(a)

(b)

图 2-119

在"编辑部件"对话框中单击"灰色涂料"层材质栏中的 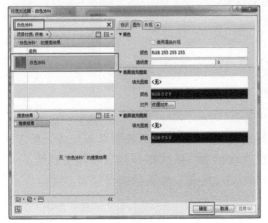，弹出"材质浏览器"窗口，在搜索材质框中输入"白色涂料"，并单击"确定"，如图 2-120 所示，此时面层 1[4]材质由"灰色涂料"修改为"白色涂料"。

在 2 层"衬底[2]"单击鼠标左键选择本层，点击"删除"完成对"衬底"层的删除，如图 2-121 所示。

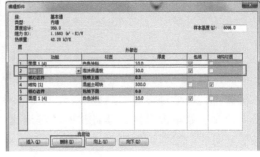

图 2-120                                          图 2-121

修改"结构[1]"层厚度为 220，完成内墙材质设置，并单击"确定"，如图 2-122 所示。

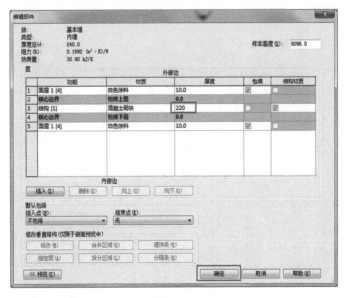

图 2-122

此时，内墙材质设置完成。

（2）绘制一层内墙

在"项目浏览器"中双击平面视图中的楼层平面，切换到"F1-0.00"平面视图。

单击"建筑"选项卡下"构建"面板上"墙"下拉列表中的"墙：建筑"工具（或"结构"选项卡下"结构"面板上"墙"下拉列表中的"墙：建筑"工具），在"属性"选项板的"类型选择器"中选择"内墙"，选项栏中选择墙体定位线为"墙中心线"，确认勾选"链"。在 F 轴和 1 轴交点处单击鼠标左键,移动鼠标至 F 轴和 3 轴交点处,单击鼠标左键,按"Esc"键退出绘制状态,完成 F 轴线的外墙绘制,如图 2-123 所示。

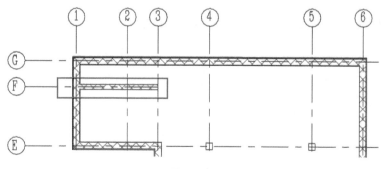

图 2-123

类似地,继续在 E 轴和 1 轴交点处单击鼠标左键,移动鼠标至 E 轴和 5 轴交点处单击鼠标左键,按"Esc"键退出绘制状态,完成 E 轴线的内墙绘制。依次在 D 轴和 3 轴交点处、D 轴和 4 轴交点处单击鼠标左键,按"Esc"键退出绘制状态,完成 D 轴线的内墙绘制。此时,一层水平方向的内墙即绘制完成,如图 2-124 所示。

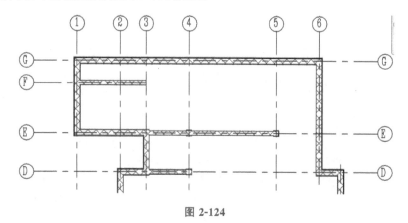

图 2-124

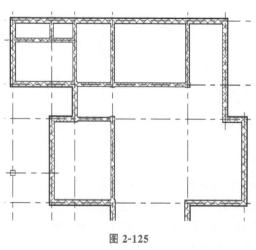

图 2-125

继续在 2 轴和 G 轴交点处单击鼠标左键,移动鼠标至 2 轴和 F 轴交点处单击鼠标左键,按"Esc"键退出绘制状态,完成 2 轴线的内墙绘制。类似地,依次在 3 轴和 G 轴交点处、3 轴和 D 轴交点处单击鼠标左键,按"Esc"键退出绘制状态,完成 3 轴线的内墙绘制。依次在 4 轴和 G 轴交点处、4 轴和 E 轴交点处单击鼠标左键,按"Esc"键退出绘制状态,继续在 4 轴和 D 轴交点处、4 轴和 B 轴交点处单击鼠标左键,按"Esc"键退出绘制状态,完成 4 轴线的内墙绘制。依次在 5 轴和 G 轴交点处、5 轴和 E 轴交点处单击鼠标左键,按"Esc"键退出绘制状态,完成 5 轴线的内墙绘制。此时,一层竖直方向内墙绘制完成,如图 2-125 所示。

3）创建二层墙体

如图 2-126 所示，根据"别墅"项目二层平面图，可确定别墅二层墙体的位置信息。

创建
二层墙体

本项目二层的部分建筑墙（包括外墙和内墙）与一层的建筑墙尺寸及位置一样，故可以用复制命令完成二层建筑墙的添加，并根据二层平面图进行修改（删除或增加建筑墙）。

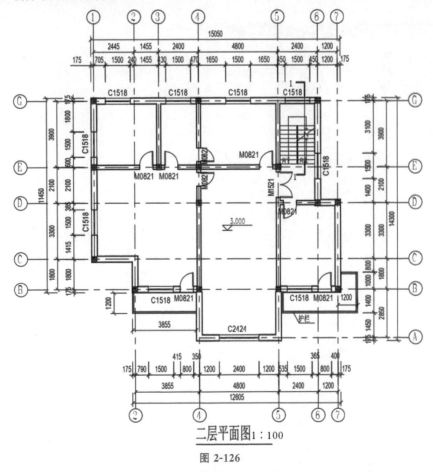

二层平面图 1 ∶ 100

图 2-126

在"项目浏览器"中双击平面视图中的楼层平面，切换到"F1-0.00"平面视图。用鼠标框选所有别墅项目一层建筑墙，自动切换至"修改|选择多个"上下文选项卡，单击"过滤器"工具，弹出"过滤器"对话框，如图 2-127 所示。

在"过滤器"对话框中单击"放弃全部"，然后勾选"墙"类别，单击"确定"，退出"过滤器"对话框，仅保留选择集中的墙类别图元，如图 2-128 所示。

此时，软件自动切换至"修改|墙"上下文选项卡。单击"剪贴板"面板中的"复制"工具或按"Ctrl"键和"C"键，将所选墙图元复制至剪贴板中，如图 2-129 所示。

此时，"剪贴板"面板中的"粘贴"工具变为可用。单击"粘贴"工具下拉列表，在下拉列表中选择"与选定的标高对齐"选项，弹出"选择标高"对话框，该对话框将列出当前项目中所有已创建的标高。在列表中选择"F2-3.00"，单击"确定"按钮，将所选一层建筑墙复制至二层，如图 2-130 所示。

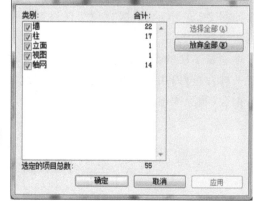

(a)                                    (b)

图 2-127

图 2-128

图 2-129

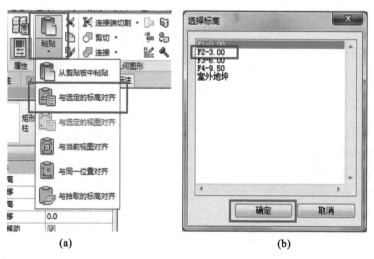

(a)                                    (b)

图 2-130

　　此时弹出警告对话框"一个图元完全位于另一个图元之中。",单击"确定"按钮。在"项目浏览器"中单击三维视图前的 ⊞,并双击"三维视图"下的"{三维}",切换至三维视图查看结果,如图 2-131 所示。

　　单击三维视图右上角的"关闭"按钮,关闭三维视图,如图 2-132 所示。

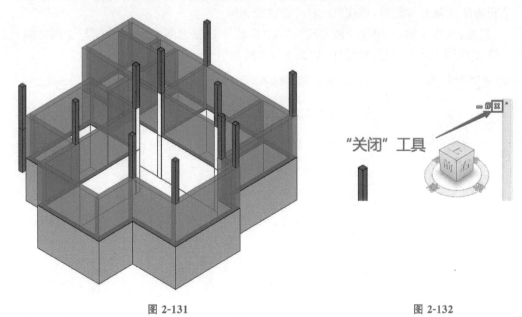

图 2-131　　　　　　　　　　　　　　　　　　　　图 2-132

　　在"项目浏览器"中双击平面视图中的楼层平面,切换到"F2-3.00"平面视图,如图 2-133 所示。

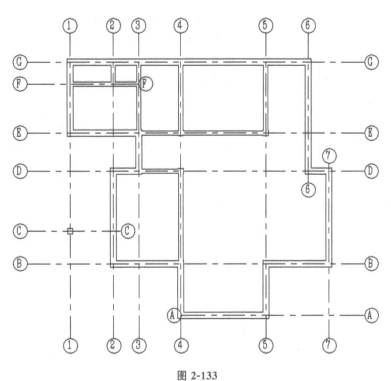

图 2-133

根据"别墅"项目二层平面图,可知二层 2 轴(G 轴与 F 轴之间)、F 轴(1 轴与 3 轴之间)、3 轴(E 轴与 D 轴之间)、D 轴(2 轴与 4 轴之间)、2 轴(D 轴与 C 轴之间)等位置没有墙体。通过单击鼠标左键选择二层 2 轴(G 轴与 F 轴之间)位置墙体,此时软件自动切换至"修改│墙"上下文选项卡,单击"修改"面板上的"删除"工具,删除上述建筑墙,如图 2-134 所示。此外,选择需要删除的对象后,可按"Delete"键进行删除。

类似地,删除 F 轴(1 轴与 3 轴之间)、3 轴(E 轴与 D 轴之间)、D 轴(2 轴与 4 轴之间)、2 轴(D 轴与 C 轴之间)等位置处墙体,如图 2-135 所示。

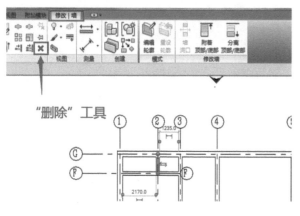

图 2-134

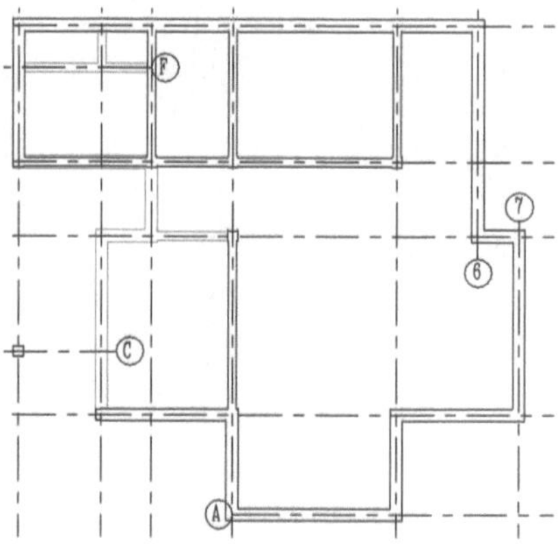

图 2-135

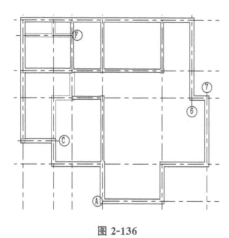

图 2-136

单击"建筑"选项卡下"构建"面板上"墙"下拉列表中的"墙:建筑"工具,在"属性"选项板的"类型选择器"中选择"外墙",选项栏中选择墙体定位线为"墙中心线",确认勾选"链"。依次在 2 轴和 B 轴交点处单击鼠标左键,移动鼠标至 2 轴和 C 轴交点处,单击鼠标左键,在弹出警告对话框中单击"确定"。按"Enter"键继续创建墙体,依次在 2 轴和 C 轴交点处、1 轴和 C 轴交点处、1 轴和 E 轴交点处单击鼠标左键,并在每一次弹出的警告对话框中单击"确定",进行二层部分外墙的绘制,最后,按"Esc"键结束二层外墙的绘制,如图 2-136 所示。

单击"建筑"选项卡下"构建"面板上"墙"下拉列表中的"墙:建筑"工具,在"属性"选项板"类型选择器"中选择"内墙",选项栏中选择墙体定位线为"墙中心线",确认勾选"链"。依次在 4 轴和 E 轴交点处单击鼠标左键,移动鼠标至 4 轴和 D 轴交点处,单击鼠标左键,补绘 4 轴内墙。按"Enter"键继续创建墙体,依次在 5 轴和 E 轴交点处、5 轴和 B 轴交点处,单击鼠标左键,补绘 5 轴内墙。按"Enter"键继续创建墙体,依次在 D 轴和 5 轴交点处、D 轴和 6 轴交点处,单击鼠标左键,补绘 D 轴内墙,最后,按"Esc"键结束二层内墙的绘制,如图 2-137 所示。

在"项目浏览器"中单击三维视图前的 ⊞,并双击"三维视图"下的"{三维}",切换至三维视图查看结果,可以看出二层 E 轴(1 轴与 3 轴之间)墙体外表面材质为灰色涂料,即外墙材质,如图 2-138 所示。

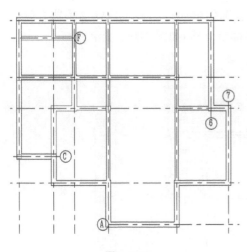

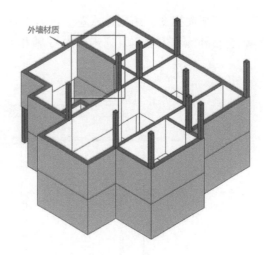

| 图 2-137 | 图 2-138 |
|---|---|

由二层平面图可知，二层 E 轴（1 轴与 3 轴之间）墙体为内墙。选择二层 E 轴（1 轴与 3 轴之间）墙体，在"属性"选项板的"类型选择器"中选择"内墙"，如图 2-139 所示。

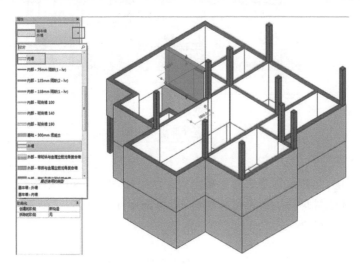

图 2-139

二层墙体创建完成，如图 2-140 所示。

4）创建三层墙体

根据"别墅"项目三层平面图，如图 2-141 所示，可确定别墅三层墙体的位置信息。

创建
三层墙体

本项目三层 4 轴部分建筑墙以及 4 轴右侧的建筑墙（包括外墙和内墙）与二层的建筑墙尺寸及位置一样，故可以用复制命令完成三层建筑墙的添加。

在"项目浏览器"中双击平面视图中的楼层平面，切换到

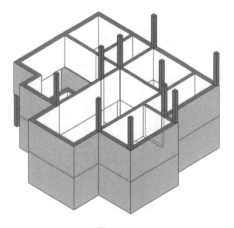

图 2-140

"F2-3.00"平面视图。用鼠标从左上至右下框选全部别墅项目二层 4 轴以及 4 轴右侧的建筑墙(包括外墙和内墙),发现未选中 G 轴和 E 轴部分墙体,如图 2-142 所示。

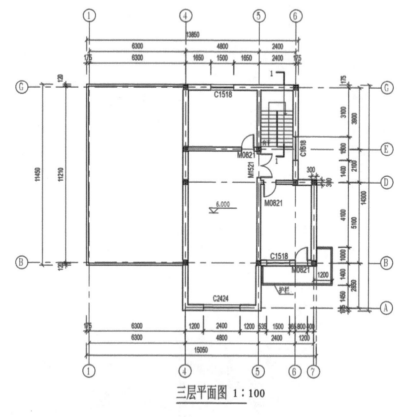

三层平面图 1∶100

图 2-141

持续按"Ctrl"键,此时鼠标箭头右上角出现一个"+"号,表示可以进行增选操作。将鼠标移动至 4 轴右侧 G 轴墙体处单击鼠标左键,增加选择此处墙体,类似地,增加选择 4 轴右侧 E 轴墙体,如图 2-143 所示。

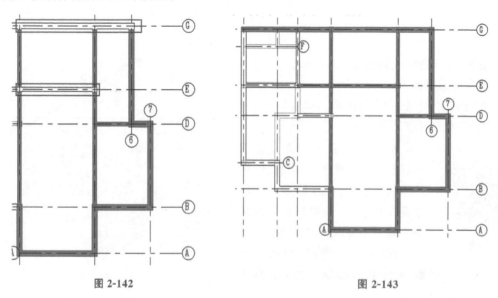

图 2-142                         图 2-143

此时，软件自动切换至"修改|选择多个"上下文选项卡。单击"剪贴板"面板中的"复制"工具或按"Ctrl"键和"C"键，将所选墙体图元复制至剪贴板中，单击"粘贴"工具下拉列表，在下拉列表中选择"与选定的标高对齐"选项，弹出"选择标高"对话框，该对话框将列出当前项目中所有已创建的标高。在列表中选择"F3-6.00"，单击"确定"，将所选二层建筑柱复制至三层，如图 2-144 所示。

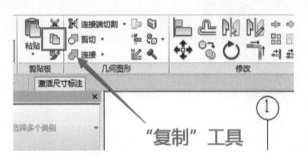

(a)

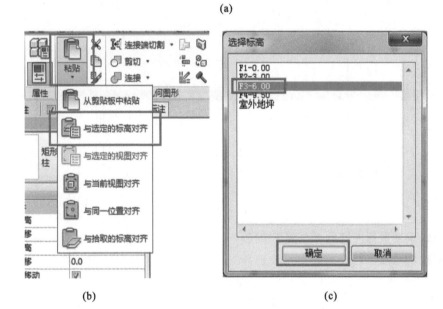

(b)　　　　　　　　(c)

图 2-144

此时弹出警告对话框"一个图元完全位于另一个图元之中。"，单击"确定"。在"项目浏览器"中单击三维视图前的 +，并双击"三维视图"下的"{三维}"，切换至三维视图查看结果，如图 2-145 所示。

单击三维视图右上角的"关闭"按钮，关闭三维视图，在"项目浏览器"中双击平面视图中的楼层平面，切换到"F3-6.00"平面视图，如图 2-146 所示。

根据"别墅"项目三层平面图，可知三层 G 轴（1 轴与 4 轴之间）、E 轴（3 轴与 4 轴之间）等位置没有墙体。单击鼠标左键选择三层 G 轴（1 轴与 4 轴之间）位置墙体，此时软件自动切换至"修改|墙"上下文选项卡，将鼠标移动至选中墙体左端"拖拽墙端点"处，按下鼠标左键选择"拖拽墙端点"，向右拖拽墙体端点至 G 轴与 4 轴交点处后松开鼠标左键，完成 G 轴墙体的修改，如图 2-147 所示。

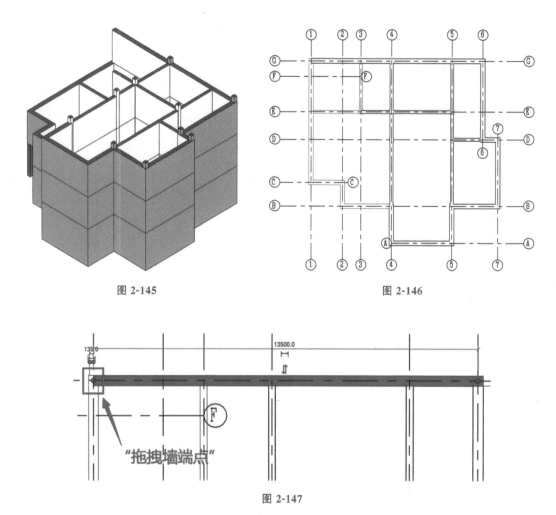

图 2-145                                        图 2-146

图 2-147

　　类似地,单击鼠标左键选择三层 E 轴(3 轴与 4 轴之间)位置墙体,将鼠标移动至选中墙体左端"拖拽墙端点"处,按下鼠标左键选择"拖拽墙端点"并向右拖拽墙体端点至 E 轴与 4 轴交点处后松开鼠标左键,完成 E 轴墙体的修改,如图 2-148 所示。

　　修改 4 轴部分墙体材质。4 轴外墙(G 轴和 B 轴之间)是由二层内墙复制得到的,需要修改其材质。将鼠标移动至 4 轴外墙(G 轴和 E 轴之间)单击鼠标左键进行选择,持续按"Ctrl"键,依次将鼠标移动至 4 轴外墙(E 轴和 D 轴之间)和 4 轴外墙(D 轴和 B 轴之间),单击鼠标左键进行增选操作,此时"属性"选项板的"类型选择器"中会显示"内墙",如图 2-149 所示。

　　将"属性"选项板"类型选择器"中的"内墙"改为"外墙",如图 2-150 所示。

　　在"项目浏览器"中单击三维视图前的 ⊞,并双击"三维视图"下的"{三维}",切换至三维视图查看结果,如图 2-151 所示。

　　由三维视图可以看出 4 轴外墙(G 轴和 B 轴之间)内外侧颠倒,需要调整。将鼠标移动至上述外墙处,单击鼠标左键进行选择,单击"空格"键进行外墙内外侧转换,依次调整 4 轴外墙(G 轴和 B 轴之间)内外侧直至正确,如图 2-152 所示。

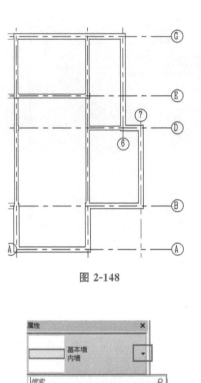

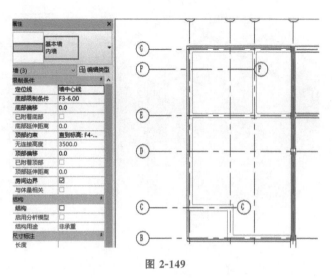

图 2-148　　　　　　　　　　　　　　　　　　　　图 2-149

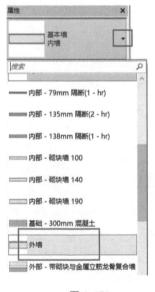

图 2-150

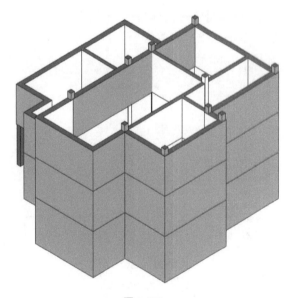

图 2-151

修改三层墙体高度。根据"别墅"项目立面图,可知三层墙体高度应为 9.5－6＝3.5(m)。由于三层墙体是从二层墙体直接复制修改得到的,高度为 3m,因此需修改三层墙体高度。

在"项目浏览器"中双击平面视图中的楼层平面,切换到"F3-6.00"平面视图。鼠标框选别墅项目所有三层建筑墙(包括外墙和内墙),自动切换至"修改|选择多个"上下文选项卡,单击"过滤器"工具,弹出"过滤器"对话框,在"过滤器"对话框中单击"放弃全部",然后勾选"墙"类别,单击"确定"退出"过滤器"对话框,仅保留选择集中的墙类别图元,如图 2-153所示。

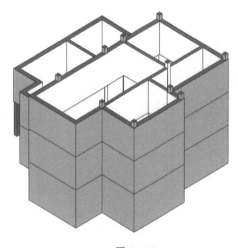

图 2-152　　　　　　　　　　　　图 2-153

将"属性"选项板中墙的"顶部偏移"由"－500.0"修改为"0.0"，并按"Enter"键确定，如图 2-154 所示。

此时弹出警告对话框"一个图元完全位于另一个图元之中。"，单击"确定"。在"项目浏览器"中单击三维视图前的 ⊞，并双击"三维视图"下的"｛三维｝"，切换至三维视图查看结果，如图 2-155 所示。

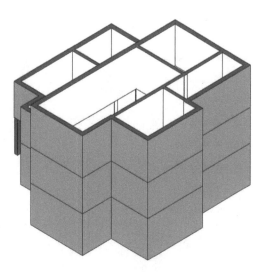

图 2-154　　　　　　　　　　　　图 2-155

5）创建女儿墙

（1）设置女儿墙材质

在"项目浏览器"中双击平面视图中的楼层平面，切换到"F3-6.00"平面视图。

单击"建筑"选项卡下"构建"面板上的"墙"工具下拉列表，在列表中选择"墙：建筑"工具，进入建筑墙体的"修改|放置墙"界面。在"属性"选项板中单击"编辑类型"，进入"类型属性"对话框，单击"族"下拉列表，设置族为"系统族：基本墙"，类型选择为"常规-90mm 砖"。单击"复制"按钮，在"名

创建女儿墙

称"对话框中输入"女儿墙"后单击"确定"按钮,返回"类型属性"对话框,如图 2-156 所示。

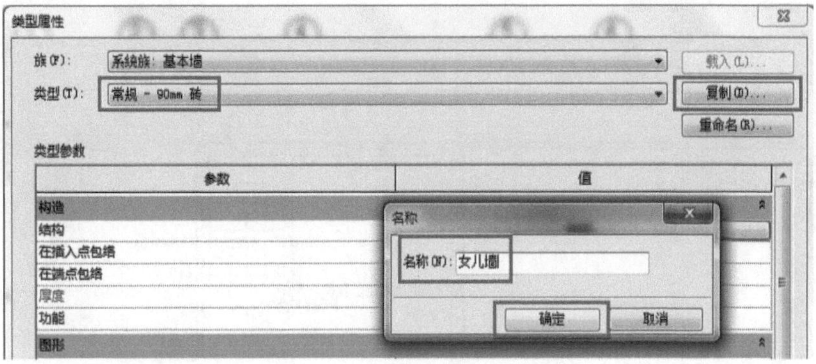

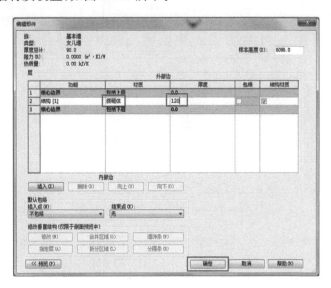

图 2-156

单击"类型属性"对话框中的"编辑"工具进入"编辑部件"对话框,单击"结构[1]"层材质栏中的 [...],弹出"材质浏览器"窗口,选择项目材质中的"砌体-普通砖 75x225mm",单击鼠标右键选择"复制",得到新材质类型"砌体-普通砖 75x225mm(1)",名称呈蓝色字体显示,将其重命名为"砖砌体",并单击"确定",在"编辑部件"对话框中修改"结构[1]"层厚度为"120",完成女儿墙材质设置,如图 2-157 所示。

图 2-157

(2)绘制女儿墙

根据"别墅"项目三层平面图,如图 2-158 所示,可确定别墅女儿墙的位置信息。

根据题目中"别墅"项目 1—7 轴立面图,如图 2-159 所示,可确定女儿墙高 900mm。

在"项目浏览器"中双击平面视图中的楼层平面,切换到"F3-6.00"平面视图。

单击"建筑"选项卡下"构建"面板上"墙"下拉列表中的"墙:建筑"工具,在"属性"选项板的"类型选择器"中选择"女儿墙"。在选项栏上选择"高度",墙的顶部标高选择"未连接",在"未连接"输入框中输入女儿墙高度"900",选择墙体定位线为"墙中心线",确认勾选"链",如图 2-160 所示。

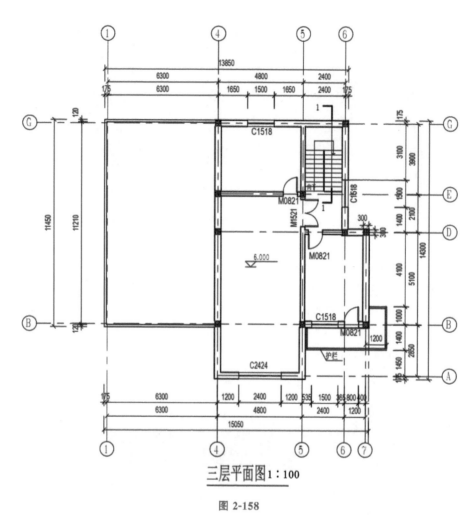

三层平面图 1:100

图 2-158

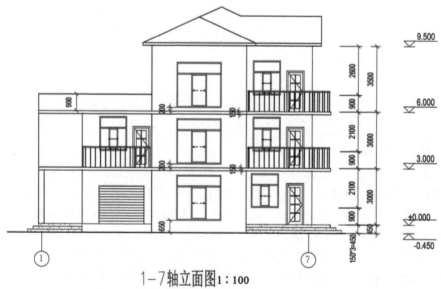

1—7轴立面图 1:100

图 2-159

图 2-160

在 B 轴和 4 轴交点处单击鼠标左键,移动鼠标至 B 轴和 1 轴交点处单击鼠标左键,类似地,继续在 G 轴和 1 轴交点处单击鼠标左键,移动鼠标至 G 轴和 4 轴交点处单击鼠标左键,按"Esc"键结束女儿墙的绘制,如图 2-161 所示。

根据"别墅"项目三层平面图,可知别墅女儿墙外侧墙边与 2 层外墙外侧墙边平齐。可以使用"对齐"工具微调女儿墙位置。单击"修改"选项卡下"修改"面板上的"对齐"工具,如图 2-162 所示。

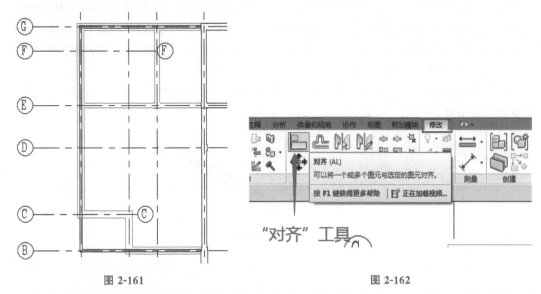

图 2-161                                          图 2-162

滑动鼠标滚轮,将 B 轴女儿墙局部放大至合适尺寸,将鼠标移动至 B 轴二层外墙外侧墙边(此时灰显)处,此时二层外墙外侧墙边蓝色高亮显示,单击鼠标左键,将对齐基准线选择为二层外墙外侧墙边,如图 2-163 所示。

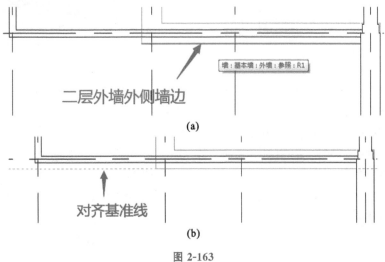

图 2-163

将鼠标移动至 B 轴女儿墙外侧墙边处,此时女儿墙外侧墙边蓝色高亮显示,单击鼠标左键,将女儿墙外侧墙边对齐至二层外墙外侧墙边,如图 2-164 所示,B 轴女儿墙位置即调整完成。

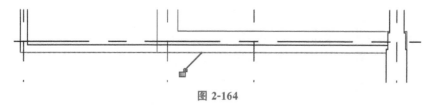

图 2-164

类似地,滑动鼠标滚轮将 1 轴女儿墙局部放大至合适尺寸,将鼠标移动至 1 轴二层外墙外侧墙边(此时灰显)处,此时二层外墙外侧墙边蓝色高亮显示,单击鼠标左键,将对齐基准线选择为二层外墙外侧墙边,再将鼠标移动至 1 轴女儿墙外侧墙边处单击鼠标左键,此时 1 轴女儿墙位置调整完成。继续将鼠标移动至 G 轴二层外墙外侧墙边(此时灰显)处单击鼠标左键,将对齐基准线选择为二层外墙外侧墙边,再将鼠标移动至 G 轴女儿墙外侧墙边处单击鼠标左键,此时所有女儿墙位置调整完成,如图 2-165 所示。

在"项目浏览器"中单击三维视图前的 ⊞,并双击"三维视图"下的"{三维}",切换至三维视图查看结果,如图 2-166 所示。

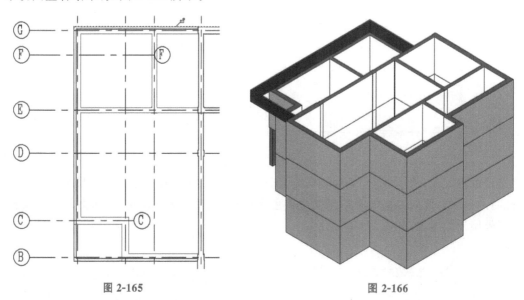

图 2-165                           图 2-166

6)创建室外地坪墙体

根据"别墅"项目 1—7 轴立面图、7—1 轴立面图、A—G 轴立面图、G—A 轴立面图,可知一层墙体底部伸至室外地坪标高,以"1—7 轴立面图"为例,如图 2-167 所示。

在"项目浏览器"中双击平面视图中的楼层平面,切换到"F1-0.00"平面视图。用鼠标框选所有别墅项目一层建筑墙,自动切换至"修改|选择多个"上下文选项卡,单击"过滤器"工具,弹出"过滤器"对话框,在"过滤器"对话框中单击"放弃全部",然后勾选"墙"类别,单击"确定"退出"过滤器"对话框,仅保留选择集中的墙类别图元,如图 2-168 所示。

创建室外
地坪墙体

修改"属性"选项板中墙的"底部限制条件"为"室外地坪",如图 2-169 所示。

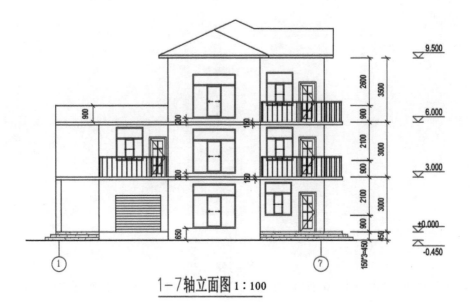

<u>1－7轴立面图</u> 1 : 100

图 2-167

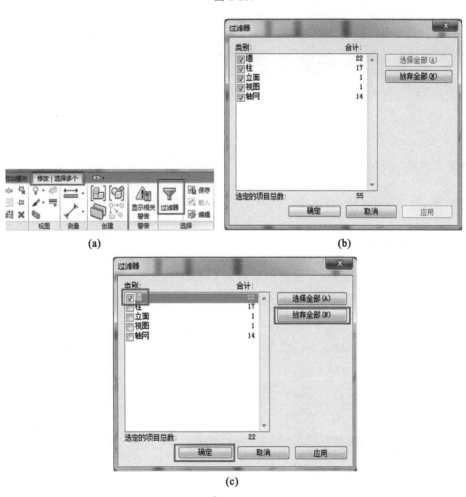

(a)

(b)

(c)

图 2-168

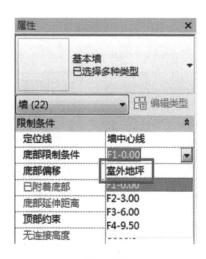

图 2-169

在"项目浏览器"中双击"立面（建筑立面）"中的"南"立面视图,如图 2-170 所示,可以看到墙体底部标高已经修改为室外地坪标高。

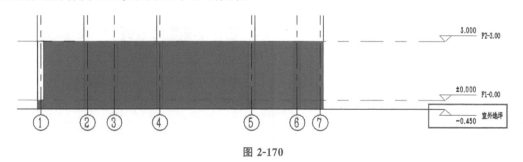

图 2-170

至此,"别墅"项目所有墙体创建完成。

## 2.5.3 拓展任务

### 1.墙体内外侧更改

选中已绘制的墙体时,墙体一侧会出现双箭头 ⇆ ,如图 2-171 所示。双箭头所在的一侧为墙体的外侧,另外一侧则为墙体内侧。

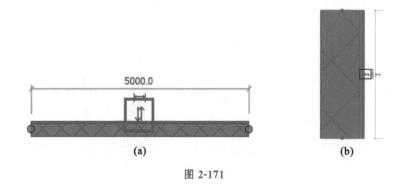

图 2-171

选择墙体,单击墙体左侧"双箭头" 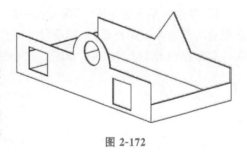 或单击"空格"键,对墙体内外侧进行翻转。

### 2. 墙体轮廓的编辑与重设

1) 编辑墙体轮廓

在通常情况下,放置直墙时,墙的轮廓为矩形(在垂直于其长度的立面中查看时)。如果设计中要求其他的轮廓形状,或要求墙中有洞口,如图 2-172 所示,可在剖面视图或立面视图中编辑墙的立面轮廓,通常选择在立面视图中进行编辑。

图 2-172

2) 重设墙体轮廓

在编辑墙体轮廓后,若想使墙体恢复成最初的形状,可以在选择墙体后,单击"修改|墙"选项卡下"模式"面板上的"重设轮廓"工具 。使用"重设轮廓"工具会使得当前选中的墙体完全删去自定义的轮廓线条,因此需谨慎使用。

3) 将墙附着到其他图元

放置墙之后,通过将其顶部或底部附着到同一个垂直平面中的其他图元(如楼板、屋顶、天花板和参照平面等,也可以是位于正上方或正下方的其他墙),可以替换其初始墙顶定位标高和墙底定位标高。将墙附着到其他图元,墙的高度会增大或减小,可以避免在设计修改时手动编辑墙的轮廓。

在图 2-173 的示例中,图(a)显示使用其墙顶定位标高(指定为"标高 2")来创建绘制的墙及放置在墙上的屋顶。图(b)显示将墙附着到屋顶的效果。图(c)显示在修改附着屋顶的倾斜度时墙轮廓会随之改变。

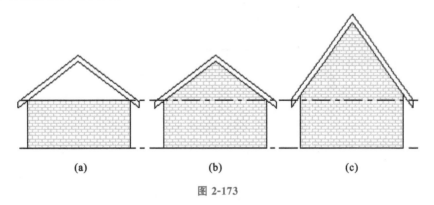

(a) (b) (c)

图 2-173

将墙附着到其他图元的具体操作如下:① 在绘图区域中,选择要附着到其他图元的一面或多面墙;② 单击"修改|墙"选项卡下"修改墙"面板上的"附着顶部/底部"工具 ;③ 在选项栏上,选择"顶部"或"底部"作为"附着墙";④ 选择墙将附着到的图元。

从其他图元分离墙的具体操作如下:① 在绘图区域中,选择要分离的墙;② 单击"修改|墙"选项卡下"修改墙"面板上的"分离顶部/底部"工具 ;③ 选择要从中分离墙的各个图元。如果要同时从所有其他图元中分离选定的墙(或者不确定附着了哪些图元),可单击选项栏上的"全部分离"。

## 2.5.4　真题任务

以"第十八期全国 BIM 等级考试一级试题"第一题为例,题目要求:根据给定尺寸和构造创建墙模型并添加材质,未标明尺寸不作要求。请将模型文件以"墙+考生姓名.xxx"为文件名保存到考生文件夹中,如图 2-174 所示。(10 分)

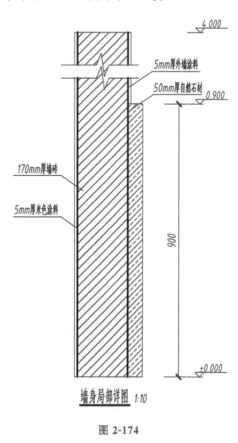

图 2-174

# 2.6　任务5:门窗

## 2.6.1　学习任务

### 1. 建筑门窗基本概念

门窗是常用的建筑构件,按其所处的位置不同分为围护构件和分隔构件。根据不同的设计需求具有保温、隔热、隔声、防水、防火等功能。门主要具备室内外交通联系、交通疏散以及通风采光的作用。窗则主要具备通风、采光以及观景眺望的作用。

在 Revit2016 软件中,可使用"门"工具或"窗"工具在建筑模型的墙中放置门窗,墙体会自动剪切洞口以容纳门窗。门窗属于族构件,如果在项目中需要放置某类门窗构件,需要提前将此类族载入项目。此外,在项目中可以通过修改门窗族类型和相应的族参数,如门窗的宽度、高度和底高度等,形成新的门窗类型。

门窗的放置依附于墙,即需要先创建墙体再布置门窗,因此当项目中的某道墙体被删除时,此道墙上的门窗也随之被删除。

### 2.建筑门窗的插入与编辑

1)门插入

Revit 软件中可在平面、剖面、立面或三维视图中放置门,通常选择在平面视图中放置门。在某楼层平面创建门时,需进入到相应的楼层平面,单击"建筑"选项卡下"构建"面板上的"门"命令,此时自动激活"修改|放置门"上下文选项卡,从"属性"选项板的"类型选择器"中选择所需的门类型,如图 2-175 所示,移动鼠标至该层墙主体上,当预览图像位于墙上所需位置时,单击鼠标左键放置即可。

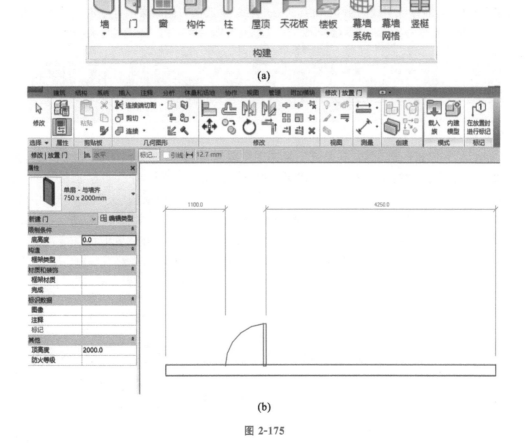

图 2-175

(1)调整门开启方向

放置门时将光标移到墙上可显示门的预览图像,在平面视图中放置门时,按"空格"键可将开门方向从左开翻转为右开。若要翻转门内外方向(使其向内开或向外开),可将光标移到靠近墙边缘内侧或外侧的位置。

（2）调整门位置

默认情况下,临时尺寸标注指示从门中心线到最近垂直墙的中心线的距离。若要更改门位置,可单击已经放置的门,此时出现门的临时尺寸约束,修改临时尺寸即可调整门的位置。此外,输入快捷键"SM",可自动捕捉该墙体中点,点击鼠标左键可放置该门。

（3）门载入

如果要放置的门类型与"属性"选项板中"类型选择器"显示的门类型不同,可从下拉列表中选择其他类型,如果"类型选择器"中没有所需类型的门,可单击"插入"选项卡下"从库中载入"面板上的"载入族"命令,打开 Revit 软件自带的族库文件夹(路径为 C:\Program Data\Autodesk\RVT 2016\Libraries\China\建筑)。此外,企业项目自定义族库文件也可进行载入。

（4）门标记

如果希望在放置门时自动对门进行标记,可单击"修改|放置门"选项卡"标记"面板上的"在放置时进行标记"工具,然后在选项栏上指定下列标记选项,如图 2-176 所示。其中,修改标记方向表示门标记可选择"水平"或"垂直"标记方式;是否勾选"引线"表示在门标记和门之间是否包含引线;若需修改引线的默认长度,可在"引线"复选框右侧的文本框中输入具体数值。

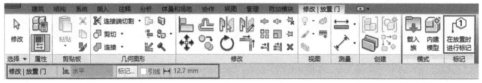

图 2-176

2)窗插入

Revit 软件可在平面、剖面、立面或三维视图中放置窗,通常选择在平面视图中放置窗。在某楼层平面创建窗时,需进入相应的楼层平面,单击"建筑"选项卡下"构建"面板上的"窗"命令,此时自动激活"修改|放置窗"上下文选项卡,从"属性"选项板的"类型选择器"中选择所需的窗类型,并在"属性"选项板中的"底高度"处输入窗底高度,如图 2-177 所示,移动鼠标至该层墙主体上,当预览图像位于墙上所需位置时,单击鼠标左键放置即可。

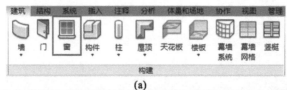

(a)

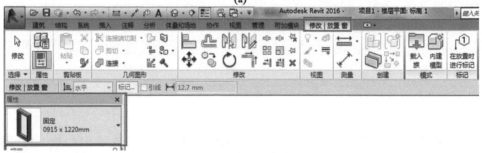

(b)

图 2-177

(c)

续图 2-177

（1）调整窗开启方向

放置窗时将光标移到墙上可显示窗的预览图像，在平面视图中放置窗时，按"空格"键可将开窗方向从左开翻转为右开。若要翻转窗内外方向（使其向内开或向外开），可将光标移到靠近墙边缘内侧或外侧的位置。

（2）调整窗位置

默认情况下，临时尺寸标注指示从窗中心线到最近垂直墙的中心线的距离。若要更改窗位置，可单击已经放置的窗，此时出现窗的临时尺寸约束，修改临时尺寸即可调整窗的位置。此外，输入快捷键"SM"，可自动捕捉该墙体中点，点击鼠标左键可放置该窗。

（3）窗载入

如果要放的窗类型与"属性"选项板中"类型选择器"显示的窗类型不同，可从下拉列表中选择其他类型，如果"类型选择器"中没有所需类型的窗，可单击"插入"选项卡下"从库中载入"面板上的"载入族"命令，打开 Revit 软件自带的族库文件夹（路径为 C：\Program Data\Autodesk\RVT 2016\Libraries\China\建筑）。此外，企业项目自定义族库文件也可进行载入。

（4）窗标记

如果希望在放置窗时自动对窗进行标记，可单击"修改|放置窗"选项卡"标记"面板上的"在放置时进行标记"工具，然后在选项栏上指定下列标记选项，如图 2-178 所示。其中，修改标记方向表示窗标记可选择"水平"或"垂直"标记方式；是否勾选"引线"表示在窗标记和窗之间是否包含引线；若需修改引线的默认长度，可在"引线"复选框右侧的文本框中输入具体数值。

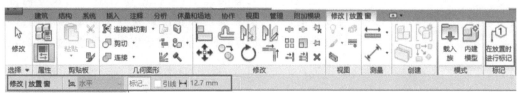

图 2-178

3)门编辑

单击已创建的门,自动激活"修改｜放置门"选项卡,此时在"属性"选项板中可修改门的标高、底高度和顶高度等实例参数,如图 2-179 所示。

如需修改门的类型参数,如门的高度和宽度等,可单击已插入的门,点击"属性"选项板中的"编辑类型",在弹出的"类型属性"对话框中单击"复制"可创建新的门类型,重新命名该类型后,可根据项目中门的尺寸需要,修改门的高度、宽度以及门材质和框架材质等类型参数,然后点击"确定"完成设置,如图 2-180 所示。

图 2-179

图 2-180

图 2-181

4)窗编辑

单击已创建的窗,自动激活"修改｜放置窗"选项卡,此时在"属性"选项板中可修改窗的标高、底高度和顶高度等实例参数,如图 2-181 所示。

如需修改窗的类型参数,如窗的高度、窗台高度和宽度等,可单击已插入的窗,点击"属性"选项板中的"编辑类型",在弹出的"类型属性"对话框中单击"复制"可创建新的窗类型,重新命名该类型后,可根据项目中窗的尺寸需要,修改窗的高度、窗台高度和宽度以及框架材质和玻璃嵌板材质等类型参数,然后点击"确定"完成设置,如图 2-182所示。

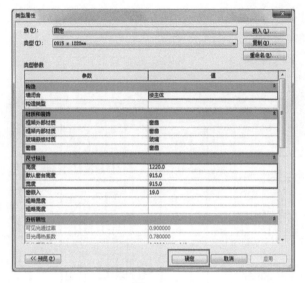

图 2-182

## 2.6.2 实施任务

### 1. 识读图纸

根据题目中"别墅"项目一层平面图,可以确定一层门窗规格及平面位置信息,如图 2-183 所示。

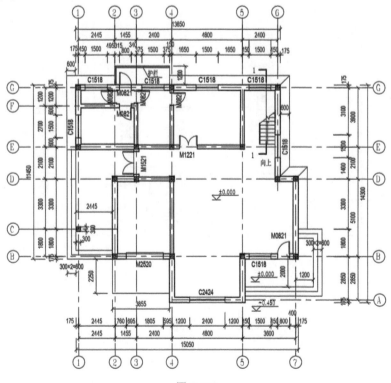

图 2-183

根据"别墅"项目1—7轴立面图、7—1轴立面图、A—G轴立面图、G—A轴立面图,可以确定一层门窗的高度信息,如图 2-184 所示。

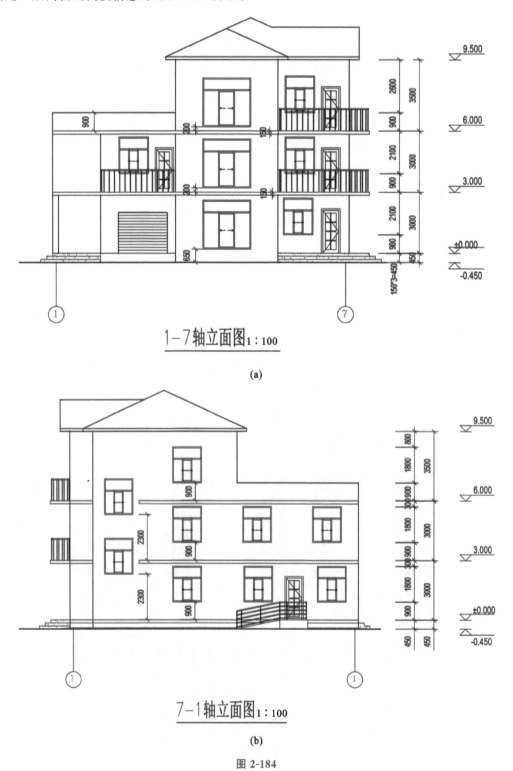

1-7轴立面图 1:100

(a)

7-1轴立面图 1:100

(b)

图 2-184

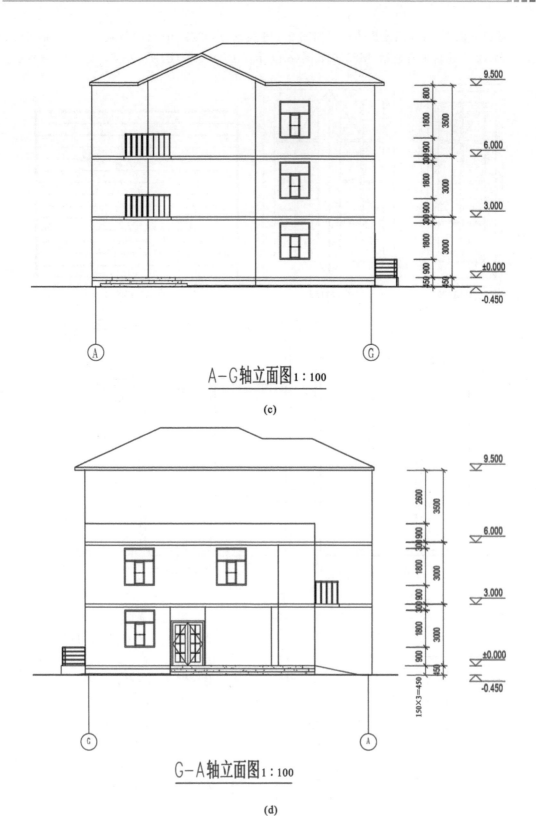

A-G轴立面图 1∶100

(c)

G-A轴立面图 1∶100

(d)

续图 2-184

通过立面图,可知门窗具体样式如图 2-185 所示:M0821 如图(a)所示,M1521 如图(b)所示,M1221 题目未有显示,M2520 如图(c)所示,C1518 如图(d)所示,C2424 如图(e)所示。

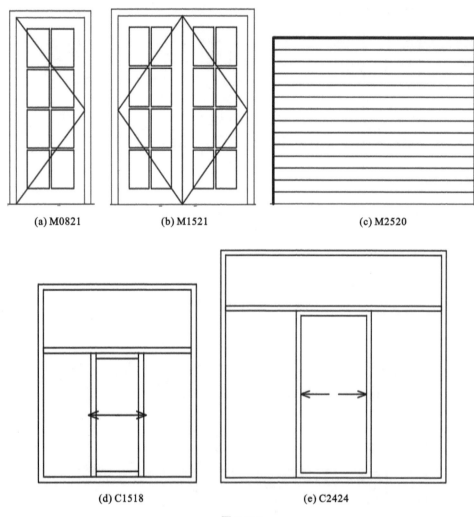

(a) M0821　　　　(b) M1521　　　　(c) M2520

(d) C1518　　　　(e) C2424

图 2-185

## 门窗表

| 类型 | 设计编号 | 洞口尺寸(mm) | 数量 |
|---|---|---|---|
| 普通门 | M0821 | 800x2100 | 17 |
| 普通门 | M1521 | 1500x2100 | 3 |
| 普通门 | M1221 | 1200x2100 | 1 |
| 卷帘门 | M2520 | 2500x2000 | 1 |
| 普通窗 | C1518 | 1500x1800 | 19 |
| 普通窗 | C2424 | 2400x2400 | 3 |

图 2-186

通过立面图中尺寸标注,可知 G 轴外墙上 5 轴和 6 轴间窗 C1518 距所在楼层标高 2300mm,除 G 轴外墙上 5 轴和 6 轴间窗 C1518 外,其余窗 C1518 距所在楼层标高 900mm,C2424 距所在楼层标高 200mm。

此外,通过"别墅"项目门窗表,可以确定门窗洞口尺寸以及门窗数量,如图 2-186 所示。

## 2. 创建门窗

### 1) 创建一层门

打开"F1-0.00"平面视图,单击"建筑"选项卡下"构建"面板上的"门"命令,进入"修改|放置门"界面。在"属性"选项板中单击"编辑类型"进入"类型属性"对话框,单击"载入",如图 2-187 所示。

创建一层门

放置一层门

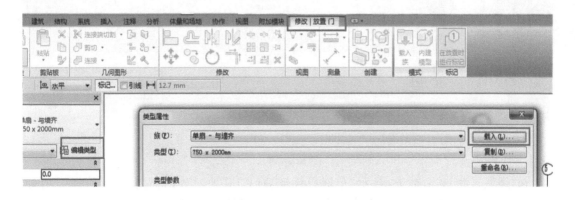

图 2-187

在弹出的对话框中依次选择"建筑"→"门"→"普通门"→"平开门"→"单扇"文件夹,在"单扇"文件夹中选择"单嵌板镶玻璃门 13",在预览视图中可知"单嵌板镶玻璃门 13"与别墅项目图纸中的 M0821 较为接近,点击"打开",这样"单嵌板镶玻璃门 13"这个族就载入项目文件中了,如图 2-188 所示。

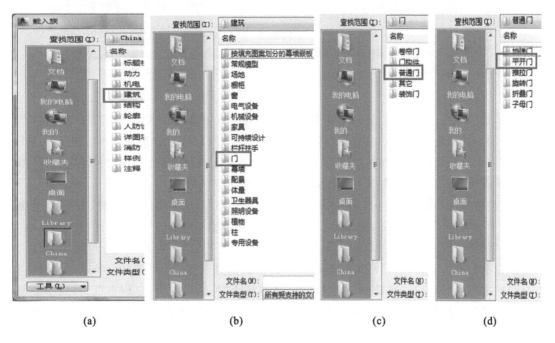

(a)        (b)        (c)        (d)

图 2-188

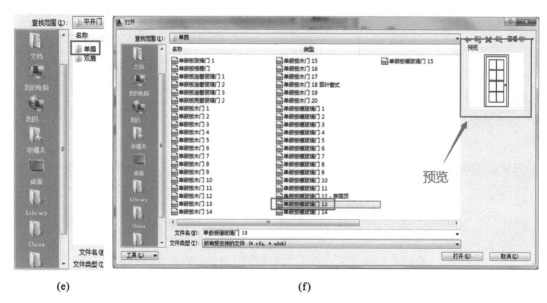

<table>
<tr><td>(e)</td><td>(f)</td></tr>
</table>

续图 2-188

在"类型属性"对话框中,显示"单嵌板镶玻璃门 13"所对应的类型属性,选择类型为"800 x 2100 mm",并单击"复制",复制新的门名称为"M0821",如图 2-189 所示,门"M0821"创建完成。

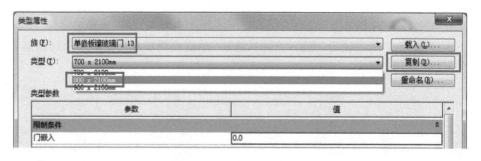

图 2-189

继续载入双扇门。单击"载入",在弹出的对话框中依次选择"建筑"→"门"→"普通门"→"平开门"→"双扇"等文件夹,在"双扇"文件夹中选择"双面嵌板镶玻璃门 5",在预览视图中可知"双面嵌板镶玻璃门 5"与别墅项目图纸中的 M1521 较为接近,点击"打开",这样"双面嵌板镶玻璃门 5"这个族就载入项目文件中了,如图 2-190 所示。

在"类型属性"对话框中,显示"双面嵌板镶玻璃门 5"所对应的类型属性,选择类型为"1500 x 2100 mm",并单击"复制",复制新的门名称为"M1521",如图 2-191 所示,门"M1521"创建完成。

别墅项目中,门"M1221"样式未能通过题目图纸信息获得,因此可自行确定,本项目门"M1221"按照门"M1521"样式进行选择。在"类型属性"对话框中,确定族类型为"双面嵌板镶玻璃门 5",选择类型为"1200 x 2100 mm",并单击"复制",复制新的门名称为"M1221",如图 2-192 所示,门"M1221"创建完成。

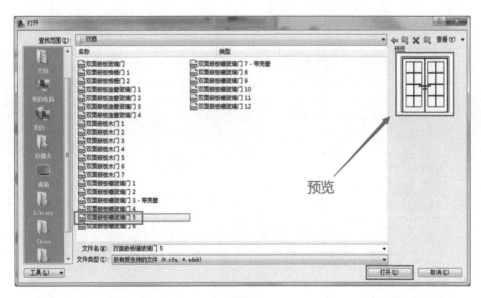

图 2-190

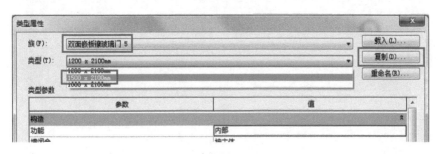

图 2-191

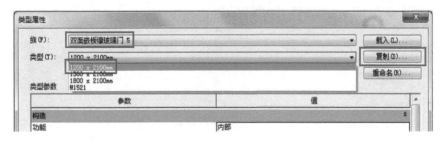

图 2-192

　　类似地,继续单击"载入",在弹出的对话框中依次选择"建筑"→"门"→"卷帘门"等文件夹,在"卷帘门"文件夹中选择"滑升门",在预览视图中可知"滑升门"与别墅项目图纸中的 M2520 较为接近,点击"打开",这样"滑升门"这个族就载入项目文件中了,如图 2-193 所示。

　　在"类型属性"对话框中,显示"滑升门"所对应的类型属性,类型仅有一种为"2400 x 2100 mm",并单击"复制",复制新的门名称为"M2520"。在"类型属性"对话框中,修改"粗略宽度"为"2500.0"并按"Enter"键确定,修改"粗略高度"为"2000.0"并按"Enter"键确定,点击"确定",门"M2520"即创建完成,如图 2-194 所示。

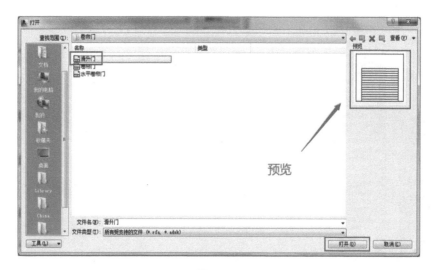

图 2-193

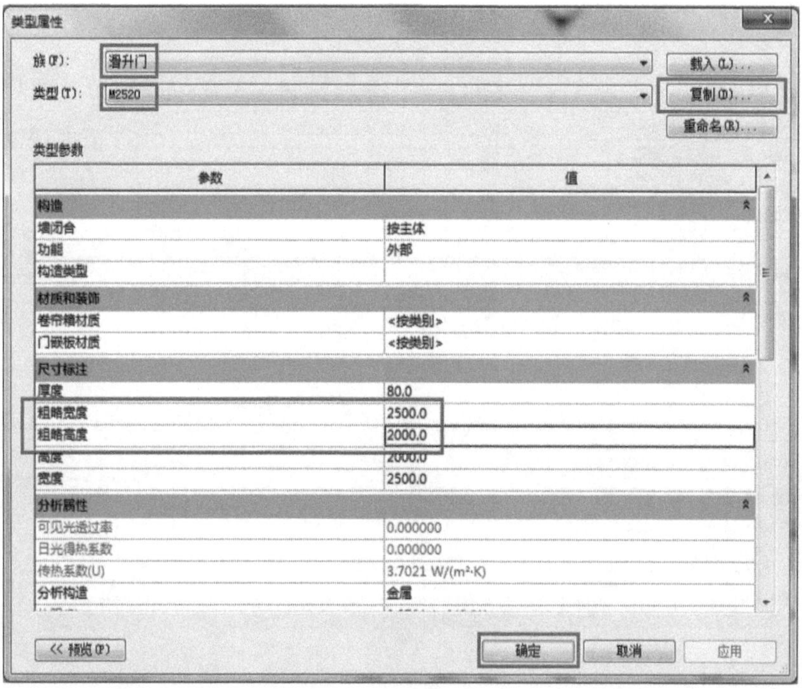

图 2-194

单击"建筑"选项卡下"构建"面板上的"门"工具,在"属性"选项板的"类型选择器"中选择"单嵌板镶玻璃门 13"中的"M0821",并点击"修改|放置门"选项卡下的"在放置时进行标记"命令(确定"在放置时进行标记"为蓝色高亮显示),如图 2-195 所示。

将鼠标移动至 G 轴外墙与 2 轴和 3 轴之间,通过在外墙处上下微调鼠标位置,可以调整门上下方向开启位置,如图 2-196 所示。

将"M0821"开启方向调整为向上时,按"空格"键进行门左右开启方向的调整,当门向右开启时单击鼠标左键进行放置,此时已插入的门出现蓝色的临时尺寸,单击蓝色临时尺寸并修改相应的数值可以改变门的位置,如图 2-197 所示。

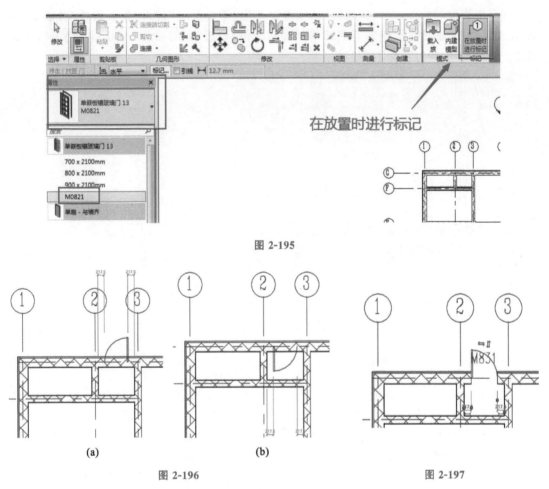

图 2-195

图 2-196 (a) (b)

图 2-197

接下来进行门位置精确调整。由别墅项目一层平面图可知"M0821"左侧距离 2 轴尺寸为 315mm，距离 3 轴尺寸为 340mm。单击鼠标左键拖动门左侧墙上的临时尺寸约束小蓝点（移动尺寸界限）至 2 轴线，如图 2-198 所示。

单击鼠标左键修改"M0821"左侧临时尺寸，输入"315"并按"Enter"键完成"M0821"的位置调整。单击鼠标左键拖动门右侧墙上的临时尺寸约束小蓝点（移动尺寸界限）至 3 轴线，可见"M0821"右侧距离 3 轴尺寸为 340mm，与图纸相符，如图 2-199 所示。

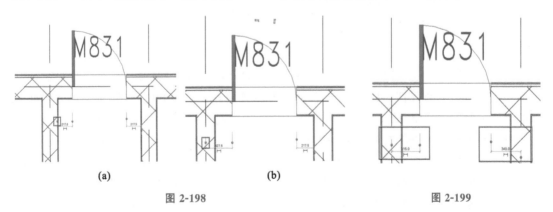

图 2-198 (a) (b)

图 2-199

接下来修改门的标注。在"属性"选项板中单击"编辑类型"进入"类型属性"对话框,滑动"类型属性"对话框右侧滚轮至底部,将"类型标记"修改为"M0821",并点击"确定",此时门标记修改为"M0821",如图 2-200 所示。

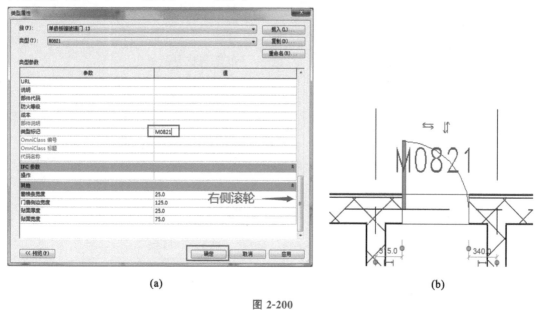

(a)        (b)

图 2-200

移动门标记"M0821"至合适位置。双击"Esc"键退出"修改|放置门"命令,将鼠标移动至门标记"M0821"位置处,此时"M0821"蓝色高亮显示(如未选中门标记,可按"Tab"键进行切换,直到门标记"M0821"蓝色高亮显示),单击鼠标左键选择门标记"M0821",利用"拖拽"工具将其向下移动至合适位置,按"Esc"键完成修改,如图 2-201 所示。

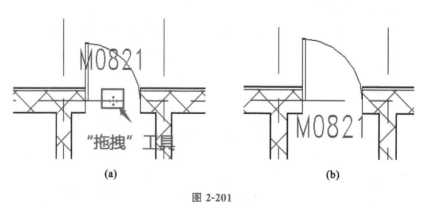

(a)        (b)

图 2-201

类似地,继续创建 1 层其余的门。按"Esc"键退出"修改|门标记"命令,单击"建筑"选项卡下"构建"面板上的"门"工具,将鼠标移动至 B 轴外墙与 7 轴和 5 轴之间,通过在外墙处上下微调鼠标位置,将"M0821"开启方向调整为向上和向右开启时单击鼠标左键进行放置(通过"空格"键进行门上下左右开启方向的调整)。接下来进行门位置的精确调整。由别墅项目一层平面图可知 B 轴外墙上"M0821"右侧距离 7 轴尺寸为 400mm。单击鼠标左键拖动门右侧墙上的临时尺寸约束小蓝点(移动尺寸界限)至 7 轴线,单击鼠标左键修改"M0821"右侧临时尺寸,输入"400"并按"Enter"键完成"M0821"的位置调整,如图 2-202 所示。

移动门标记"M0821"至合适位置。双击"Esc"键退出"修改|放置门"命令,将鼠标移动至门标记"M0821"位置处,单击鼠标左键选择门标记"M0821",利用"拖拽"工具将其向下移动至合适位置,按"Esc"键完成修改,如图 2-203 所示。

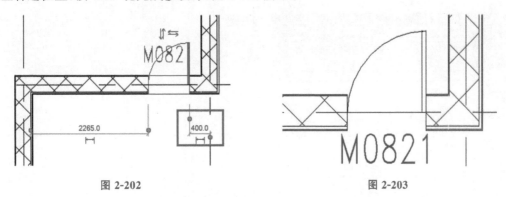

<table>
<tr><td>图 2-202</td><td>图 2-203</td></tr>
</table>

创建门"M2520"。按"Esc"键退出"修改|门"命令,单击"建筑"选项卡下"构建"面板上的"门"工具,在"属性"选项板的"类型选择器"中选择"M2520",如图 2-204 所示。

将鼠标移动至 B 轴外墙上 2 轴和 4 轴之间,单击鼠标左键进行放置。接下来进行门位置的精确调整。由别墅项目一层平面图可知 B 轴外墙上"M2520"左侧距离 2 轴尺寸为760mm。单击鼠标左键拖动门左侧墙上的临时尺寸约束小蓝点(移动尺寸界限)至 2 轴线,单击鼠标左键修改"M2520"右侧的临时尺寸,输入"760"并按"Enter"键完成"M2520"的位置调整,如图 2-205 所示。

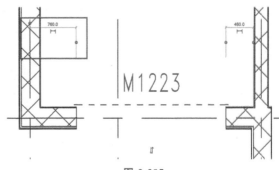

<table>
<tr><td>图 2-204</td><td>图 2-205</td></tr>
</table>

接下来修改门"M2520"的标注。在"属性"选项板中单击"编辑类型",进入"类型属性"对话框,滑动"类型属性"对话框右侧滚轮至底部,将"类型标记"修改为"M2520",并点击"确定",此时门标记修改为"M2520",如图 2-206 所示。

移动门标记"M2520"至合适位置。双击"Esc"键退出"修改|放置门"命令,将鼠标移动至门标记"M2520"位置处,单击鼠标左键选择门标记"M2520",使用"拖拽"工具将其向下移动至合适位置并按"Esc"键完成修改,如图 2-207 所示。

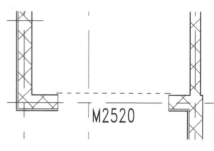

图 2-206                                        图 2-207

继续创建门"M1521"。按"Esc"键退出"修改|门"命令,单击"建筑"选项卡下"构建"面板上的"门"工具,在"属性"选项板的"类型选择器"中选择"M1521",如图 2-208 所示。

将鼠标移动至 B 轴外墙与 E 轴和 D 轴之间,通过在外墙处左右微调鼠标位置,将"M1521"开启方向调整为向左开启时单击鼠标左键进行放置,如图 2-209 所示。

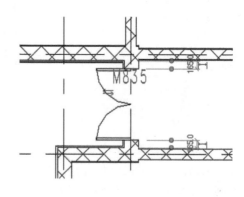

图 2-208                                        图 2-209

接下来修改门的标注。在"属性"选项板中单击"编辑类型",进入"类型属性"对话框,滑动"类型属性"对话框右侧滚轮至底部,将"类型标记"修改为"M1521",并点击"确定",此时门标记修改为"M1521",如图 2-210 所示。

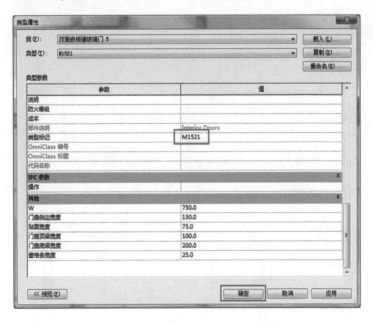

图 2-210

调整门标注"M1521"的方向和位置。双击"Esc"键退出"修改|放置门"命令,将鼠标移动至门标记"M1521"位置处,单击鼠标左键选择门标记"M1521",在门标记方向处选择"垂直",使用"拖拽"工具将门标记向下移动至合适位置并按"Esc"键完成修改,如图 2-211 所示。

继续创建内墙上的门"M1221"。按"Esc"键退出"修改|门"命令,单击"建筑"选项卡下"构建"面板上的"门"工具,在"属性"选项板的"类型选择器"中选择"M1221",将鼠标移动至 E 轴外墙与 4 轴和 5 轴之间的合适位置,通过在外墙处上下微调鼠标位置,将"M1221"开启方向调整为向上开启时单击鼠标左键进行放置。

接下来修改门的标注。在"属性"选项板中单击"编辑类型",进入"类型属性"对话框,滑动"类型属性"对话框右侧滚轮至底部,将"类型标记"修改为"M1221",并点击"确定",此时门标记修改为"M1221"。

移动门标记"M1221"至合适位置。双击"Esc"键退出"修改|放置门"命令,将鼠标移动至门标记"M1221"位置处,单击鼠标左键选择门标记"M1221",使用"拖拽"工具将其向下移动至合适位置并按"Esc"键完成修改,如图 2-212 所示。

类似地,创建 2 轴、3 轴、4 轴和 F 轴内墙上的门"M0821",一层所有门即创建完成,如图 2-213 所示。

2)创建一层窗

通过"别墅"项目平面图可知窗的平面位置,通过立面图中尺寸标注,可知 G 轴外墙上 5 轴和 6 轴间窗 C1518 距所在楼层标高 2300mm,除 G 轴外墙上 5 轴和 6 轴间窗 C1518 外,其余窗 C1518 距所在楼层标高 900mm,C2424 距所在楼层标高 200mm。

创建一层窗

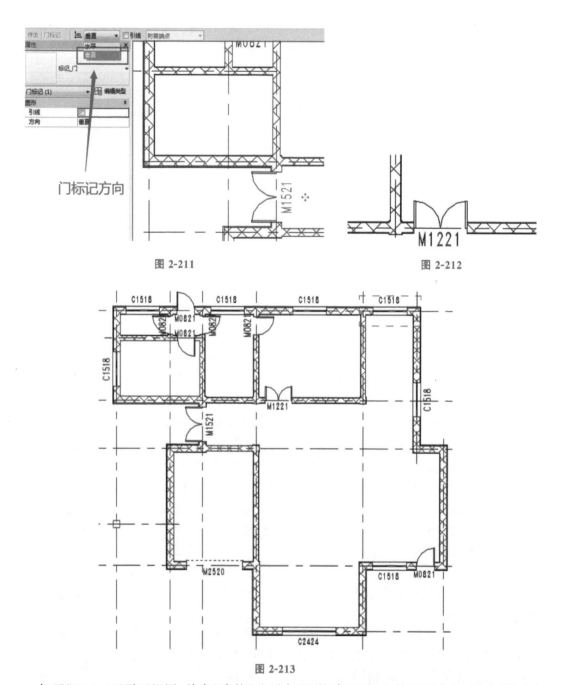

门标记方向

图 2-211                                                             图 2-212

图 2-213

　　打开"F1-0.00"平面视图,单击"建筑"选项卡下"构建"面板上的"门"命令,进入"修改|放置窗"界面。在"属性"选项板中单击"编辑类型",进入"类型属性"对话框,单击"载入",如图 2-214 所示。

　　在弹出的对话框中依次选择"建筑"→"窗"→"普通窗"→"组合窗"文件夹,在"组合窗"文件夹中选择"组合窗-双层单列(固定+推拉+固定)",在预览视图中可知"组合窗-双层单列(固定+推拉+固定)"与别墅项目图纸中的 C1518 和 C2424 较为接近,点击"打开",这样"组合窗-双层单列(固定+推拉+固定)"这个族就载入项目文件中了,如图 2-215 所示。

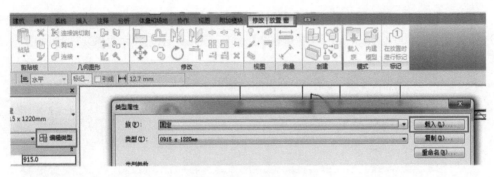

图 2-214

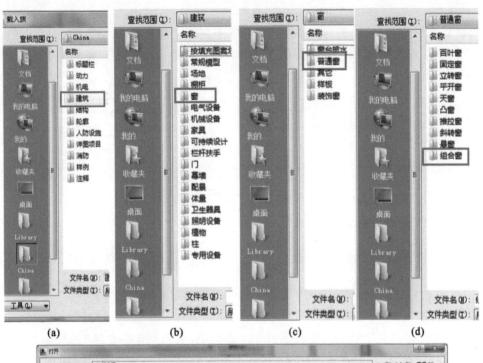

(a)　　　　　　(b)　　　　　　(c)　　　　　　(d)

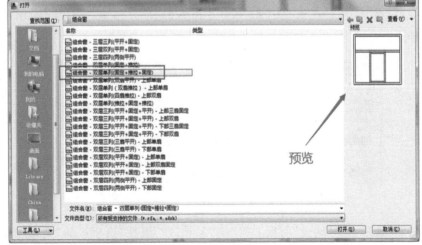

(e)

图 2-215

在"类型属性"对话框中,显示"组合窗-双层单列(固定＋推拉＋固定)"所对应的类型属性,选择类型为"1500 x 1800 mm",并单击"复制",复制新的门名称为"C1518",如图 2-216 所示,窗"C1518"创建完成。

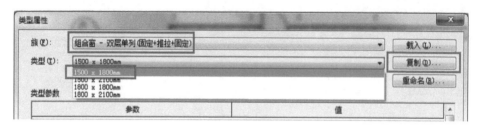

图 2-216

继续创建窗"C2424"。在"类型属性"对话框中,显示"组合窗-双层单列(固定＋推拉＋固定)"所对应的类型属性,选择类型为"C1518",并单击"复制",复制新的门名称为"C2424",如图 2-217 所示。

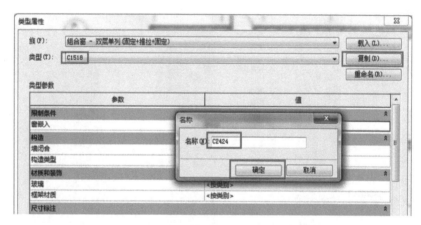

图 2-217

修改窗"C2424"尺寸。在"类型属性"对话框中,修改"粗略宽度"为"2400.0"并按"Enter"键确定,修改"粗略高度"为"2400.0",并点击"确定",窗"C2424"即创建完成,如图 2-218 所示。

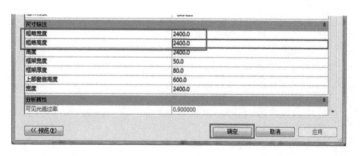

图 2-218

单击"建筑"选项卡下"构建"面板上的"窗"工具,在"属性"选项板的"类型选择器"中选择"组合窗-双层单列(固定＋推拉＋固定)"中的"C1518",并点击"修改|放置窗"选项卡下的"在放置时进行标记"命令(确定"在放置时进行标记"为蓝色高亮显示),如图 2-219 所示。

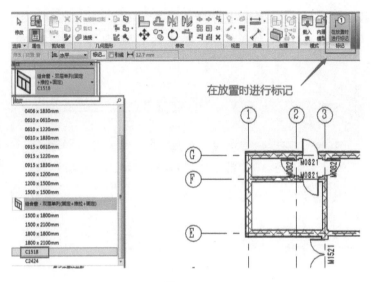

在放置时进行标记

图 2-219

确认"属性"选项板中的窗"C1518"的"底高度"参数为 900（软件默认其底高度为 900mm），如图 2-220所示。

图 2-220

G 轴外墙上 5 轴和 6 轴间窗 C1518 距所在楼层标高 2300mm，除 G 轴外墙上 5 轴和 6 轴间窗 C1518 外，其余窗 C1518 距所在楼层标高 900mm，C2424 距所在楼层标高 200mm。

将鼠标移动至 G 轴外墙上 1 轴和 2 轴之间，单击鼠标左键进行放置，此时已插入的窗将出现蓝色的临时尺寸，单击蓝色临时尺寸并修改相应的数值可以改变窗的位置，如图 2-221 所示。

接下来进行窗水平位置的精确调整。由别墅项目一层平面图可知"C1518"左侧距离 1 轴尺寸为 450mm，距离 2 轴尺寸为 495mm。单击鼠标左键拖动门左侧墙上的临时尺寸约束小蓝点（移动尺寸界限）至 1 轴线，单击鼠标左键修改"C1518"左侧临时尺寸，输入"450"并按"Enter"键完成"C1518"的位置调整。单击鼠标左键拖动门右侧墙上的临时尺寸约束小蓝点（移动尺寸界限）至 2 轴线，可见"C1518"右侧距离 2 轴尺寸为 495mm，与图纸相符，如图 2-222 所示。

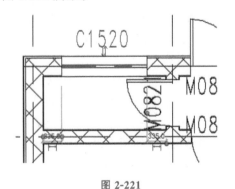

图 2-221                                    图 2-222

接下来修改窗的标注。在"属性"选项板中单击"编辑类型",进入"类型属性"对话框,滑动"类型属性"对话框右侧滚轮至底部,将"类型标记"修改为"C1518",并点击"确定",如图 2-223 所示。

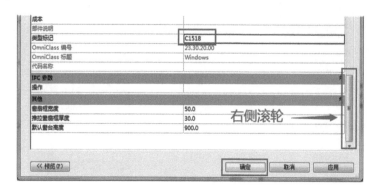

图 2-223

这时弹出警告对话框"图元具有重复的'类型标记'值。",单击警告对话框上"确定"按钮,此时窗标记修改为"C1518",如图 2-224 所示。

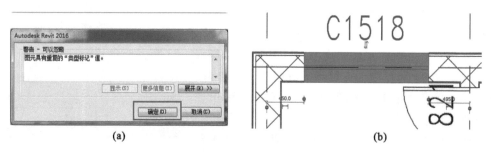

(a)         (b)

图 2-224

类似地,继续创建一层其余的窗。按"Esc"键退出"修改|窗"命令,单击"建筑"选项卡下"构建"面板上的"窗"工具,将鼠标移动至 G 轴外墙上 3 轴和 4 轴之间时单击鼠标左键进行放置。接下来进行窗位置的精确调整。由别墅项目一层平面图可知 B 轴外墙上的"C1518"左侧距离 2 轴尺寸为 375mm。单击鼠标左键拖动门左侧墙上的临时尺寸约束小蓝点(移动尺寸界限)至 3 轴线,单击鼠标左键修改"C1518"左侧的临时尺寸,输入"375"并按"Enter"键完成"C1518"的位置调整,如图 2-225 所示。

用同样的方法可创建 G 轴外墙上 4 轴和 5 轴之间的窗"C1518"。接下来创建 G 轴外墙上 5 轴和 6 轴之间的窗"C1518",G 轴外墙上 5 轴和 6 轴间窗 C1518 距所在楼层标高 2300mm。按"Esc"键退出"修改|窗"命令,单击"建筑"选项卡下"构建"面板上的"窗"工具,修改"属性"选项板中的窗"C1518"的"底高度"参数为 2300,并按"Enter"键确定,如图 2-226 所示。

将鼠标移动至 G 轴外墙上 5 轴和 6 轴之间时单击鼠标左键进行放置,此时在软件界面右下角弹出警告对话框"所创建的图元在视图楼层平面:F1-0.00 中不可见。您可能需要检查活动视图及其参数、可见性设置以及所有平面区域及其设置。",如图 2-227 所示,表示现在所创建的窗"C1518"在"楼层平面:F1-0.00"中不可见,单击警告对话框右上角的"关闭"按钮关闭此对话框。

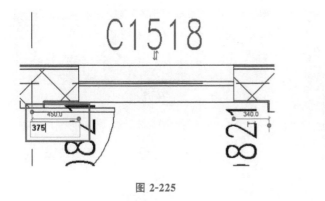

图 2-225

图 2-226

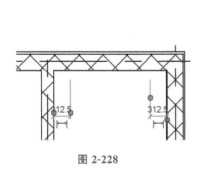

警告

所创建的图元在视图 楼层平面：F1-0.00 中不可见。您可能需要检查活动
视图及其参数、可见性设置以及所有平面区域及其设置。

图 2-227

虽然 G 轴外墙上 5 轴和 6 轴之间的窗"C1518"在"楼层平面：F1-0.00"中不可见，但其
临时尺寸约束可见，如图 2-228 所示。

单击鼠标左键拖动门左侧墙上的临时尺寸约束小蓝点（移动尺寸界限）至 5 轴线，单击
鼠标左键修改"C1518"左侧的临时尺寸，输入"450"并按"Enter"键完成"C1518"的位置调整，
如图 2-229 所示。

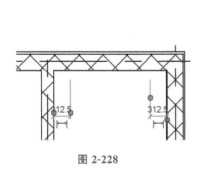

图 2-228

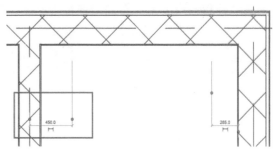

图 2-229

G 轴外墙上 5 轴和 6 轴之间的窗"C1518"在 F1-0.00 楼层平面中不可见，是因为受视图
范围的影响。可以在 G 轴外墙上 5 轴和 6 轴之间添加平面区域，以局部调整其视图范围。
单击"视图"选项卡下"创建"面板上"平面视图"下的"平面区域"工具，如图 2-230 所示。

进入"修改|创建平面区域边界"界面，在"绘制"面板上选择"矩形"绘制工具，在 G 轴外
墙上 5 轴和 6 轴之间绘制矩形平面区域边界，如图 2-231 所示。

修改视图范围。单击鼠标选择"属性"选项板上"视图范围"后的"编辑..."工具，弹出
"视图范围"对话框。在"视图范围"对话框中修改"顶"偏移量为"3000"，修改"剖切面"偏移
量为"2400"，并单击"确定"完成设置，如图 2-232 所示。

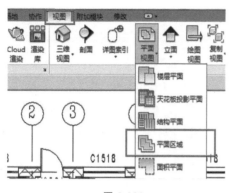

图 2-230

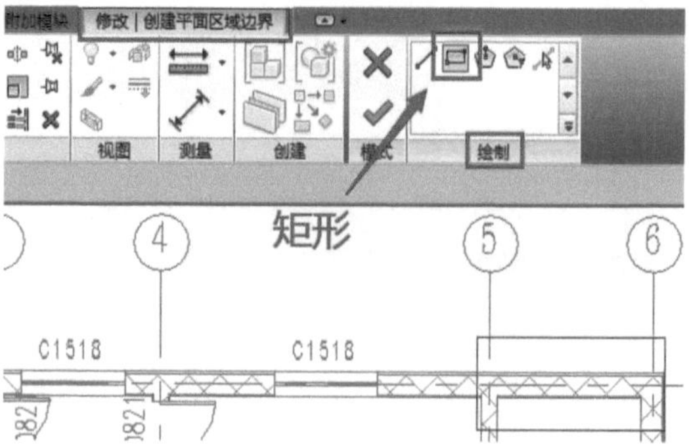

图 2-231

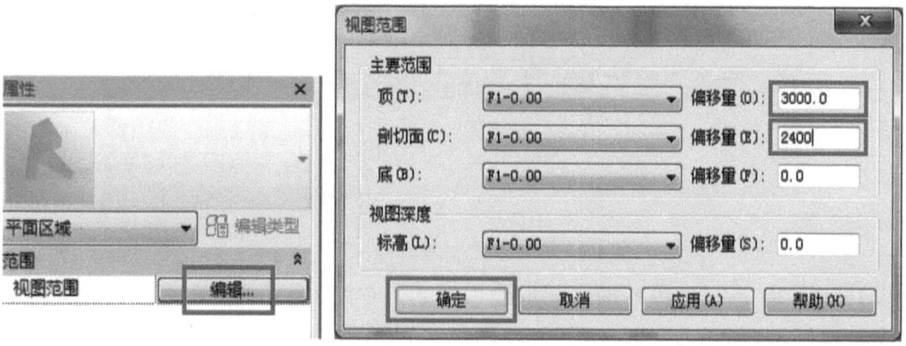

图 2-232

在"模式"面板上选择"完成编辑模式"工具,平面区域即创建完成,如图 2-233 所示。

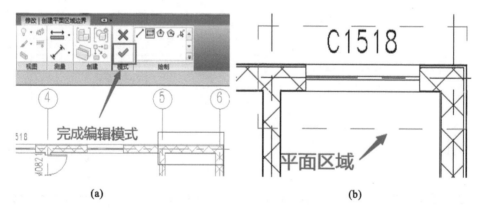

图 2-233

　　继续创建 6 轴和 B 轴外墙上的窗"C1518",并调整窗标记至合适方向和位置。接下来创建 A 轴上的窗"C2424",单击"建筑"选项卡下"构建"面板上的"窗"工具,在"属性"选项板的"类型选择器"中选择"C2424",如图 2-234 所示。

　　A 轴外墙上的窗 C2424 距所在楼层标高 200mm。修改"属性"选项板中的窗"C2424"的"底高度"参数为 200,并按"Enter"键确定,如图 2-235 所示。

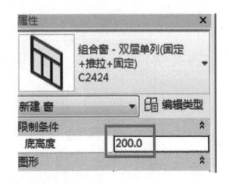

图 2-234　　　　　　　　　　　　　　　　　　　　　图 2-235

　　将鼠标移动至 A 轴外墙上 4 轴和 5 轴之间时单击鼠标左键进行放置,单击鼠标左键拖动门左侧墙上的临时尺寸约束小蓝点(移动尺寸界限)至 4 轴线,单击鼠标左键修改"C2424"左侧的临时尺寸,输入"1200"并按"Enter"键完成"C2424"的位置调整,如图 2-236 所示。

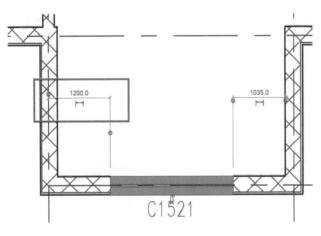

图 2-236

　　接下来修改窗"C2424"的标注。在"属性"选项板中单击"编辑类型",进入"类型属性"对话框,滑动"类型属性"对话框右侧滚轮至底部,将"类型标记"修改为"C2424",并点击"确定",如图 2-237 所示。

　　类似地,创建 1 轴外墙上 E 轴和 F 轴之间的窗"C1518"。一层所有窗创建完成后的示意图如图 2-238 所示。

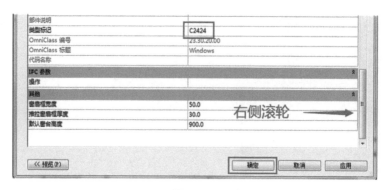

图 2-237

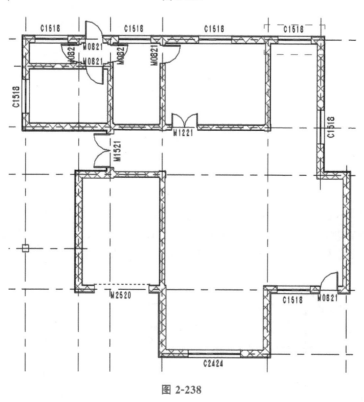

图 2-238

3）创建二层门窗

根据"别墅"项目二层平面图，如图 2-239 所示，可确定别墅二层门窗信息。

本项目二层的部分门窗与一层的门窗尺寸及位置一样，故可以用复制命令完成部分二层门窗的添加。

创建二、
三层门窗

在"项目浏览器"中双击平面视图中的楼层平面，切换到"F1-0.00"平面视图。持续按"Ctrl"键，此时鼠标箭头右上角会出现一个"＋"号，表示可以进行增选操作。将鼠标依次移动至二层 G 轴外墙上 1 轴和 6 轴之间的 4 面窗"C1518"、6 轴外墙上 G 轴和 D 轴之间的窗"C1518"、B 轴外墙上 5 轴和 7 轴之间的窗"C1518"和门"M0821"、轴 1 外墙上 G 轴和 E 轴之间的窗"C1518"处单击鼠标左键，选择此处门窗，类似地，继续增选对应的门窗标注，如图 2-240 所示。

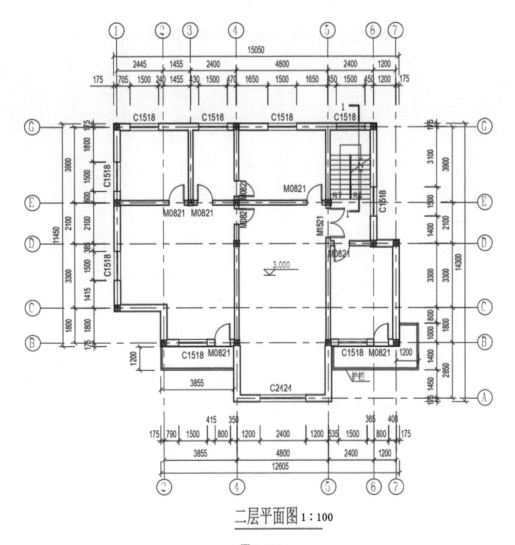

二层平面图 1:100

图 2-239

此时，软件自动切换至"修改|选择多个"上下文选项卡。单击"剪贴板"面板中的"复制"工具或按"Ctrl"键和"C"键，将所选门窗及门窗标记复制至剪贴板中，单击"粘贴"工具下拉列表，在下拉列表中选择"与选定的视图对齐"选项，弹出"选择视图"对话框，该对话框将列出当前项目中所有已创建的视图。在列表中选择"楼层平面：F2-3.00"，单击"确定"，将所选一层门窗及门窗标记复制至二层，如图 2-241 所示。

在"项目浏览器"中单击三维视图前的 ⊞ ，并双击"三维视图"下的"{三维}"，切换至三维视图查看结果，如图 2-242 所示。

在"项目浏览器"中双击平面视图中的楼层平面，切换到"F2-3.00"平面视图，继续创建其余的二层门窗。二层门窗创建完成后的示意图如图 2-243 所示。

4）创建三层门窗

根据"别墅"项目三层平面图，如图 2-244 所示，可确定别墅三层门窗信息。

本项目三层 4 轴右侧建筑墙（包括外墙和内墙）上的门窗与二层相同位置处门窗一样，故可以用复制命令完成三层门窗的添加。

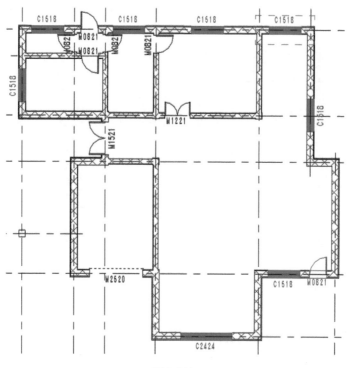

图 2-240

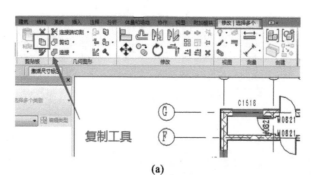

(a)

(b)

(c)

图 2-241

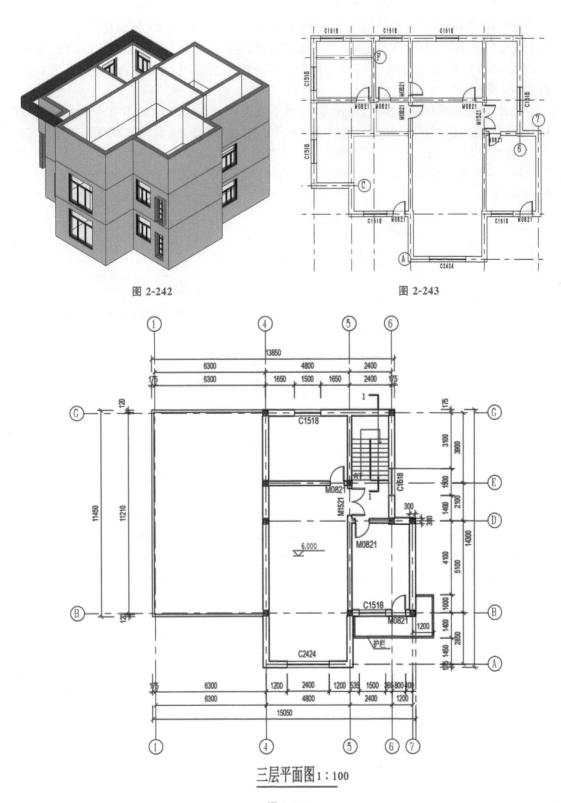

图 2-242

图 2-243

三层平面图1：100

图 2-244

在"项目浏览器"中双击平面视图中的楼层平面,切换到"F2-3.00"平面视图。用鼠标从左上至右下框选全部别墅项目二层 4 轴右侧建筑墙(包括外墙和内墙)上的门窗以及门窗标记,未选中的可以通过持续按"Ctrl"键以及单击鼠标左键进行增选操作,选择之后如图 2-245 所示。

此时软件自动切换至"修改|选择多个"上下文选项卡,单击"过滤器"工具,弹出"过滤器"对话框,在"过滤器"对话框中取消勾选"墙"和"柱"类别,确定选择"窗""窗标记""门""门标记"等类别图元。此时应注意,选择的"窗"的数量为"5",比"窗标记"数量多 1 个,说明 G 轴外墙上 5 轴和 6 轴间的窗 C1518 也被选择,应减选该窗。单击"确定",退出"过滤器"对话框,如图 2-246 所示。

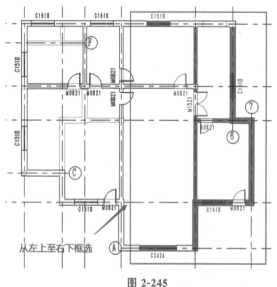

图 2-245

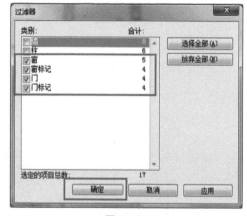

图 2-246

软件自动切换至"修改|选择多个"上下文选项卡。减选 G 轴外墙上 5 轴和 6 轴间的窗 C1518。持续按"Shift"键,此时鼠标箭头右上角会出现一个"—"号,表示可以进行减选操作。将鼠标依次移动至二层 G 轴外墙上 5 轴和 6 轴间的窗 C1518 处,单击鼠标左键完成减选。此时单击"过滤器"工具,弹出"过滤器"对话框,确定门窗数量及门窗标记数量正确,如图 2-247 所示,单击"确定",退出"过滤器"对话框。

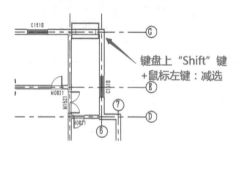

(a)

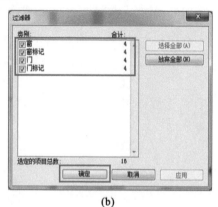

(b)

图 2-247

单击"剪贴板"面板中的"复制"工具或按"Ctrl"键和"C"键,将所选门窗及门窗标记复制至剪贴板中,单击"粘贴"工具下拉列表,在下拉列表中选择"与选定的视图对齐"选项,弹出"选择视图"对话框,该对话框将列出当前项目中所有已创建的视图。在列表中选择"楼层平面:F3-6.00",单击"确定",将所选二层门窗及门窗标记复制至三层,如图 2-248 所示。

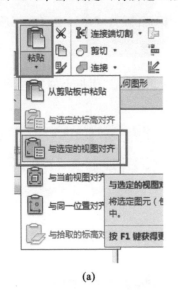

(a)

(b)

图 2-248

在"项目浏览器"中单击三维视图前的 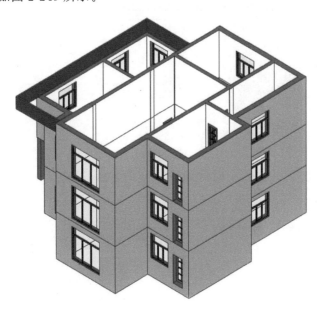 ,并双击"三维视图"下的"{三维}",切换至三维视图查看结果,如图 2-249 所示。

图 2-249

至此,"别墅"项目所有门窗创建完成。

### 2.6.3　拓展任务

#### 1.标记未标记的门(或窗)

如果视图中存在未标记的门(或窗),可标记某一未标记的门(或窗),也可标记所有未标记的门(或窗)。

1)按类别标记

打开需要创建门窗标记的视图。单击"注释"选项卡下"标记"面板上的"按类别标记",如图 2-250 所示。

图 2-250

将鼠标移动至需要标注的门(或窗)附近,单击鼠标左键即可进行标注,如图 2-251 所示。

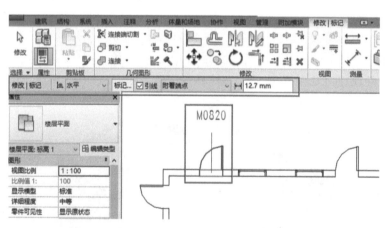

图 2-251

当门(或窗)为竖向(垂直方向)时,标记时需要调整标记方向,如图 2-252 所示。

此外,当门(或窗)标记不需要引线时,可取消勾选"引线"前的"√",如图 2-253 所示。

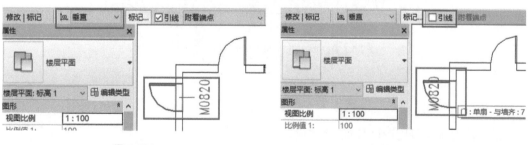

图 2-252　　　　　　　　　　　　　　　　图 2-253

2）全部标记

如果视图中存在未标记的门（或窗），可一次性标记所有未标记的门（或窗）。

单击"注释"选项卡下"标记"面板上的"全部标记"，如图 2-254 所示。

图 2-254

此时软件弹出"标记所有未标记的对象"对话框，滑动滚轮至合适位置，单击鼠标左键选择门标记（或窗标记），并选择是否需要标记引线，单击"确定"完成标记，如图 2-255 所示。

图 2-255

## 2.门窗修改技巧

插入门（或窗）时输入快捷键"SM"，可将门（或窗）自动捕捉到墙体中点插入。

当门（或窗）插入后，可在平面单击 ⇆ 或 ⇕ 双向箭头改变门（或窗）的开启方向，或按"空格"键进行翻转。

单击选择已插入的门（或窗），激活"修改|门（或窗）"选项卡，点击"主体"面板上的"拾取新主体"工具，可以更换放置门（或窗）的主体墙，即将门窗移动放置到新的主体墙上，而不需要进行"先删除再插入"这样的重复操作，如图 2-256 所示。

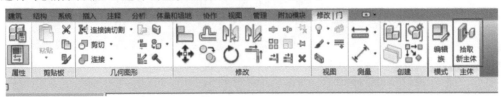

图 2-256

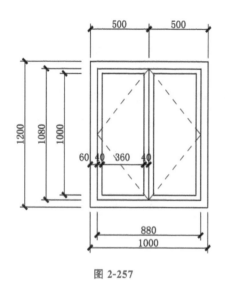

图 2-257

### 2.6.4 真题任务

以"第一期全国 BIM 等级考试一级试题"第 4 题为例,题目要求:请用基于墙的公制常规模型族模板,创建符合下列图纸要求的窗族,各尺寸通过参数控制。该窗窗框断面尺寸为 60mm×60mm,窗扇边框断面尺寸为 40mm×40mm,玻璃厚度为 6mm,墙、窗框、窗扇边框、玻璃全部中心对齐,并创建窗的平、立面表达。请将模型文件以"双扇窗.rfa"为文件名保存到考生文件夹中,如图 2-257 所示。(20 分)

# 2.7 任务 6:楼板

## 2.7.1 学习任务

楼板是建筑中最常用的水平承重构件,主要用来将房屋垂直方向分隔为若干层,并把人和家具等竖向荷载及楼板自重通过墙体、梁或柱传给基础。

在 Revit 2016 中,楼板属于系统族,利用软件自带的系统族创建即可,不可单独用样板建立。在 BIM 建模过程中,根据不同的专业特性,将楼板分为建筑楼板和结构楼板。建筑楼板与结构楼板在绘制和修改上并无区别。在配筋方面,结构楼板可以进行配筋,而建筑楼板不可进行配筋。在构件扣减方面,结构楼板会与其相连接的结构构件进行扣减,而建筑楼板则无扣减特性。在实际项目中,如果建筑专业与结构专业分开建模,通常楼板也会分开建模,且建筑楼板在结构楼板上方,一般用作面层,起找平及装饰的作用。

### 1.楼板绘制

绘制某层楼板时需要切换到相应的楼层平面,单击"建筑"选项卡下"构建"面板上"楼板"命令下的"楼板:建筑",如图 2-258 所示。

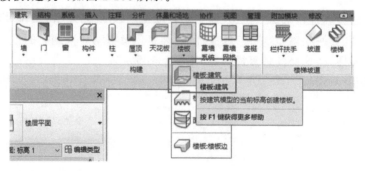

图 2-258

此时自动激活"修改|创建楼层边界"上下文选项卡,此时从"属性"选项板的"类型选择器"中选择所需的楼板类型,然后使用楼板边界线在平面视图中绘制封闭的楼板轮廓,也可单击"拾取墙"工具,完成楼板轮廓的绘制,如图 2-259 所示。

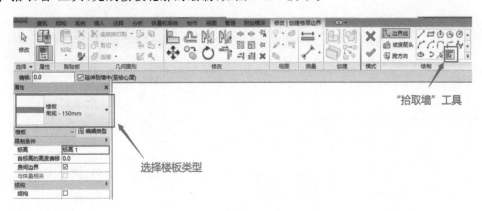

图 2-259

　　若"类型选择器"中楼板的类型不合适,可以先选择默认的楼板,点击"属性"选项板上的"编辑类型",弹出"类型属性"对话框,如图 2-260 所示。

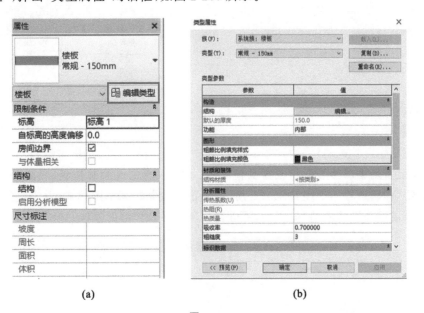

(a)　　　　　　　　　　　　(b)

图 2-260

　　单击"复制"工具可创建新的楼板类型,重新命名该类型后,可根据项目中建筑板(或结构板)的需要,修改该楼板的"结构"(构造)。单击"编辑…"进入"编辑部件"对话框,可在此进行插入面层及定义各面层材质的操作,然后点击"确定",继续使用边界线进行楼板绘制,如图 2-261 所示。

## 2. 楼板编辑

　　单击已绘制好的楼板,在"属性"选项板中,可修改楼板所在的"标高""自标高的高度偏移"等实例参数,如图 2-262 所示。

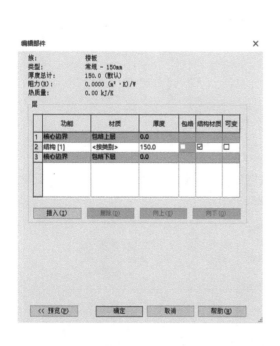

图 2-261　　　　　　　　　　　　　　　　　图 2-262

　　如果需要重新编辑楼板形状或者其他属性,则可以点击已绘制楼板,激活"修改|楼板"选项卡,点击"编辑边界",如图 2-263(a)所示,即进入绘制轮廓草图模式,单击绘制面板上的"边界线""坡度箭头""跨方向"等工具,可进行楼板边界及坡度的修改,如图 2-263(b)所示。

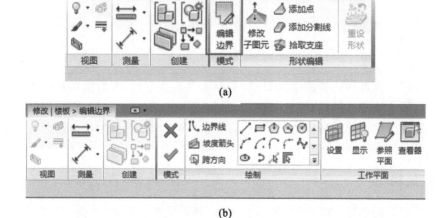

(a)

(b)

图 2-263

其中"边界线"工具可以在楼板边界线内直接绘制闭合的其他形状，将楼板修改成为有洞口的楼板，但需要确定相应的轮廓均闭合且不相交，如图 2-264 所示。

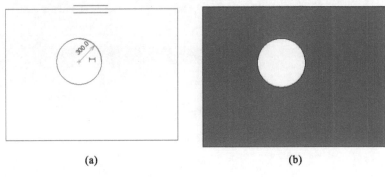

(a)　　　　　　　　(b)

图 2-264

## 2.7.2　实施任务

### 1. 创建一层室内楼板

1）设置一层室内楼板材质

由"别墅"项目建筑构件参数要求可知，一层室内楼板为"150 厚混凝土"。在"项目浏览器"中双击平面视图中的楼层平面，切换到"F1-0.00"平面视图。

创建一层
室内楼板

单击"建筑"选项卡下"构建"面板上"楼板"命令下的"楼板：建筑"，此时自动激活"修改｜创建楼层边界"上下文选项卡，如图 2-265 所示。

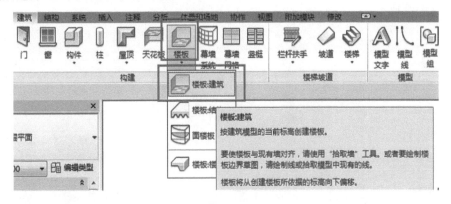

图 2-265

在"属性"选项板中单击"编辑类型"，进入"类型属性"对话框，确定"类型属性"对话框中族为"系统族：楼板"，设置类型为"常规-150 mm"。单击"复制"，在"名称"对话框中输入"楼板"后单击"确定"按钮，返回"类型属性"对话框，如图 2-266 所示。

单击"类型属性"对话框中的"编辑"工具，进入"编辑部件"对话框，如图 2-267 所示。

在"编辑部件"对话框中单击"结构［1］"层材质栏中的 📖，弹出"材质浏览器"窗口，在搜索材质框中输入"混凝土"，单击"显示/隐藏库面板"，显示 Autodesk 材质库，在 Autodesk 材质库中选择相似材质"混凝土，现场浇注，灰色"，并将其添加至项目材质，如图 2-268 所示。

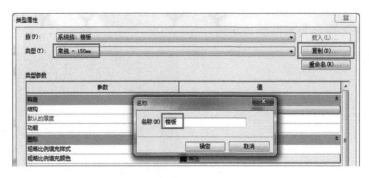

图 2-266

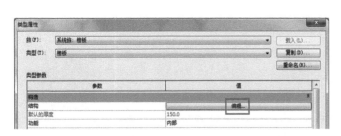

图 2-267

图 2-268

选择项目材质中的"混凝土,现场浇注,灰色",单击鼠标右键选择"复制",得到新材质类型"混凝土,现场浇注,灰色(1)",名称呈蓝色字体显示,将其重命名为"混凝土",并单击"确定",如图 2-269 所示。

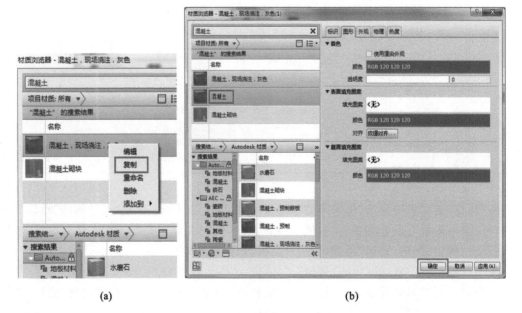

(a)                                    (b)

图 2-269

至此，一层室内楼板材质设置完成，单击"确定"退出"编辑部件"对话框，继续单击"确定"退出"类型属性"对话框，如图 2-270 所示。

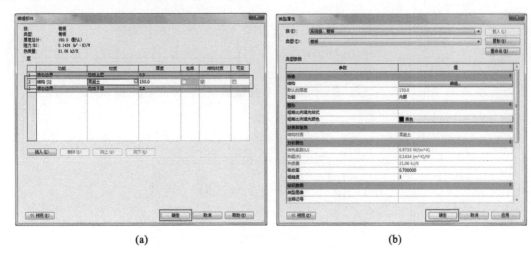

(a)　　　　　　　　　　　　　　(b)

图 2-270

2）绘制一层室内楼板

此时软件回到"修改|创建楼层边界"上下文选项卡，确定"属性"选项板中的"标高"为"F1-0.00"，意为创建此楼板以"F1-0.00"楼层平面为基准。在"别墅"项目一层平面图中，可知一层室内楼板顶面标高为"±0.000"，确定"属性"选项板中的"自标高的高度偏移"为"0.0"，如图 2-271 所示。

接下来进行楼板边界绘制。确定选择"绘制"面板上的"拾取墙"工具，如图 2-272 所示。

将鼠标移动至"别墅"项目 G 轴处，此时 G 轴外墙蓝色高亮显示，单击鼠标左键创建 G 轴楼板边，此时在 G 轴外墙创建出一条粉色楼板边轮廓，如图 2-273 所示。

图 2-271

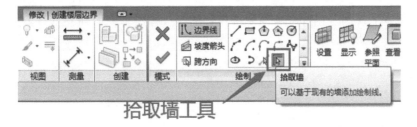

图 2-272

类似地，依次将鼠标移动至"别墅"项目 6 轴、D 轴（6 轴和 7 轴之间）、7 轴、B 轴（5 轴和 7 轴之间）、5 轴、A 轴、4 轴、B 轴（2 轴和 4 轴之间）、2 轴、D 轴（2 轴和 3 轴之间）、3 轴、E 轴（1 轴和 3 轴之间）和 1 轴等外墙处单击鼠标左键，拾取对应墙体生成楼板边，如图 2-274 所示。

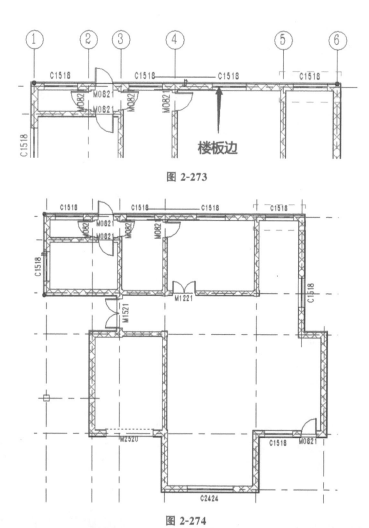

图 2-273

图 2-274

拾取墙体生成楼板边界轮廓线时,同一方向的墙体只拾取一次,以免造成轮廓线的重叠。楼板边界轮廓线应连续、封闭且不重叠,确认无误后,单击"模式"面板上的"完成编辑模式"工具,如图 2-275 所示。

此时弹出"Revit"对话框:"楼板/屋顶与高亮显示的墙重叠。是否希望连接几何图形并从墙中剪切重叠的体积?",单击"是",即选择将楼板与墙体重叠的部分进行剪切,完成楼板的创建,如图 2-276 所示。

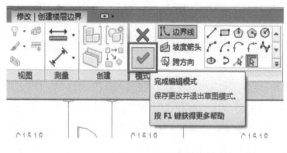

图 2-275

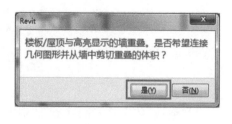

图 2-276

此时,一层室内楼板创建完成,如图 2-277 所示。

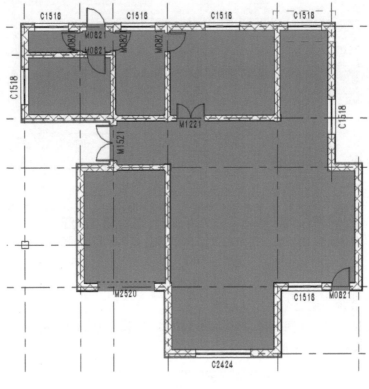

图 2-277

## 2. 创建一层室外平台板

1)创建一层室外平台板材质

创建一层
室外平台板

在"项目浏览器"中双击平面视图中的楼层平面,切换到"F1-0.00"平
面视图。

单击"建筑"选项卡下"构建"面板上"楼板"命令下的"楼板:建筑",在
"属性"选项板中单击"编辑类型",进入"类型属性"对话框,确定"类型属性"对话框中族为
"系统族:楼板",设置类型为"楼板"。单击"复制",在"名称"对话框中输入"室外平台楼板"
后单击"确定"按钮,返回"类型属性"对话框,如图 2-278 所示。

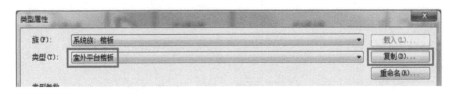

图 2-278

修改室外平台楼板厚度。单击"类型属性"对话框中的"编辑"工具进入"编辑部件"对话
框,在"编辑部件"对话框中修改"结构[1]"层厚度为"450.0"并按"Enter"键确定,如图 2-279
所示。

单击"类型属性"对话框中的"确定",完成一层室外平台板材质的创建。

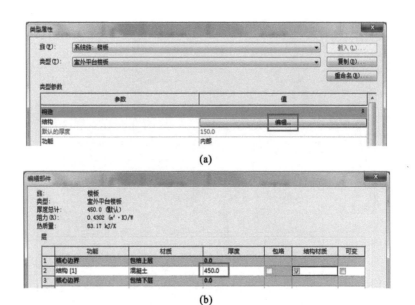

(a)

(b)

图 2-279

2)绘制一层 G 轴外墙北侧室外平台板

由"别墅"项目一层平面图,可知平台板形状为矩形,长度为 1455mm,宽度为 1200mm。选择"绘制"面板上的"矩形"工具绘制楼板轮廓,如图 2-280 所示。

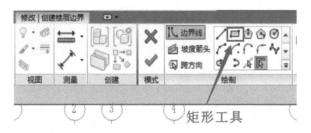

图 2-280

将鼠标移动至 G 轴外墙外面层外边界线与 2 轴交点处,单击鼠标左键,向右移动鼠标至 3 轴并单击鼠标左键,修改临时尺寸约束为"1200",此时室外平台楼板尺寸正确但位置需要调整,如图 2-281 所示。

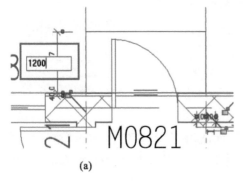

(a)

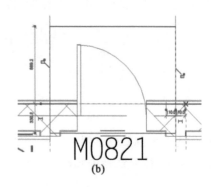

(b)

图 2-281

按"Esc"键 2 次退出,用鼠标框选室外平台楼板粉色矩形轮廓线,选择"修改"面板上的"移动"工具,并将移动起点选为矩形轮廓左下角点,将其移动至 G 轴外墙外面层外边界线与 2 轴交点处,最后点击"完成编辑模式"工具,完成此处室外平台板的绘制,如图 2-282 所示。

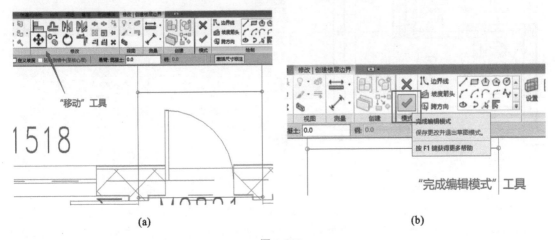

(a)　　　　　　　　　　　　　　(b)

图 2-282

在"项目浏览器"中单击三维视图前的 ⊞ ,并双击"三维视图"下的"{三维}",切换至三维视图查看结果,将视图调整至合适角度,如图 2-283 所示。

图 2-283

3)绘制一层 5 轴外墙东侧室外平台板

在"项目浏览器"中双击平面视图中的楼层平面,切换到"F1-0.00"平面视图,继续绘制 5 轴外墙东侧室外平台板。由"别墅"项目一层平面图,可知 5 轴外墙东侧室外平台板尺寸如图 2-284 所示(单位:mm)。

单击"建筑"选项卡下"构建"面板上"楼板"命令下的"楼板:建筑",在"属性"选项板的"类型选择器"中选择"室外平台楼板",选择"绘制"面板上的"直线"工具来绘制楼板轮廓,如图 2-285 所示。

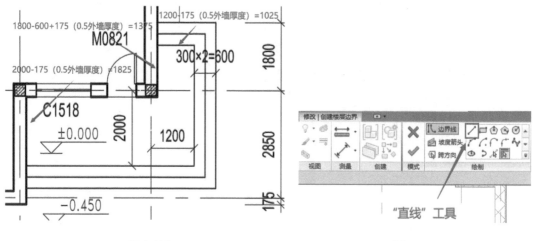

图 2-284               图 2-285

  将鼠标移动至 5 轴外墙外面层外边界线与 B 轴外墙外面层外边界线交点处单击鼠标左键,向右移动鼠标至 7 轴外墙外面层外边界线交点处单击鼠标左键,竖直向上移动鼠标,在键盘上输入"=1800-600+175",并按"Enter"键确定,如图 2-286 所示。

  继续将鼠标向右移动,在键盘上输入"=1200-350/2"(此处"350"为外墙厚度),并按"Enter"键确定,如图 2-287 所示。

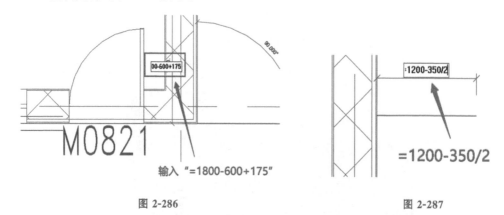

图 2-286               图 2-287

  按"Esc"键退出,将鼠标移动至 5 轴外墙外面层外边界线与 B 轴外墙外面层外边界线交点处单击鼠标左键,竖直向下移动鼠标,在键盘上输入"=2000-350/2"(此处"350"为外墙厚度),并按"Enter"键确定,如图 2-288 所示。

  将鼠标向右移动至 7 轴单击鼠标左键,继续向右移动鼠标,在键盘上输入"1200",并按"Enter"键确定。竖直向上移动鼠标至轮廓封闭处单击鼠标左键,完成室外平台板轮廓的绘制,如图 2-289 所示。

  最后点击"完成编辑模式"工具,完成此处室外平台板的绘制,一层 5 轴外墙东侧室外平台板即绘制完成,如图 2-290 所示。

  4)绘制一层 2 轴外墙西侧室外平台板

  继续绘制 2 轴外墙西侧室外平台板。由"别墅"项目一层平面图,可知 2 轴外墙西侧室外平台板尺寸如图 2-291 所示(单位:mm)。

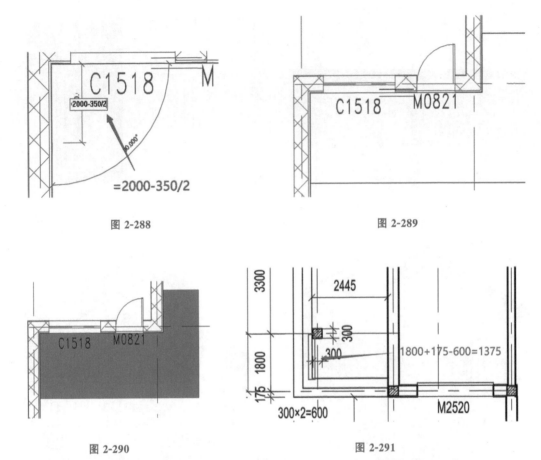

图 2-288　　　　　　　　　　　　　　图 2-289

图 2-290　　　　　　　　　　　　　　图 2-291

单击"建筑"选项卡下"构建"面板上"楼板"命令下的"楼板:建筑",在"属性"选项板的"类型选择器"中选择"室外平台楼板",选择"绘制"面板上的"直线"工具来绘制楼板轮廓,如图 2-292 所示。

将鼠标移动至 1 轴外墙外面层外边界线与 E 轴外墙外面层外边界线交点处单击鼠标左键,竖直向下移动鼠标至 C 轴,继续竖直向下移动鼠标,在键盘上输入"=1800+175-600",并按"Enter"键确定,继续将鼠标向右移动至 2 轴外墙外面层外边界线处单击鼠标左键,竖直向上移动鼠标至 2 轴外墙外面层外边界线与 D 轴外墙外面层外边界线交点处单击鼠标左键,继续向右移动鼠标至 D 轴外墙外面层外边界线与 3 轴外墙外面层外边界线交点处单击鼠标左键,竖直向上移动鼠标至 3 轴外墙外面层外边界线与 E 轴外墙外面层外边界线交点处单击鼠标左键,最后向左移动鼠标至轮廓封闭处单击鼠标左键,完成室外平台板轮廓的绘制,如图 2-293 所示。

最后点击"完成编辑模式"工具,完成此处室外平台板的绘制,一层 2 轴外墙西侧室外平台板即绘制完成。

在"项目浏览器"中单击三维视图前的 ⊞ ,并双击"三维视图"下的"{三维}",切换至三维视图查看结果,将视图调整至合适角度,如图 2-294 所示。

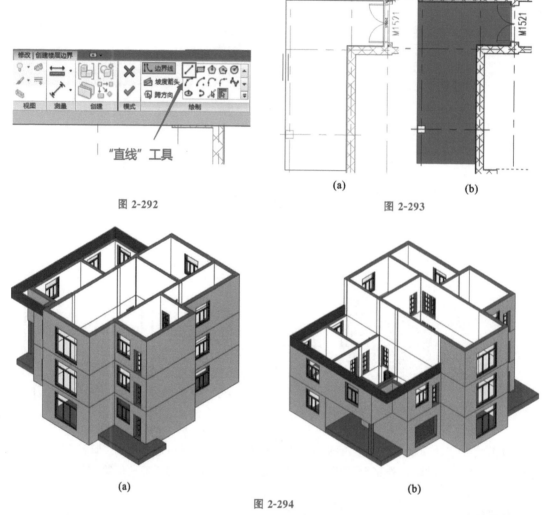

"直线"工具

图 2-292

图 2-293

(a)

(b)

(a)

(b)

图 2-294

## 3. 创建二层楼板

### 1）创建室内楼板

在"项目浏览器"中双击平面视图中的楼层平面，切换到"F2-3.00"平面视图。

单击"建筑"选项卡下"构建"面板上"楼板"命令下的"楼板：建筑"，在"属性"选项板的"类型选择器"中选择"楼板"，确定"属性"选项板中的"标高"为"F2-3.00"，意为创建此楼板以"F2-3.00"楼层平面为基准。在"别墅"项目二层平面图中，可知二层室内楼板顶面标高为"3.000"，确定"属性"选项板中的"自标高的高度偏移"为"0.0"，如图 2-295 所示。

接下来进行楼板边界绘制。确定选择"绘制"面板上的"拾取墙"工具，如图 2-296 所示。

将鼠标移动至"别墅"项目 G 轴处，此时 G 轴外墙蓝色高亮显示，单击鼠标左键创建 G 轴楼板边，此时在 G 轴外墙创建出一条粉色楼板边轮廓，类似地，依次将鼠标移动至"别墅"项目 6 轴、D 轴（6 轴和 7 轴之间）、7 轴、B 轴（5 轴和 7 轴之间）、5 轴、A 轴、4 轴、B 轴（2 轴和 4 轴之间）、2 轴（B 轴和 C 轴之间）、C 轴和 1 轴等外墙处单击鼠标左键，拾取对应墙体生成楼板边，如图 2-297 所示。

创建
二层楼板

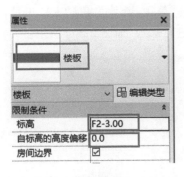

图 2-295

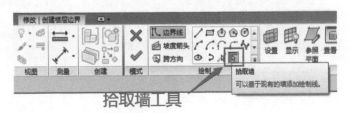

图 2-296

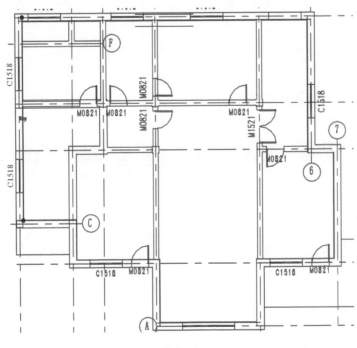

图 2-297

　　此时，如果点击"模式"面板上的"完成编辑模式"工具，则会弹出"错误-不能忽略"对话框，即显示"线不能彼此相交。高亮显示的线目前是相交的。"，表示楼板边界轮廓线出现不连续或不封闭情况，单击对话框中的"继续"，如图 2-298 所示。

　　滑动鼠标滚轮局部放大视图可见部分楼板边轮廓存在交叉情况，如图 2-299 所示。

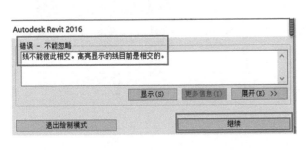

图 2-298

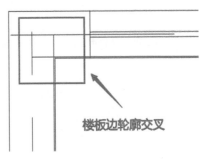

图 2-299

在"修改|创建楼层边界"选项卡下,单击"修改"面板上的"修剪/延伸为角(TR)"工具,将鼠标依次移动至需要修剪的两条轮廓线处单击鼠标左键,进行修剪,如图 2-300 所示。

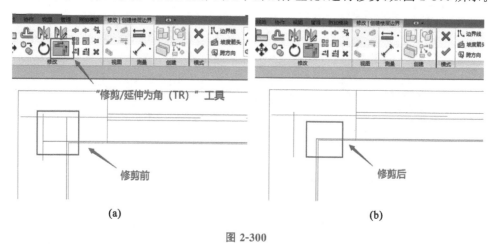

"修剪/延伸为角(TR)"工具

修剪前

修剪后

(a) (b)

图 2-300

类似地,依次修剪楼板边界轮廓,全部修剪完确认无误后,单击"模式"面板上的"完成编辑模式"工具,如图 2-301 所示。

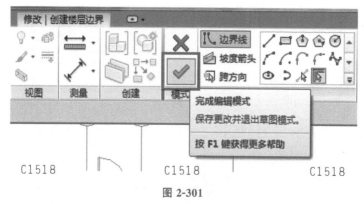

完成编辑模式
保存更改并退出草图模式。

按 F1 键获得更多帮助

C1518 C1518 C1518

图 2-301

此时弹出"Revit"对话框:"是否希望将高达此楼层标高的墙附着到此楼层的底部?",单击"否",即不需要将墙体附着到此楼板底部,如图 2-302 所示。

然后又弹出"Revit"对话框:"楼板/屋顶与高亮显示的墙重叠。是否希望连接几何图形并从墙中剪切重叠的体积?",单击"是",即选择将楼板与墙体重叠的部分进行剪切,完成楼板的创建,如图 2-303 所示。

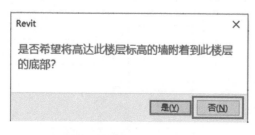

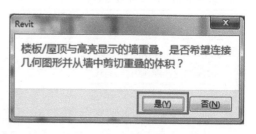

图 2-302          图 2-303

此时,二层室内楼板创建完成,如图 2-304 所示。

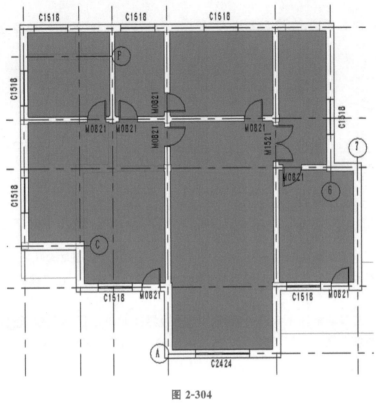

图 2-304

2)创建阳台板

创建二层 5 轴外墙东侧阳台板。在"项目浏览器"中双击平面视图中的楼层平面,切换到"F2-3.00"平面视图,创建 5 轴外墙东侧室外平台板。由"别墅"项目二层平面图,可知 5 轴外墙东侧阳台板尺寸如图 2-305 所示(单位:mm)。

单击"建筑"选项卡下"构建"面板上"楼板"命令下的"楼板:建筑",在"属性"选项板的"类型选择器"中选择"楼板",选择"绘制"面板上的"直线"工具来绘制楼板轮廓,如图 2-306 所示。

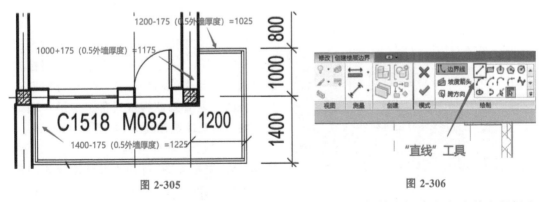

图 2-305　　　　　　　　　　　　　　　　　　图 2-306

将鼠标移动至 5 轴外墙外面层外边界线与 B 轴外墙外面层外边界线交点处单击鼠标左键,向右移动鼠标至 7 轴外墙外面层外边界线交点处单击鼠标左键,竖直向上移动鼠标,在键盘上输入"＝1000＋175"（此处"175"为 0.5×外墙厚度 350），并按"Enter"键确定，如图 2-307 所示。

继续将鼠标向右移动，在键盘上输入"＝1200－175"，并按"Enter"键确定，如图 2-308 所示。

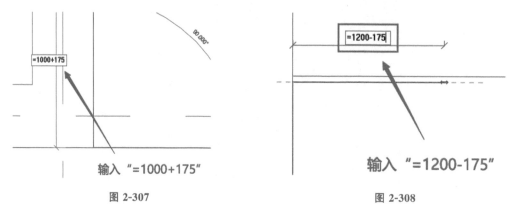

输入 "=1000+175"

图 2-307

输入 "=1200-175"

图 2-308

竖直向下移动鼠标，在键盘上输入"＝1000＋1400"，并按"Enter"键确定，如图 2-309 所示。

继续水平向左移动鼠标至 5 轴外墙外面层外边界线时单击鼠标左键，竖直向上移动鼠标至轮廓封闭处单击鼠标左键，完成阳台板轮廓的绘制，如图 2-310 所示。

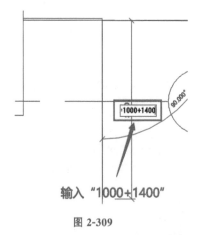

输入 "1000+1400"

图 2-309

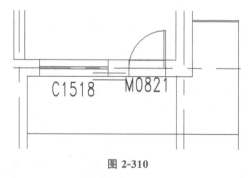

图 2-310

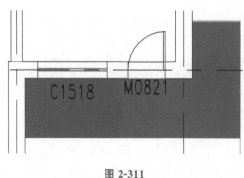

图 2-311

最后点击"完成编辑模式"工具，此时弹出"Revit"对话框："是否希望将高达此楼层标高的墙附着到此楼层的底部？"，单击"否"，即不需要将墙体附着到此楼板底部。二层 5 轴外墙东侧阳台板即绘制完成，如图 2-311 所示。

创建二层 4 轴外墙西侧阳台板。由"别墅"项目二层平面图，可知 4 轴外墙西侧阳台板为矩形，长度为 3855mm，宽度为 1200mm。

单击"建筑"选项卡下"构建"面板上"楼板"命令下的"楼板：建筑"，在"属性"选项板的"类型选择器"中选择"楼板"，选择"绘制"面板上的"矩形"工具来绘制楼板轮廓，如图 2-312 所示。

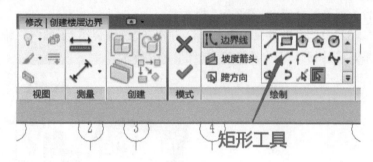

图 2-312

将鼠标移动至 G 轴外墙外面层外边界线与 2 轴交点处单击鼠标左键，向右下方移动鼠标至 4 轴外墙外面层外边界线并单击鼠标左键，修改临时尺寸约束为"1200"，此时 4 轴外墙西侧阳台板尺寸正确但位置需要调整，如图 2-313 所示。

图 2-313

按"Esc"键 2 次退出，用鼠标框选室外平台楼板粉色矩形轮廓线，选择"修改"面板上的"移动"工具，并将移动起点选为矩形轮廓左上角点，将其移动至 G 轴外墙外面层外边界线与 2 轴交点处，如图 2-314 所示。

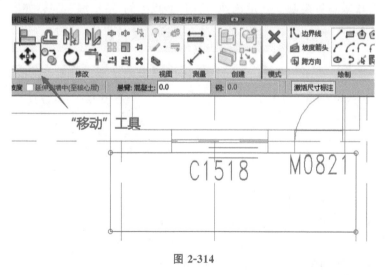

图 2-314

最后点击"完成编辑模式"工具,此时弹出"Revit"对话框:"是否希望将高达此楼层标高的墙附着到此楼层的底部?",单击"否",即不需要将墙体附着到此楼板底部。至此,二层 4 轴外墙西侧阳台板即绘制完成,如图 2-315 所示。

在"项目浏览器"中单击三维视图前的 ⊞,并双击"三维视图"下的"{三维}",切换至三维视图查看结果,将视图调整至合适角度,如图 2-316 所示。

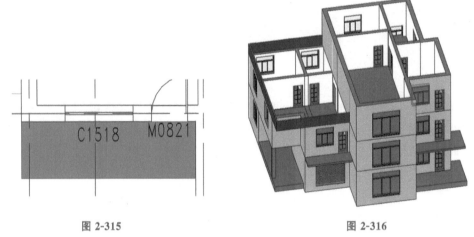

图 2-315 　　　　　　　　　　　　　　　　图 2-316

### 4.创建三层楼板

创建
三层楼板

1)创建室内楼板

在"项目浏览器"中双击平面视图中的楼层平面,切换到"F3-6.00"平面视图。

单击"建筑"选项卡下"构建"面板上"楼板"命令下的"楼板:建筑",在"属性"选项板的"类型选择器"中选择"楼板",确定"属性"选项板中的"标高"为"F3-6.00",意为创建此楼板以"F3-6.00"楼层平面为基准。在"别墅"项目三层平面图中,可知三层室内楼板顶面标高为"6.000",确定"属性"选项板中的"自标高的高度偏移"为"0.0",如图 2-317 所示。

接下来进行楼板边界绘制。确定选择"绘制"面板上的"拾取墙"工具,如图 2-318 所示。

图 2-317

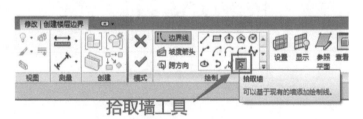

图 2-318

将鼠标移动至"别墅"项目 G 轴处,此时 G 轴外墙蓝色高亮显示,单击鼠标左键创建 G 轴楼板边,此时在 G 轴外墙创建出一条粉色楼板边轮廓,类似地,依次将鼠标移动至"别墅"项目 6 轴、D 轴(6 轴和 7 轴之间)、7 轴、B 轴(5 轴和 7 轴之间)、5 轴、A 轴和 4 轴等外墙处单击鼠标左键,拾取对应墙体生成楼板边,如图 2-319 所示。

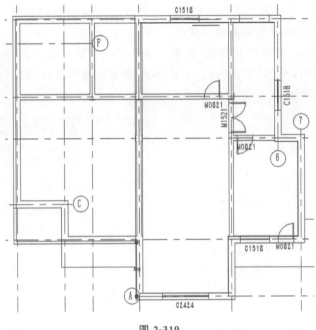

图 2-319

拾取墙体生成楼板边界轮廓线时,同一方向的墙体只拾取一次,以免造成轮廓线的重叠。楼板边界轮廓线应连续、封闭且不重叠,在"修改|创建楼层边界"选项卡下的"修改"面板中单击"修剪/延伸为角(TR)"工具,将鼠标依次移动至需要修剪的两条轮廓线处单击鼠标左键,进行修剪,全部修剪完确认无误后,单击"模式"面板上的"完成编辑模式"工具,如图 2-320 所示。

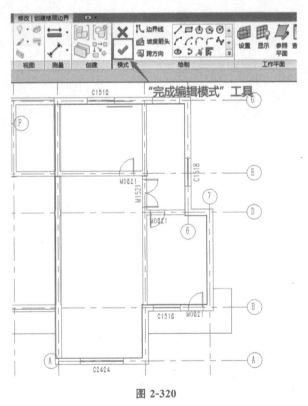

图 2-320

此时弹出"Revit"对话框:"是否希望将高达此楼层标高的墙附着到此楼层的底部?",单击"否",即不需要将墙体附着到此楼层底部,如图 2-321 所示。

然后又弹出"Revit"对话框:"楼板/屋顶与高亮显示的墙重叠。是否希望连接几何图形并从墙中剪切重叠的体积?",单击"是",即选择将楼板与墙体重叠的部分进行剪切,完成楼板创建,如图 2-322 所示。

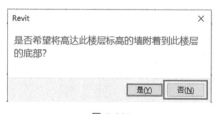

图 2-321

图 2-322

此时,三层室内楼板创建完成,如图 2-323 所示。

在"项目浏览器"中单击三维视图前的 ➕ ,并双击"三维视图"下的"{三维}",切换至三维视图查看结果,将视图调整至合适角度,如图 2-324 所示。

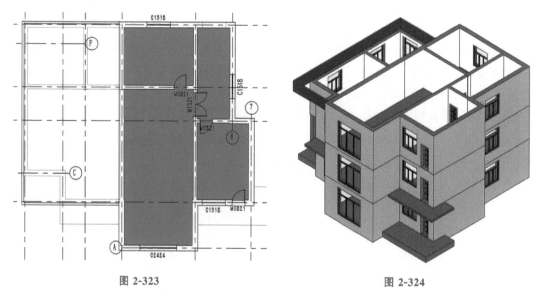

图 2-323

图 2-324

2)创建阳台板

创建三层 5 轴外墙东侧阳台板。由"别墅"项目三层平面图,可知三层 5 轴外墙东侧阳台板尺寸与二层相同,故可以用复制命令完成三层 5 轴外墙东侧阳台板的创建。

将鼠标移动至二层 5 轴外墙东侧阳台板单击鼠标左键,选择此处阳台板,此时软件自动切换至"修改|楼板"上下文选项卡。单击"剪贴板"面板中的"复制"工具或按"Ctrl"键和"C"键,将所选阳台板复制至剪贴板中,如图 2-325 所示。

单击"粘贴"工具下拉列表,在下拉列表中选择"与选定的标高对齐"选项,弹出"选择标高"对话框,该对话框将列出当前项目中所有已创建的标高。在列表中选择"F3-6.00",单击"确定"将所选二层 5 轴外墙东侧阳台板复制至三层,如图 2-326 所示。

此时,"别墅"项目所有楼板创建完成,如图 2-327 所示。

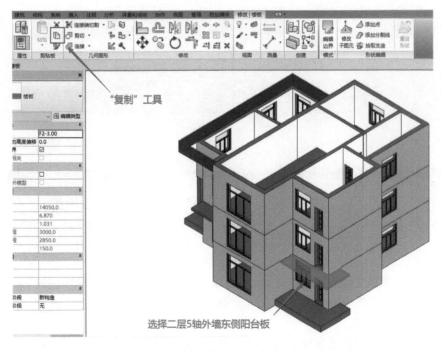

"复制"工具

选择二层5轴外墙东侧阳台板

图 2-325

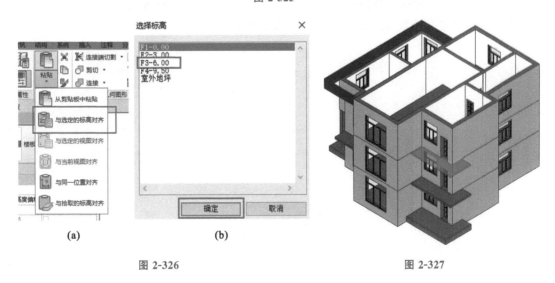

(a)　　　　　　　　　　　　(b)

图 2-326　　　　　　　　　　　　　　　　　　图 2-327

## 2.7.3　拓展任务

### 1. 用"坡度箭头"创建斜楼板(楼板斜表面)

在平面视图或三维视图中,单击鼠标左键选择需要定义坡度的楼板,单击"模式"面板上的"编辑边界"工具,或双击鼠标左键进入"修改|编辑边界"界面,如图 2-328 所示。

单击"绘制"面板上的"坡度箭头"工具,如图 2-329 所示,切换至坡度箭头绘制模式,设置绘制方式为"直线",确认选项栏中的"偏移量"为"0"。

图 2-328

图 2-329

移动鼠标至楼板左侧边界线位置,捕捉边界线中间任意位置单击鼠标左键,确定为坡度箭头的起点。沿水平方向向右移动鼠标直至捕捉到右侧边界线时单击左键,完成坡度箭头的绘制,如图 2-330 所示。

"属性"选项板会切换至坡度箭头"草图"属性,坡度的"指定"方式有"尾高"和"坡度"两种方式,如图 2-331 所示。"尾高"方式通过指定坡度箭头首、尾高度的形式定义坡度。"坡度"方式直接以定义楼板坡度数值的方式创建斜楼板。

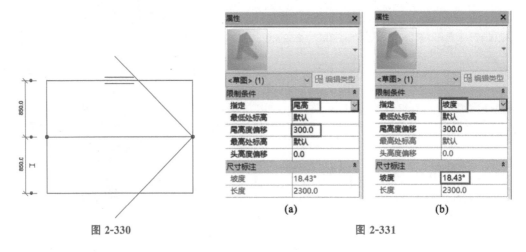

图 2-330

图 2-331

## 2. 修改子图元

选择需要修改的楼板,自动激活"修改|楼板"选项卡,单击"形状编辑"面板上的"修改子图元"工具进入点编辑状态,点击"形状编辑"面板上的"添加点"工具,可在楼板需要添加控制点的地方上增加控制点,单击需要修改的点,在点的右侧会出现"0"数值,该数值表示偏离楼板相对标高的距离,可以通过修改其数值使该点高出或低于楼板的相对标高,如图 2-332所示。

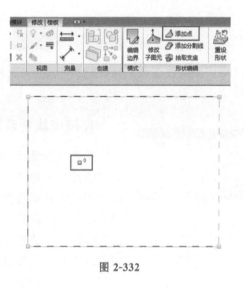

图 2-332

### 2.7.4　真题任务

以"第四期全国 BIM 等级考试一级试题"第二题为例,题目要求:根据下图中给定的尺寸及详图大样新建楼板,顶部所在标高为±0.000,命名为"卫生间楼板",构造层保持不变,水泥砂浆层进行放坡,并创建洞口。请将模型以"楼板"为文件名保存到考生文件夹中,如图 2-333 所示。(20 分)

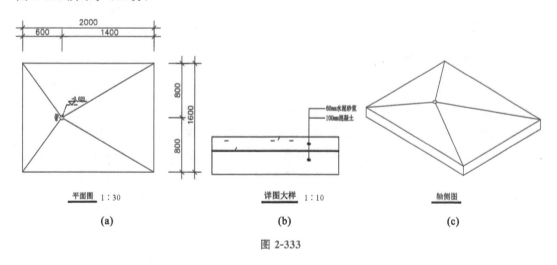

图 2-333

## 2.8　任务 7:屋顶

屋顶是房屋顶层覆盖的外围护结构,用于抵御自然界的风雪霜雨、太阳辐射、气温变化等外界不利因素,使屋顶覆盖的空间具有良好的使用环境。此外,屋顶需要承受作用于其表面的风荷载、雪荷载以及自身重力等荷载。根据屋顶样式不同一般可分为平屋顶(坡度小于10%)、坡屋顶(坡度一般大于 10%)和其他形式的屋顶。

## 2.8.1　学习任务

在 Revit 2016 中,可以使用按迹线创建屋顶、按拉伸创建屋顶和从体量的面创建屋顶等三种方法创建屋顶。

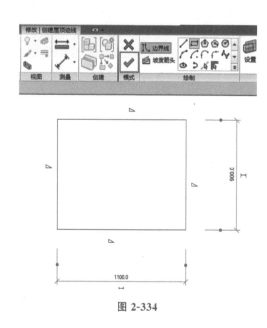

图 2-334

### 1. 按迹线创建屋顶

按迹线创建屋顶是指创建屋顶时使用建筑迹线定义其边界。首先需要切换到楼层平面视图或天花板投影平面视图,单击"建筑"选项卡下"构建"面板上"屋顶"工具下的"迹线屋顶"工具,在"绘制"面板上选择某一绘制工具或拾取工具。若要在绘制之前编辑屋顶属性,需要使用"属性"选项板。

创建屋顶时需要为屋顶绘制或拾取一个闭合环,然后指定坡度定义线,要修改某一屋顶轮廓线的坡度定义,选择该轮廓线,在"属性"选项板上单击"定义屋顶坡度",然后可以修改坡度值。如果将某条屋顶线设置为坡度定义线,它的旁边便会出现三角符号 ▷。最后单击"完成编辑模式",如图 2-334 所示。

### 2. 按拉伸创建屋顶

按拉伸创建屋顶是指通过拉伸绘制的轮廓来创建屋顶。可以按如下步骤操作:① 首先显示立面视图、三维视图或剖面视图;② 单击"建筑"选项卡下"构建"面板上"屋顶"工具下的"拉伸屋顶"工具;③ 指定一个工作平面;④ 在"屋顶参照标高和偏移"对话框中为"标高"选择一个值,默认情况下,将选择项目中最高的标高,要相对于参照标高提升或降低屋顶,可为"偏移"指定一个值,Revit 2016 以指定的偏移放置参照平面,使用参照平面,可以相对于标高控制拉伸屋顶的位置;⑤ 绘制开放环形式的屋顶轮廓,使用"样条曲线"工具绘制的屋顶轮廓,如图 2-335(a)所示;⑥ 单击"完成编辑模式"工具,然后打开三维视图,如图 2-335(b)所示。

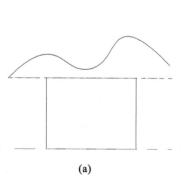

(a)　　　　　　(b)

图 2-335

### 3. 从体量的面创建屋顶

从体量的面创建屋顶是指使用"面屋顶"工具在体量的任何非垂直面上创建屋顶,如图 2-336 所示。（注:无法从同一屋顶的不同体量中选择面）

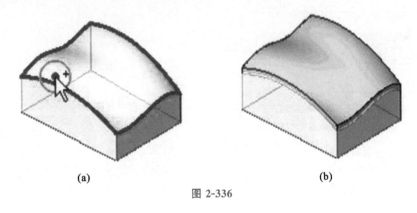

(a)　　　　　　　　　　　　　(b)

图 2-336

## 2.8.2　实施任务

### 1. 设置屋顶材质

由"别墅"项目建筑构件参数要求可知,屋顶材质为"125 厚混凝土"。在"项目浏览器"中双击平面视图中的楼层平面,切换到"F3-6.00"平面视图。

单击"建筑"选项卡下"构建"面板上"屋顶"命令下的"迹线屋顶",此时自动激活"修改 | 创建屋顶迹线"上下文选项卡,如图 2-337 所示。

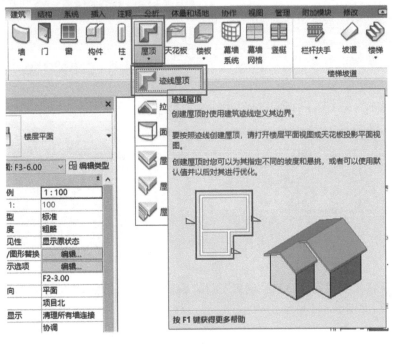

图 2-337

在"属性"选项板中单击"编辑类型",进入"类型属性"对话框,确定"类型属性"对话框中族为"系统族:基本屋顶",类型选择为"常规-125 mm"。单击"复制",在"名称"对话框中输入"屋顶"后单击"确定"按钮,返回"类型属性"对话框,如图 2-338 所示。

单击"类型属性"对话框中的"编辑"工具进入"编辑部件"对话框,如图 2-339 所示。

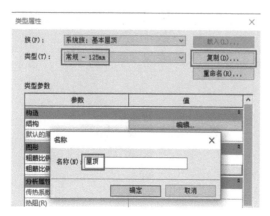
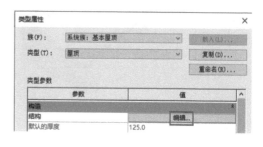

图 2-338                               图 2-339

在"编辑部件"对话框中单击"结构[1]"层材质栏中的 ,弹出"材质浏览器"窗口,在搜索材质框中输入"混凝土",选择项目材质中的"混凝土",并单击"确定",如图 2-340 所示。

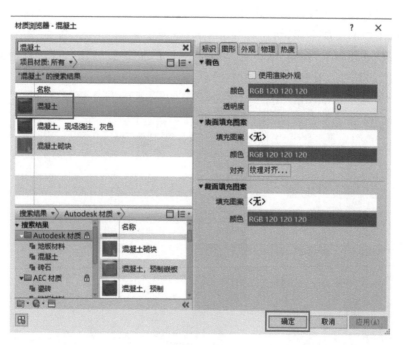

图 2-340

至此,屋顶材质设置完成,单击"确定"退出"编辑部件"对话框,继续单击"确定"退出"类型属性"对话框,如图 2-341 所示。

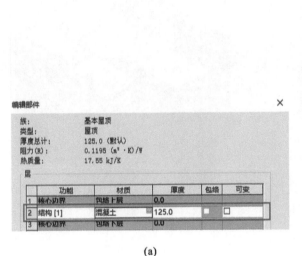

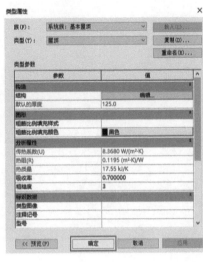

(a)　　　　　　　　　　　(b)

图 2-341

## 2. 绘制三层平屋顶

三层平屋顶无坡度,故取消勾选选项栏中"定义坡度"前的"√",如图 2-342 所示。

选择"绘制"面板上的"矩形"工具绘制楼板轮廓,如图 2-343 所示。

将鼠标移动至 G 轴女儿墙内边界线与 1 轴女儿墙内边界线交点处单击鼠标左键,向右下方移动鼠标至 B 轴女儿墙内边界线与 4 轴外墙外边界线交点处单击鼠标左键,完成平屋顶边界线的绘制,最后点击"完成编辑模式"工具,如图 2-344 所示。

绘制三层<br>平屋顶

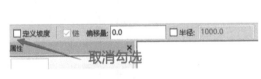

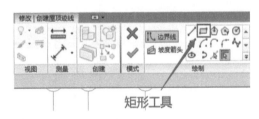

图 2-342　　　　　　　　　　　图 2-343

在"项目浏览器"中单击三维视图前的 ⊞ ,并双击"三维视图"下的"{三维}",切换至三维视图查看结果,将视图调整至合适角度,如图 2-345 所示。

## 3. 绘制四层坡屋顶

"别墅"项目"屋顶平面图"(四层)如图 2-346 所示。

由"屋顶平面图"可知,四层屋顶轮廓线分别偏移轴线一定距离,故可使用"拾取线"工具并指定"偏移量"进行屋顶轮廓绘制。此外,大部分屋顶边缘有放坡,坡度为"45.00%",屋顶放坡情况如图 2-347 所示。

绘制四层<br>坡屋顶

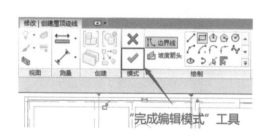

"完成编辑模式"工具

图 2-344

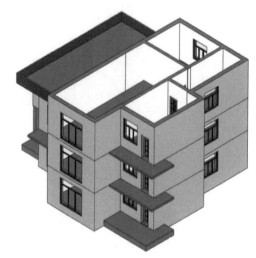

图 2-345

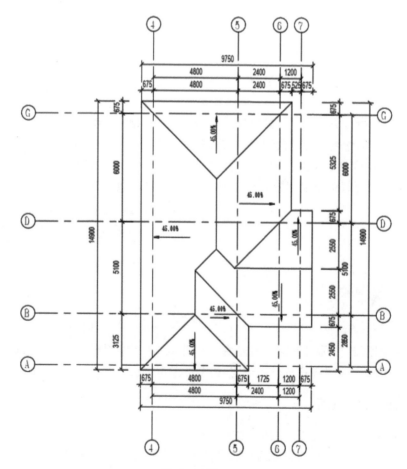

屋顶平面图 1：100

图 2-346

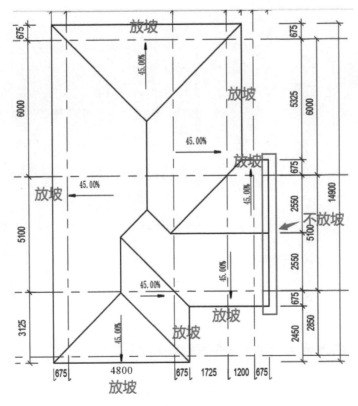

图 2-347

在"项目浏览器"中双击平面视图中的楼层平面,切换到"F4-9.50"平面视图。

单击"建筑"选项卡下"构建"面板上"屋顶"命令下的"迹线屋顶",此时自动激活"修改|创建屋顶迹线"上下文选项卡,在"属性"选项板的"类型选择器"中选择"屋顶",选择"绘制"面板上的"拾取线"工具,勾选选项栏中"定义坡度"前的"√","偏移量"输入"675",如图 2-348 所示。

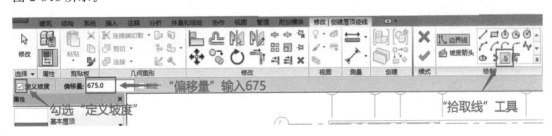

图 2-348

将鼠标移动至 4 轴线附近,并左右微调鼠标位置使蓝色虚线(屋顶轮廓线)位于 4 轴线左侧时单击鼠标左键,绘制 4 轴坡屋顶轮廓线,如图 2-349 所示。

4 轴线屋顶廓线左侧出现"△ 30.00°",表示屋顶边缘放坡,坡度为 30°。类似地,继续绘制 G 轴、6 轴、D 轴、7 轴、B 轴、5 轴屋顶轮廓线,如图 2-350 所示。

接下来绘制 A 轴屋顶轮廓线。修改选项栏中"偏移量"为"=3125-2850"并按"Enter"键确定,将鼠标移动至 A 轴线附近,并上下微调鼠标位置使蓝色虚线(屋顶轮廓线)位于 A

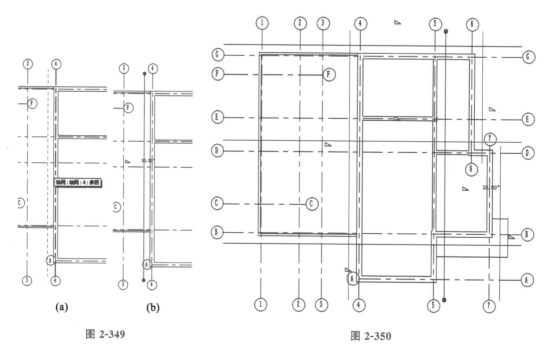

图 2-349                                    图 2-350

轴线下侧时单击鼠标左键,绘制 A 轴坡屋顶轮廓线,如图 2-351 所示。

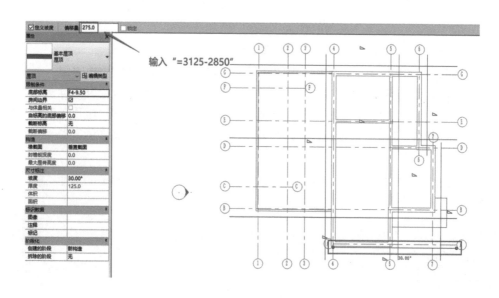

图 2-351

    修剪屋顶轮廓线。在"修改|创建屋顶迹线"选项卡下"修改"面板上单击"修剪/延伸为角(TR)"工具,将鼠标依次移动至需要修剪的两条轮廓线处单击鼠标左键,进行修剪,如图 2-352 所示。

    类似地,依次修剪楼屋顶轮廓,全部修剪完后如图 2-353 所示。

    修改坡屋顶坡度。按"Esc"键退出,用鼠标从左上至右下全部框选屋顶轮廓,在"属性"选项板中的"坡度"后输入"45%"并按"Enter"键确定,如图 2-354 所示。

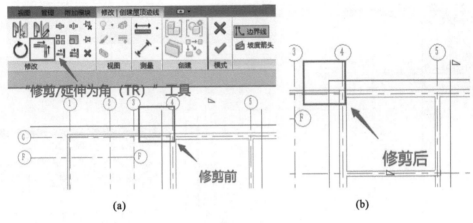

图 2-352

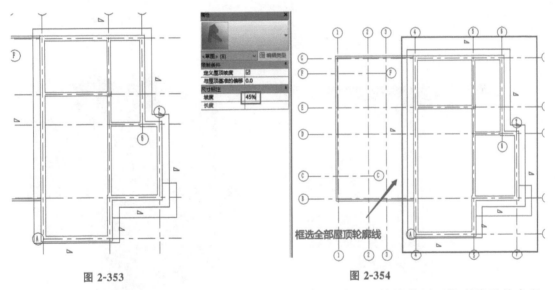

图 2-353　　　　　　　　　　　　　图 2-354

取消 7 轴线外屋顶放坡。按"Esc"键退出,将鼠标移动至 7 轴线外屋顶轮廓线处单击鼠标左键,选中该轮廓,在"属性"选项板中取消勾选"定义屋顶坡度"后的"√",或取消勾选选项栏中"定义坡度"前的"√",如图 2-355 所示。

此时屋顶轮廓及放坡完成,单击"模式"面板上的"完成编辑模式"工具,如图 2-356 所示。

坡屋顶创建完成,如图 2-357 所示。

在"项目浏览器"中单击三维视图前的 ⊞ ,并双击"三维视图"下的"{三维}",切换至三维视图查看结果,将视图调整至合适角度,如图 2-358 所示。

可以看出,三层墙体与屋顶间存在间隙,需要修改墙体高度。在"项目浏览器"中双击平面视图中的楼层平面,切换到"F3-6.00"平面视图。鼠标从 4 轴左上至右下框选别墅项目全部三层墙体(不包括女儿墙),此时软件自动切换至"修改|选择多个"上下文选项卡,单击"过滤器"工具,如图 2-359 所示。

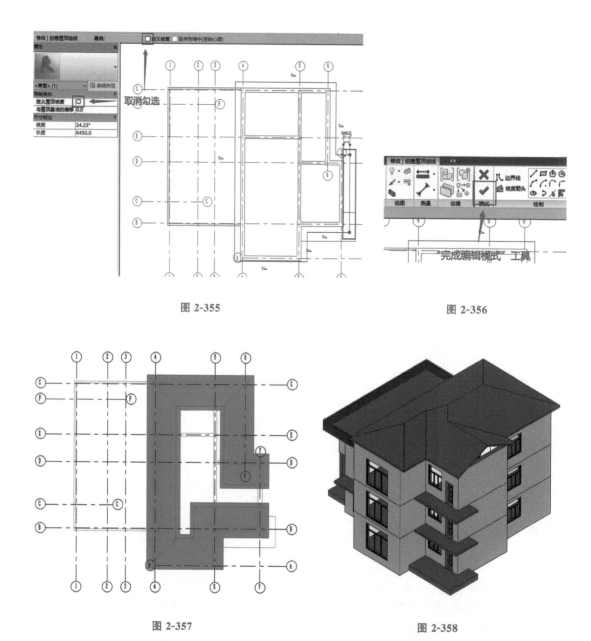

图 2-355

图 2-356

图 2-357

图 2-358

弹出"过滤器"对话框,在"过滤器"对话框中点击"放弃全部",勾选"墙"类别,单击"确定"退出"过滤器"对话框,如图 2-360 所示。

此时别墅项目全部三层墙体被选中,在"项目浏览器"中双击"三维视图"下的"{三维}"切换至三维视图,点击"修改墙"面板上的"附着顶部/底部"工具,如图 2-361 所示。

将鼠标移动至坡屋顶当坡屋顶蓝色高亮显示并单击鼠标左键,将选中的墙体附着到坡屋顶,如图 2-362 所示。

至此,别墅项目屋顶创建完成。

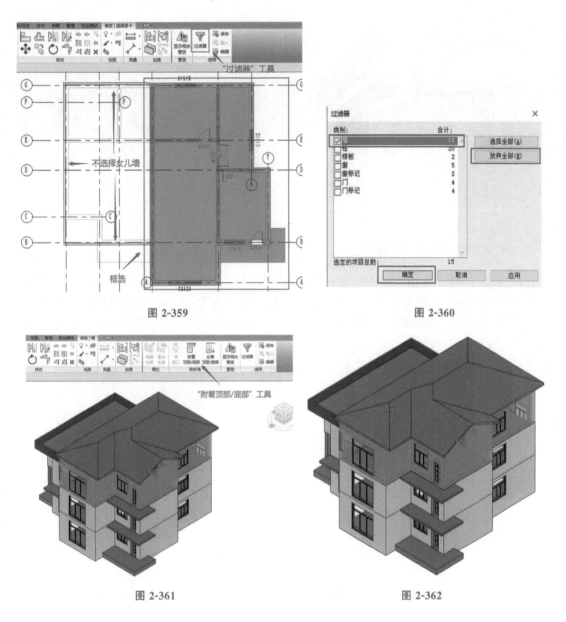

图 2-359

图 2-360

图 2-361

图 2-362

## 2.8.3　拓展任务

### 1. 屋檐

创建屋顶时,可指定悬挑值来创建屋檐。完成屋顶的绘制后,可以对齐屋檐并修改其截面和高度,如图 2-363 所示。

### 2. 檐沟

软件可以为屋顶、屋檐底板和封檐带边缘添加檐沟,也可以向模型线添加檐沟。可以将檐沟放置在二维视图(如平面或剖面视图中),也可以放置在三维视图中,如图 2-364 所示。

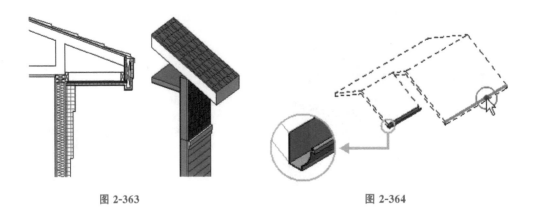

图 2-363                                        图 2-364

### 2.8.4　真题任务

以"第十一期全国 BIM 等级考试一级试题"第一题为例,题目要求:根据下图给定数据创建轴网与屋顶,轴网显示方式参考下图,屋顶底标高为 6.3m,厚度 150mm,坡度为 1：1.5,材质不限。请将模型文件以"屋顶 ＋ 考生姓名"为文件名保存到考生文件夹中,如图 2-365 所示。(20 分)

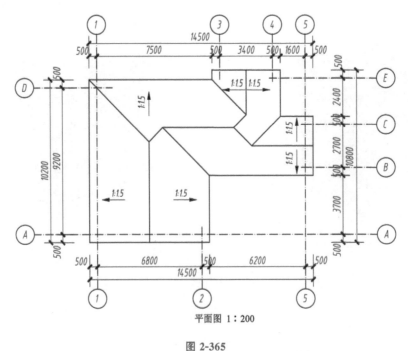

平面图 1：200

图 2-365

# 2.9　任务 8:楼梯

楼梯是建筑物中楼的层间的垂直交通工具,用于楼层之间和高差较大时的交通联系。在设有电梯、自动扶梯作为主要垂直交通手段的多层和高层建筑中也要设置楼梯,供火灾时逃生之用。

栏杆扶手是设在楼梯梯段及平台边缘的安全保护构件。扶手一般附设于栏杆顶部,供依扶用。此外,扶手也可附设于墙上,称为靠墙扶手。

## 2.9.1　学习任务

### 1. 楼梯基本概念

在 Revit 2016 中,楼梯构件包括梯段、平台、支撑和栏杆扶手。梯段是指直梯、螺旋梯段、U 形梯段、L 形梯段、自定义绘制的梯段。平台可在梯段之间自动创建,通过拾取两个梯段或自定义绘制。支撑(侧边和中心)随梯段自动创建,或通过拾取梯段和平台边缘创建。栏杆扶手可以在创建楼梯梯段期间自动生成,或稍后放置。

### 2. 楼梯的创建与修改

在 Revit 2016 中,梯段类型包括直梯、全踏步螺旋、圆心-端点螺旋、L 形斜踏步梯段、U 形斜踏步梯段等类型,如表 2-1 所示。

表 2-1

| 直梯 | | 全踏步螺旋 | | 圆心-端点螺旋 | |
|---|---|---|---|---|---|
| L 形斜踏步梯段 | | U 形斜踏步梯段 | | | |

在选项栏上,"定位线"指为相对于向上方向的梯段选择创建路径;"偏移量"为创建路径指定一个可选偏移值;"实际梯段宽度"是指定一个梯段宽度值(此为梯段值,且不包含支撑);"自动平台"指相邻梯段间是否需要自动创建连接平台,如图 2-366 所示。

图 2-366

使用"楼梯"工具创建楼梯梯段的步骤如下。

① 单击"建筑"选项卡下"楼梯坡道"面板上的"楼梯"工具,如图 2-367 所示。

图 2-367

② 在"构件"面板上,确认"梯段"处于选中状态,在"构件"面板上选择所需的梯段类型。在选项栏上选择合适的"定位线""偏移量"和"实际梯段宽度",默认情况下选中"自动平台",如图 2-368 所示。

图 2-368

③ 在"属性"选项板的"类型选择器"中,选择要创建的楼梯类型,此外还可以指定梯段实例属性,例如:"相对基准高度"和"开始于踢面/结束于踢面"首选项。默认情况下,在创建梯段时会自动创建栏杆扶手,如图 2-369 所示。

在某些需要自定义楼梯梯段的情况下,可能需要绘制楼梯轮廓而不是通过构件进行装配。可以使用"创建草图"工具,在创建楼梯部件时,通过绘制形状来创建自定义梯段或平台构件,即单击"建筑"选项卡下"楼梯坡道"面板上的"楼梯"工具,在"修改|创建楼梯"楼板下"构件"面板上"梯段"下选择"创建草图"工具,如图 2-370 所示,最后单击"完成编辑模式",退出草图模式。

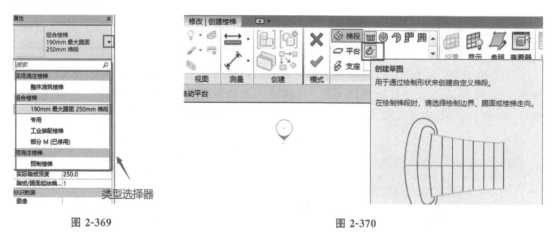

图 2-369                    图 2-370

## 2.9.2 实施任务

### 1. 识读图纸

由"别墅"项目"一层平面图""二层平面图"和"三层平面图"可知楼梯布置于别墅一层至三层之间,平面位于 5 轴、6 轴以及 G 轴和 E 轴所围区域之间。由"一层楼梯详图""二层楼梯详图""三层楼梯详图"和"1-1 楼梯剖面图"可知楼梯梯段宽度为 1030mm,楼梯踏板深度(踏步宽度)为 250mm,楼梯踢面高度为 150mm,楼梯梯段起始处为 E 轴偏上 175mm 处,从一层至三层所需踢面数为 40。

在"项目浏览器"中双击平面视图中的楼层平面,切换到"F1-0.00"平面视图。

单击"建筑"选项卡下"楼梯坡道"面板上"楼梯"下的"楼梯（按构件）"工具，此时自动激活"修改|创建楼梯"上下文选项卡，如图 2-371 所示。

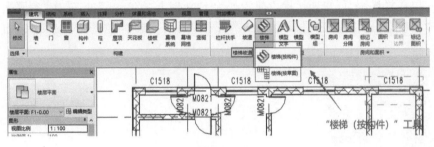

图 2-371

## 2. 创建楼梯

创建楼梯

在"属性"选项板中单击"编辑类型"，进入"类型属性"对话框，确定"类型属性"对话框中族为"系统族：现场浇注楼梯"，类型选择为"整体浇筑楼梯"。单击"复制"，在"名称"对话框中输入"楼梯"后单击"确定"按钮，返回"类型属性"对话框，如图 2-372 所示。

(a)

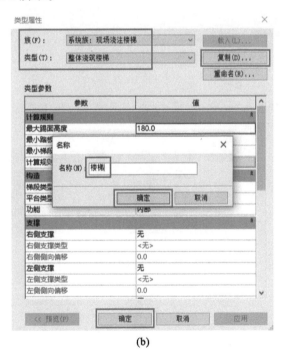

(b)

图 2-372

选项栏中，"定位线"选择下拉菜单中的"梯段：左"，"实际梯段宽度"修改为"1030.0"，勾选"自动平台"前的"√"，如图 2-373 所示。

图 2-373

在"属性"选项板中将"顶部标高"修改为"F3-6.00","所需踢面数"修改为"40","实际踏板深度"修改为"250.0",如图 2-374 所示。

由"三层楼梯详图"可知楼梯梯段起始处为 E 轴偏上"175mm"处,需作"参照平面"帮助定位。在"修改|创建楼梯"选项卡下的"工作平面"面板上选择"参照平面"工具,如图 2-375 所示。

图 2-374

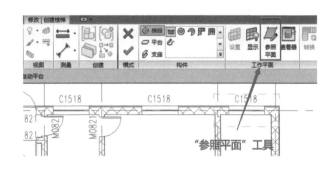

图 2-375

此时进入"放置 参照平面"工作界面,在 E 轴上方从左至右绘制一个参照平面,如图 2-376 所示。

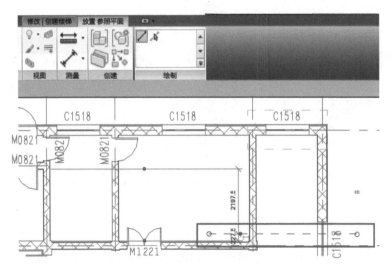

图 2-376

单击鼠标左键拖动参照平面下侧临时尺寸约束小蓝点(移动尺寸界限)至 E 轴线,单击鼠标左键修改参照平面下侧临时尺寸,输入"175"并按"Enter"键完成参照平面的位置调整,如图 2-377 所示。

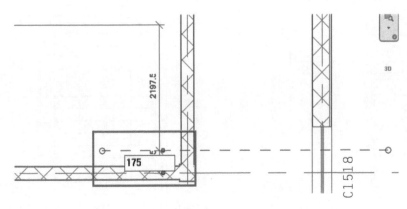

图 2-377

　　创建楼梯。按"Esc"键 2 次,退出"放置 参照平面"工作界面,回到"修改|创建楼梯"上下文选项卡,选择"构件"面板上的"梯段"工具进行梯段创建,如图 2-378 所示。

　　将鼠标移动至参照平面与 5 轴外墙内边缘交点处单击鼠标左键,竖直向上移动鼠标直至梯段下方显示"创建了 10 个踢面,剩余 30 个"时单击鼠标左键,完成第一段梯段的创建,如图 2-379 所示。

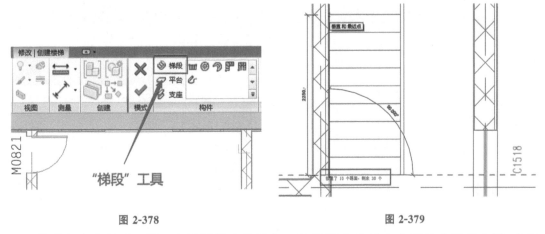

图 2-378　　　　　　　　　　　　　　　　图 2-379

　　将鼠标向右移动至第一个梯段结束位置与 6 轴外墙内边缘交点处单击鼠标左键,此时会出现一条蓝色定位虚线,如图 2-380 所示。

　　竖直向下移动鼠标直至参照平面与 6 轴外墙内边缘交点处单击鼠标左键,完成第二段梯段的创建,如图 2-381 所示。

　　由于一层楼梯与二层楼梯之间有二层楼板,不需要创建平台,因此取消勾选选项栏中"自动平台"前的"√",如图 2-382 所示。

　　将鼠标移动至参照平面与 5 轴外墙内边缘交点处单击鼠标左键,竖直向上移动鼠标直至梯段下方显示"创建了 10 个踢面,剩余 10 个"时单击鼠标左键,完成第三段梯段的创建,如图 2-383 所示。

　　第三段楼梯梯段与第四段楼梯梯段之间需要创建平台板,因此勾选选项栏中"自动平台"前的"√",如图 2-384 所示。

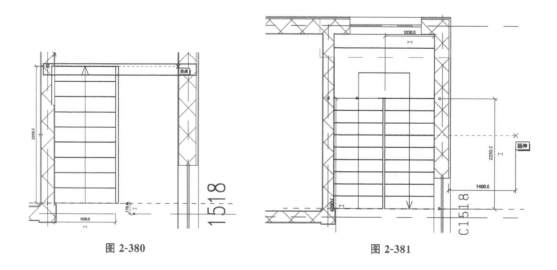

图 2-380　　　　　　　　　　图 2-381

图 2-382

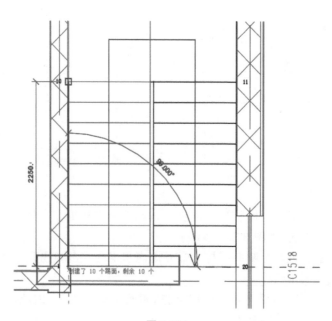

图 2-383

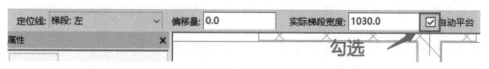

图 2-384

将鼠标向右移动至第一个梯段结束位置与 6 轴外墙内边缘交点处单击鼠标左键,此时会出现一条蓝色定位虚线,竖直向下移动鼠标直至参照平面与 6 轴外墙内边缘交点处单击鼠标左键,完成第四段梯段的创建,此时梯段下方显示"创建了 10 个踢面,剩余 0 个",如图 2-385 所示。

此时楼梯梯段创建完成,单击"模式"面板上的"完成编辑模式"工具,如图 2-386 所示。

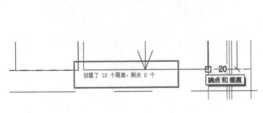

图 2-385　　　　　　　　　　　　　　　　　　图 2-386

此时软件界面右下角弹出"警告"对话框:"扶栏是不连续的。扶栏的打断通常发生在转角锐利的过渡件处。要解决此问题,请尝试:

——更改扶栏类型属性中的过渡件样式,或

——修改过渡件处的栏杆扶手路径。"如图 2-387 所示。

警告: 1 超出 3

扶栏是不连续的。扶栏的打断通常发生在转角锐利的过渡件处。要解决此问题,请尝试:
– 更改扶栏类型属性中的过渡件样式,或
– 修改过渡件处的栏杆扶手路径。

图 2-387

单击"警告"对话框右上角的"×"关闭对话框。在"项目浏览器"中单击三维视图前的,并双击"三维视图"下的"{三维}",切换至三维视图查看结果,将视图调整至合适角度,如图 2-388 所示。

持续按下"Ctrl"键,此时鼠标右上角出现一个"+"号,表示可以进行增选操作。将鼠标依次移动至一层、二层和三层 6 轴外墙处单击鼠标左键,选择楼梯旁的 6 轴外墙,单击"视图控制栏"上"临时隐藏/隔离"工具下的"隐藏图元"工具,将选中的外墙隐藏,如图 2-389 所示。

调整模型至合适的角度,可以看到楼梯靠近墙体位置自动创建了栏杆,但由"别墅"项目图纸可知此处没有栏杆。将鼠标移动至楼梯靠近墙体位置的栏杆单击鼠标左键选择,按"Delete"键进行删除,如图 2-390 所示。

此外,可以看出楼梯 2 处平台尺寸需要调整。再次单击"视图控制栏"上的"临时隐藏/隔离"工具下的"重设临时隐藏/隔离"工具,将隐藏的外墙显示,并将模型调整至合适位置,如图 2-391 所示。

接下来修改平台尺寸。在"项目浏览器"中双击平面视图中的楼层平面,切换到"F1-0.00"平面视图。将鼠标移动至楼梯直至楼梯高亮显示单击鼠标左键,选择楼梯,如图 2-392 所示。

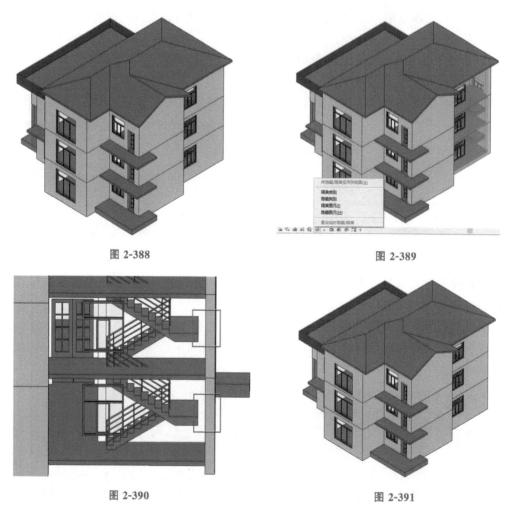

图 2-388

图 2-389

图 2-390

图 2-391

此时软件进入"修改|楼梯"选项卡界面,选择"编辑"面板上的"编辑楼梯"工具,如图 2-393 所示。

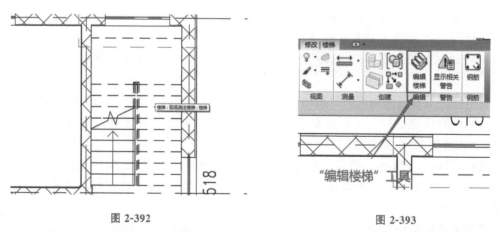

图 2-392

图 2-393

此时软件进入"修改|创建楼梯"上下文选项卡,将鼠标移动至平台位置单击鼠标左键选择平台,拖动平台上"侧造型操纵柄"至 G 轴外墙内边缘,如图 2-394、图 2-395 所示。

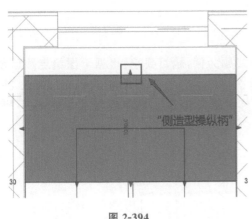

图 2-394

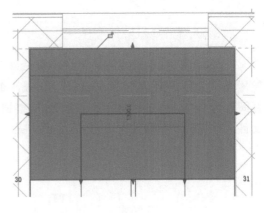

图 2-395

此时其中一层平台修改完成,继续修改另一层楼梯平台尺寸。单击"视图控制栏"上的"视觉样式"工具下的"线框"工具,此时另一层楼梯平台显示,如图 2-396 所示。

将鼠标移动至待修改平台处单击鼠标左键,此时软件进入"修改|创建楼梯"上下文选项卡,将鼠标移动至平台位置单击鼠标左键选择平台,拖动平台上"侧造型操纵柄"至 G 轴外墙内边缘,此时楼梯所有平台修改完成,单击"模式"面板上的"完成编辑模式"工具,如图 2-397 所示。

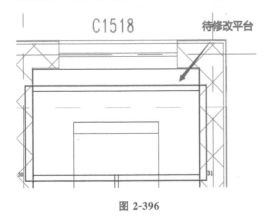

图 2-396

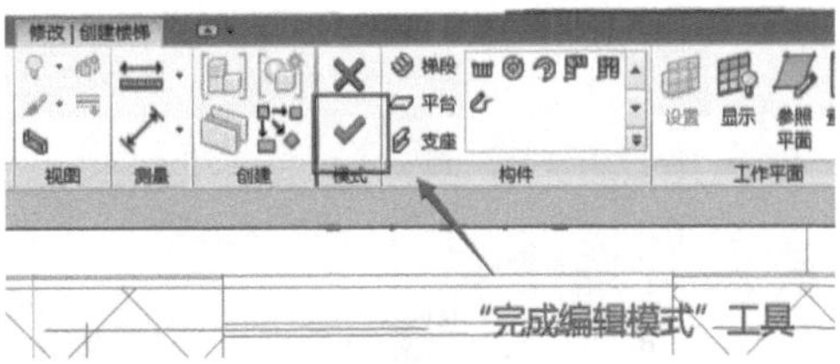

图 2-397

至此,楼梯创建完成。

### 2.9.3　拓展任务——创建螺旋楼梯

在 Revit 2016 中,可以使用"楼梯(按草图)"工具来创建小于 360°的螺旋楼梯。创建楼梯时,如果螺旋楼梯梯段发生重叠,软件将显示一条警告:此时梯边梁和栏杆扶手的放置不精确。

创建螺旋楼梯(按草图)时,需要打开平面视图或三维视图。单击"建筑"选项卡下"楼梯坡道"面板上"楼梯"下拉列表中的"楼梯(按草图)"工具,在"修改|创建楼梯草图"选项卡下选择"绘制"面板上的"圆心-端点弧"工具。在绘图区域中,单击鼠标左键以选择螺旋楼梯的中心点。单击鼠标左键确定起点,再次单击鼠标左键确定终点以完成螺旋楼梯的绘制,最后选择"完成编辑模式",如图 2-398 所示。

图 2-398

### 2.9.4　真题任务

以"第九期全国 BIM 等级考试一级试题"第二题为例,题目要求:根据下图给定数值创建楼梯与扶手,扶手截面为 50mm×50mm,高度为 900mm,栏杆截面为 20mm×20mm,栏杆间距为 280mm,未标明尺寸不作要求,楼梯整体材质为混凝土,请将模型以"楼梯扶手"为文件名保存到考生文件夹中,如图 2-399 所示。(10 分)

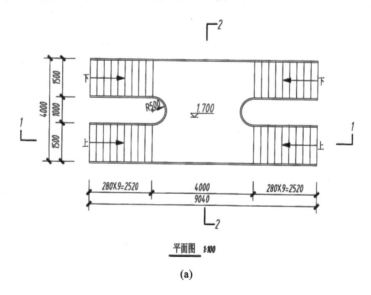

(a)

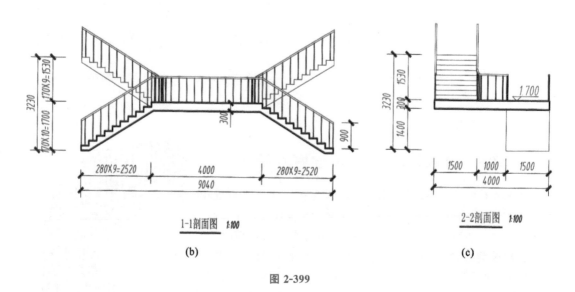

(b)　　　　　　　(c)

图 2-399

## 2.10　任务 9:坡道

坡道是连接高差地面或楼面的斜向交通通道,以及门口的垂直交通和疏散措施。

## 2.10.1　学习任务

在 Revit 2016 中,可在平面视图或三维视图中绘制一段坡道或绘制边界线来创建坡道。

添加坡道的最简单的方法是绘制梯段。但是,"梯段"工具会将坡道设计限制为直梯段、带平台的直梯段和螺旋梯段。要了解设计坡道时的更多控制,可使用边界和踢面工具绘制一段坡道。打开平面视图或三维视图,单击"建筑"选项卡下"楼梯坡道"面板上的"坡道"工具,如图 2-400 所示。

图 2-400

绘制时如需选择不同的工作平面,可在"建筑""结构"或"系统"选项卡上单击"工作平面"面板的"设置"。单击"修改|创建坡道草图"选项卡下的"绘制"面板,然后选择（线）或（圆心-端点弧）,将光标放置在绘图区域中,并拖曳光标绘制坡道梯段,最后单击"完成编辑模式"工具,如图 2-401 所示。

此外,在"属性"选项板中可通过修改"底部标高""底部偏移""顶部标高"和"顶部偏移"来修改坡道的高度,通过修改"宽度"来修改坡道宽度,如图 2-402 所示。

图 2-401

图 2-402

## 2.10.2 实施任务

由"别墅"项目"一层平面图"可知,G 轴外墙上侧 3 轴和 4 轴之间有坡道,由"7—1 轴立面图"可知坡道由"室外地坪"(−0.450)竖向延伸至"F1-0.00"(±0.000)。此外,由"别墅"项目"一层平面图"可知,B 轴外墙下侧 2 轴和 4 轴之间有坡道,由"G—A 轴立面图"可知坡道由"室外地坪"(−0.450)竖向延伸至"F1-0.00"(±0.000)。

创建坡道

在"项目浏览器"中双击平面视图中的楼层平面,切换到"室外地坪"平面视图。

单击"建筑"选项卡下"楼梯坡道"面板上的"坡道"工具,如图 2-403 所示。

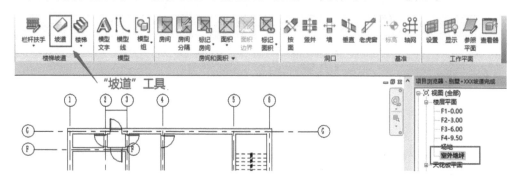

图 2-403

软件自动切换至"修改 | 创建坡道草图"选项卡,在"属性"选项板中单击"编辑类型",进入"类型属性"对话框,确定"类型属性"对话框中族为"系统族:坡道",类型选择为"坡道 1"。单击"复制",在"名称"对话框中输入"坡道"后单击"确定"按钮,返回"类型属性"对话框,如图 2-404 所示。

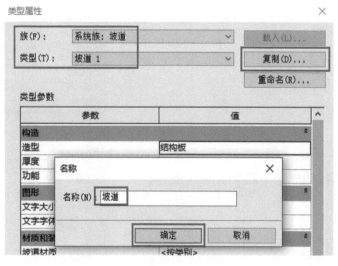

图 2-404

在"类型属性"对话框中将造型修改为"实体",坡道最大坡度(1/x)修改为"1",单击"确定",如图 2-405 所示。

确定"属性"选项板中的"底部标高"为"室外地坪","顶部标高"为"F1-0.00","底部偏移"和"顶部偏移"均为"0.0",修改"宽度"为"1200",如图 2-406 所示。

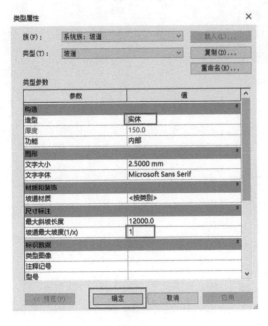
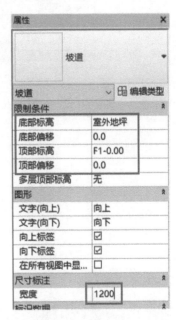

图 2-405 　　　　　　　　　　　　　　　　　　图 2-406

将鼠标移动至 G 轴外墙上侧平台右边线中点附近,当鼠标下侧出现"中点"时单击鼠标左键,如图 2-407 所示。

水平向右移动鼠标,此时坡道上侧出现临时尺寸约束,在键盘上输入"＝2400－150"并按"Enter"键确定,如图 2-408 所示。

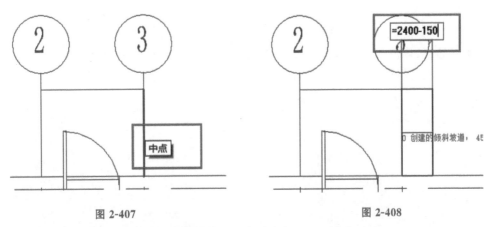

图 2-407　　　　　　　　　　　　　　　　　图 2-408

单击"模式"面板上的"完成编辑模式"工具,如图 2-409 所示。

在"项目浏览器"中单击三维视图前的 ⊞ ,并双击"三维视图"下的"{三维}",切换至三维视图查看结果,将视图调整至合适角度,可以看出坡道方向需要调整,如图 2-410 所示。

在"项目浏览器"中双击平面视图中的楼层平面,切换到"室外地坪"平面视图。将鼠标移动至坡道位置单击鼠标左键选择坡道,单击坡道左侧的箭头("向上翻转楼梯的方向"工具),翻转坡道方向,如图 2-411 所示。

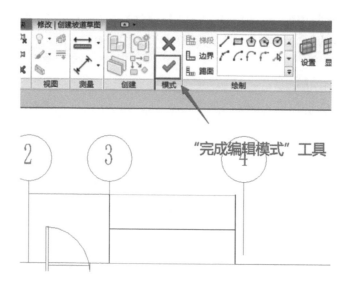

"完成编辑模式" 工具

图 2-409

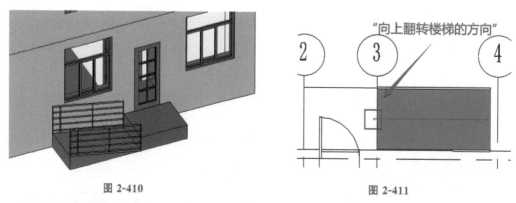

图 2-410

"向上翻转楼梯的方向"

图 2-411

在"项目浏览器"中单击三维视图前的 ⊞ ，并双击"三维视图"下的"{三维}"，切换至三维视图查看结果，将视图调整至合适角度，可以看出坡道修改完成，如图 2-412(a)所示。

选择坡道上的栏杆并按"Delete"键进行删除，如图 2-412(b)所示。

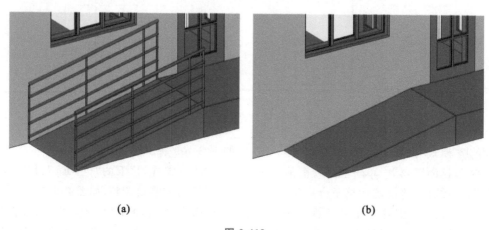

(a)

(b)

图 2-412

　　类似地,继续创建 B 轴外墙下侧 2 轴和 4 轴之间的坡道。在"项目浏览器"中双击平面视图中的楼层平面,切换到"室外地坪"平面视图。确定"属性"选项板中"底部标高"为"室外地坪","顶部标高"为"F1-0.00","底部偏移"和"顶部偏移"均为"0.0",修改"宽度"为"3855",如图 2-413 所示。

　　将鼠标移动至 B 轴外墙外边线中点附近,当鼠标下侧出现"中点"时单击鼠标左键,如图 2-414 所示。

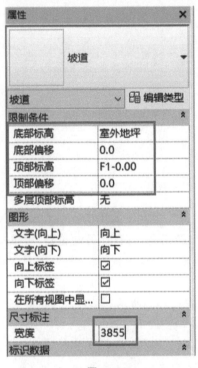

图 2-413

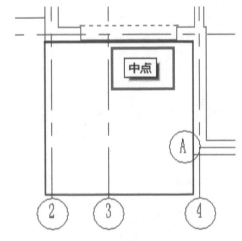

图 2-414

　　竖直向下移动鼠标,此时坡道中心出现临时尺寸约束,在键盘上输入"2250"并按"Enter"键确定,如图 2-415 所示。

　　此时坡道轮廓创建完成,如图 2-416 所示。

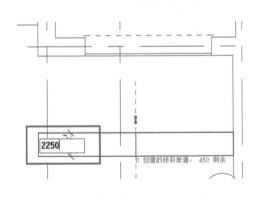

图 2-415

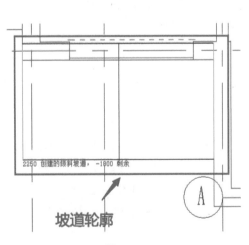

图 2-416

移动坡道至正确位置。用鼠标从坡道轮廓左上侧至右下侧框选全部坡道轮廓,选择"修改"面板上的"移动"工具,如图 2-417 所示。

将鼠标移动至坡道轮廓左上角端点处单击鼠标左键,竖直移动鼠标至 2 轴外墙与 B 轴外墙外边缘交界处单击鼠标左键,完成坡道轮廓的移动,如图 2-418 所示。

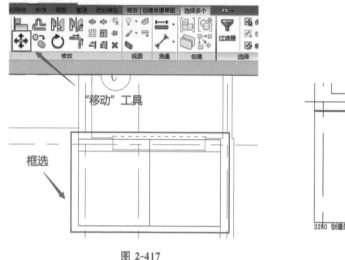

图 2-417

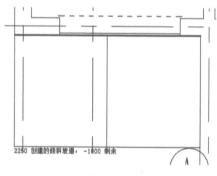

图 2-418

按"Esc"键退出,单击"模式"面板上的"完成编辑模式"工具。在"项目浏览器"中单击三维视图前的 ⊞ ,并双击"三维视图"下的"{三维}",切换至三维视图查看结果,将视图调整至合适角度,可以看出坡道修改完成,如图 2-419(a)所示。

选择坡道上的栏杆并按"Delete"键进行删除,如图 2-419(b)所示。

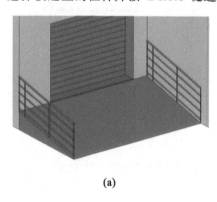

(a)

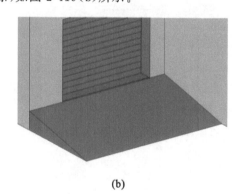

(b)

图 2-419

## 2.10.3 拓展任务

在 Revit 2016 中,可以修改类型属性来更改坡道族的构造、图形、材质和其他属性。

若要修改坡道的类型属性,可选择一个待修改坡道,然后单击"修改"选项卡下"属性"面板上的"类型属性",如图 2-420 所示。

在"类型属性"对话框中,可修改"造型"为"结构板"和"实体",其中"结构板"和"实体"样式如图 2-421 所示。

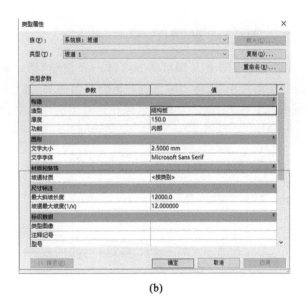

图 2-420

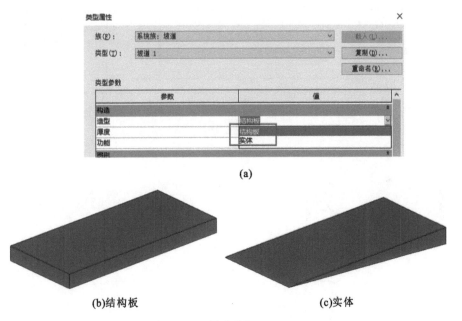

(a)

(b)结构板      (c)实体

图 2-421

在"类型属性"对话框中,"最大斜坡长度"可以指定坡道中连续踢面高度的最大数值,即控制坡道的倾斜程度,"最大斜坡长度"后的"值"越大,坡道越平缓,"最大斜坡长度"后的"值"越小,坡道越陡峭,如图 2-422 所示。

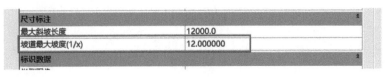

图 2-422

## 2.10.4 真题任务

以"第十五期全国 BIM 等级考试一级试题"第一题为例,题目要求:根据给定尺寸建立无障碍坡道模型,墙体与坡道材质请参照第 2 页,地形尺寸自定义,请将模型文件以"无障碍坡道+考生姓名. xxx"为文件名保存到考生文件夹中,如图 2-423 所示。(15 分)

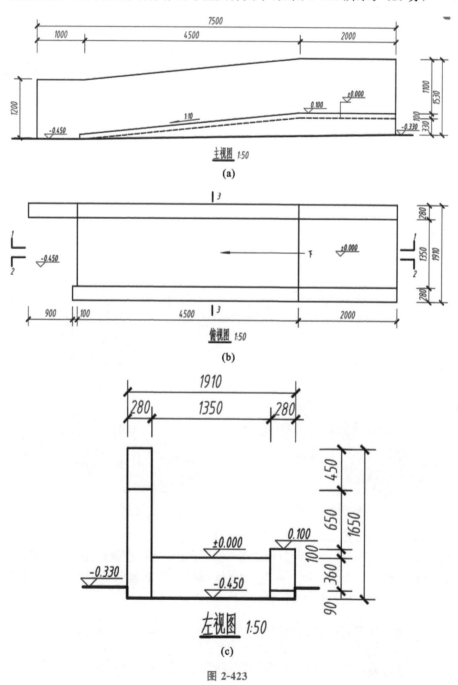

图 2-423

# 2.11　任务 10:栏杆扶手

栏杆在中国古代称为阑干,也称勾阑,是桥梁和建筑上的安全设施。栏杆在使用中起分隔和导向的作用,使被分隔区域的边界明确清晰,此外栏杆还具装饰意义。

扶手指的是用来保持身体平衡或支撑身体的横木或把手。

## 2.11.1　学习任务

在 Revit 2016 软件中,可以将栏杆扶手作为独立构件添加到楼层,并将栏杆扶手附着到主体(楼板、楼梯和坡道)。创建楼梯和坡道时,软件可自动创建栏杆扶手,也可在现有楼梯或坡道上放置栏杆扶手和绘制自定义栏杆扶手路径。

单击"建筑"选项卡下"楼梯坡道"面板上"栏杆扶手"工具下的"绘制路径"工具,如图 2-424 所示。

在"属性"选项板中,可选择需要创建的栏杆类型,如图 2-425 所示。

图 2-424　　　　　　　　　　　　　　　　　图 2-425

单击"属性"选项板中的"编辑类型",在弹出的"类型属性"对话框中,点击"复制"对栏杆类型重新命名。编辑栏杆扶手的结构,如名称、高度、偏移、轮廓、材质等,编辑完成后点击"确定",如图 2-426 所示。

(a)　　　　　　　　　　　　　　　　　(b)

图 2-426

### 2.11.2　实施任务

**1. 创建平台坡道栏杆**

由"别墅"项目"一层平面图"可知,G 轴外墙上侧 2 轴和 4 轴之间的平台及坡道需创建栏杆(图纸上标注护栏)。由"别墅"项目"二层平面图"和"三层平面图"可知,室外阳台处需创建栏杆(图纸上标注护栏)。此外,在三层楼梯间楼板边缘处需创建栏杆,如图 2-427 所示。

创建
栏杆扶手

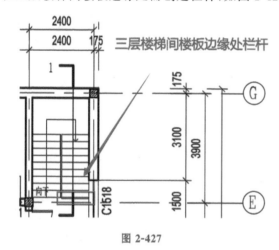

图 2-427

由"别墅"项目"7—1 轴立面图"可知,G 轴外墙上侧 2 轴和 4 轴之间的平台及坡道栏杆样式如图 2-428(a)所示,软件中可选择"900mm 圆管"栏杆类型。由"别墅"项目"1—7 轴立面图"可知,室外阳台处栏杆样式如图 2-428(b)所示,软件中可选择"900mm"栏杆类型。由"别墅"项目"1—1 楼梯剖面图"可知,三层楼梯间楼板边缘处栏杆可选择"900mm 圆管"栏杆类型。

在"项目浏览器"中双击平面视图中的楼层平面,切换到"F1-0.00"平面视图。

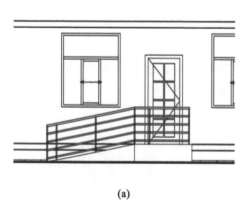

(a)　　　　　　　　　　　　　(b)

图 2-428

单击"建筑"选项卡下"楼梯坡道"面板上"栏杆扶手"工具下的"绘制路径"工具,如图 2-429 所示。

软件进入"修改|创建栏杆扶手路径"界面。创建平台坡道栏杆。在"属性"选项板中单击"编辑类型",进入"类型属性"对话框,确定"类型属性"对话框中族为"系统族:栏杆扶手",类型选择为"900mm 圆管"。单击"复制",在"名称"对话框中输入"平台坡道栏杆"后单击"确定"按钮,返回"类型属性"对话框,如图 2-430 所示。

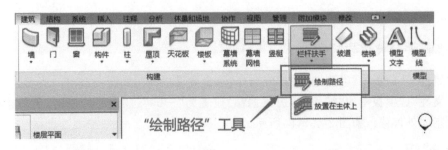

图 2-429

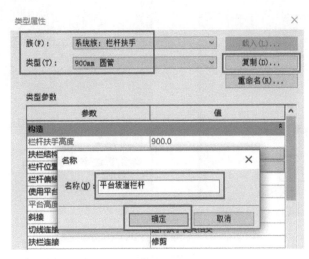

图 2-430

## 2. 创建阳台栏杆

在"类型属性"对话框中确定族为"系统族：栏杆扶手"，类型修改为"900mm"。单击"复制"，在"名称"对话框中输入"阳台栏杆"后单击"确定"按钮，返回"类型属性"对话框，如图 2-431 所示。

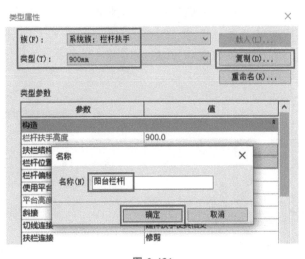

图 2-431

单击"类型属性"对话框中"确定"按钮。

### 3. 绘制平台坡道栏杆

在"属性"选项板的"类型选择器"中选择"平台坡道栏杆",如图 2-432(a)所示。

将"属性"选项板中的"踏板/梯边梁偏移"设置为"－50"(顺时针绘制时,负值指向内偏移,正值指向外偏移),如图 2-432(b)所示。

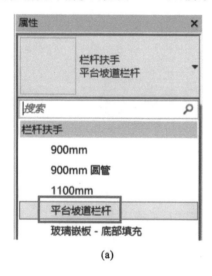
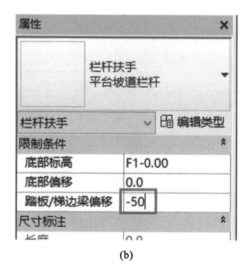

(a)          (b)

图 2-432

勾选选项栏中"链"前的"√",确保可连续绘制栏杆,如图 2-433 所示。

图 2-433

将鼠标移动至 G 轴外墙上侧 2 轴和 4 轴之间的平台轮廓左下角,单击鼠标左键,竖直向上移动鼠标至平台轮廓左上角时单击鼠标左键,水平向右移动鼠标至平台轮廓右上角时单击鼠标左键,继续水平向右移动鼠标至坡道轮廓右上角时单击鼠标左键,平台坡道栏杆路径即绘制完成,如图 2-434 所示。

单击"模式"面板上的"完成编辑模式"工具,如图 2-435 所示。

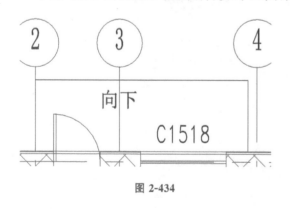

图 2-434

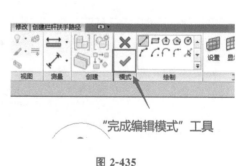

图 2-435

在"项目浏览器"中单击三维视图前的 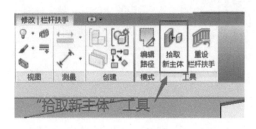，并双击"三维视图"下的"{三维}"，切换至三维视图查看结果，将视图调整至合适角度，如图 2-436 所示。

可以看出坡道位置栏杆位置需要调整。将鼠标移动至平台坡道栏杆，单击鼠标左键选择栏杆，选择"工具"面板上的"拾取新主体"工具，如图 2-437 所示。

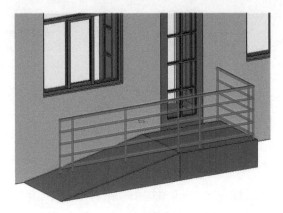

图 2-436

图 2-437

将鼠标移动至坡道处，单击鼠标左键选择坡道，将坡道栏杆拾取到坡道，如图 2-438 所示。可以看出平台坡道栏杆创建完成。

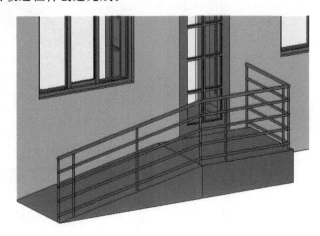

图 2-438

### 4. 绘制阳台栏杆

在"项目浏览器"中双击平面视图中的楼层平面，切换到"F2-3.00"平面视图。

单击"建筑"选项卡下"楼梯坡道"面板上"栏杆扶手"工具下的"绘制路径"工具。在"属性"选项板的"类型选择器"中选择"阳台栏杆"，将"属性"选项板中的"踏板/梯边梁偏移"设置为"-50.0"（负值指向内偏移，正值指向外偏移），如图 2-439 所示。

确定勾选选项栏中"链"前的"√"，依据图纸，沿着 7 轴外二层阳台外轮廓顺时针方向绘制阳台栏杆路径，如图 2-440 所示，按"Esc"键退出。

单击"模式"面板上的"完成编辑模式"工具，如图 2-441 所示。

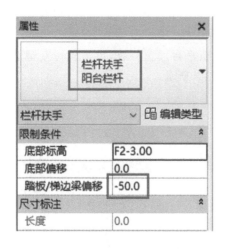

图 2-439

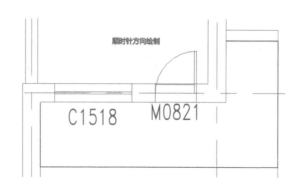

图 2-440

类似地,绘制二层 4 轴外墙阳台栏杆。在"项目浏览器"中单击三维视图前的 ⊞ ,并双击"三维视图"下的"{三维}",切换至三维视图查看结果,将视图调整至合适角度,如图 2-442 所示。

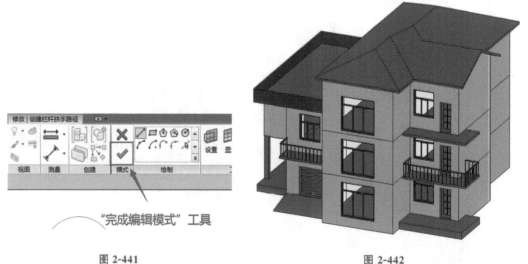

图 2-441

图 2-442

创建三层阳台栏杆。由"别墅"项目三层平面图可知,三层 5 轴外墙东侧阳台栏杆与二层相同,故可以用复制命令完成三层 5 轴外墙东侧阳台栏杆的创建。

将鼠标移动至二层 5 轴外墙东侧阳台栏杆单击鼠标左键,选择此处阳台栏杆,此时软件自动切换至"修改|栏杆扶手"上下文选项卡。单击"剪贴板"面板中的"复制"工具或按"Ctrl"键和"C"键,将所选栏杆复制至剪贴板中,如图 2-443 所示。

单击"粘贴"工具下拉列表,在下拉列表中选择"与选定的标高对齐"选项,弹出"选择标高"对话框,该对话框将列出当前项目中所有已创建的标高。在列表中选择"F3-6.00",单击"确定"将所选二层 5 轴外墙东侧阳台栏杆复制至三层,如图 2-444 所示。

此时,"别墅"项目所有栏杆创建完成,如图 2-445 所示。

选择二层5轴外墙东侧阳台栏杆

图 2-443

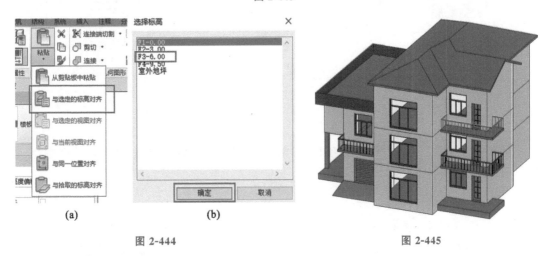

(a)　　　　(b)

图 2-444　　　　　　　　　　图 2-445

### 5. 绘制三层楼梯间楼板边缘栏杆

在"项目浏览器"中双击平面视图中的楼层平面,切换到"F3-6.00"平面视图。

单击"建筑"选项卡下"楼梯坡道"面板上"栏杆扶手"工具下的"绘制路径"工具,如图 2-446 所示。

软件进入"修改|创建栏杆扶手路径"界面,在"属性"选项板的"类型选择器"中选择"900mm 圆管",将"属性"选项板中的"踏板/梯边梁偏移"修改为"0",如图 2-447 所示。

将鼠标移动至三层楼梯栏杆端部外侧单击鼠标左键,水平向右移动鼠标至 6 轴外墙内侧边缘,如图 2-448 所示。

单击"模式"面板上的"完成编辑模式"工具,如图 2-449 所示。

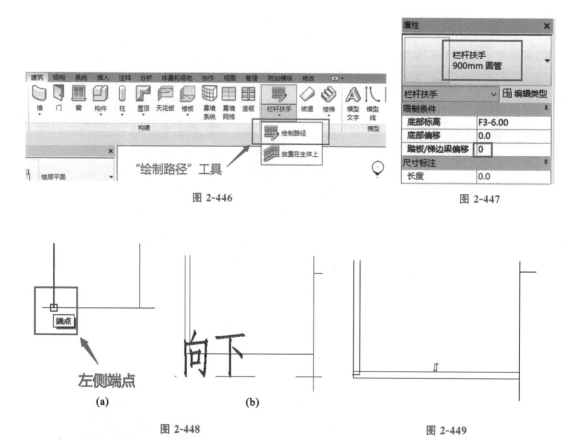

"绘制路径"工具

图 2-446

图 2-447

左侧端点

(a)　　　　　　(b)

图 2-448　　　　　　　　　　　　　图 2-449

三层楼梯间楼板边缘栏杆创建完成。

## 2.11.3　拓展任务

编辑栏杆位置。单击"属性"选项板中"编辑类型",在弹出的"类型属性"对话框中,点击"栏杆位置"的"编辑...",如图 2-450 所示。

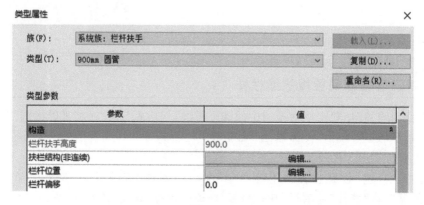

图 2-450

首先修改主样式,选择已有栏杆进行复制。选择"嵌板-玻璃:800mm"栏杆族,设置栏杆族的底部约束为"扶栏 2"、顶部约束为"扶栏 1-900",设置相对前一栏杆的距离为 400,其余栏杆设置如图 2-451 所示。（注：这是中心到中心的距离。另外，"填充图"一栏中，"相对前一栏杆的距离"指的是以图中序号 1 为一个组，每组之间的距离）

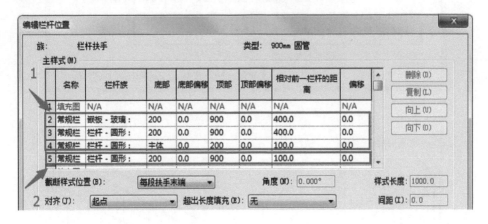

图 2-451

选择"对齐"为"起点"，"对齐"指的是栏杆从哪一个位置开始展开，如图 2-452 所示。

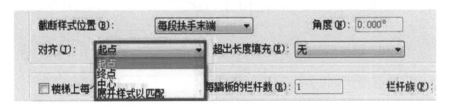

图 2-452

选择"超出长度填充"为"无"，如图 2-453 所示。

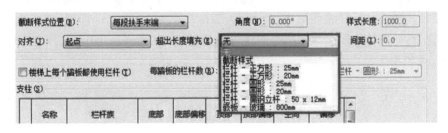

图 2-453

如果楼梯每一个踏板都需要使用栏杆，那么可以勾选"楼梯上每个踏板都使用栏杆（T）"，可以设置每个踏板的栏杆数以及栏杆族，如图 2-454 所示。

图 2-454

可以编辑起点、转角和终点支柱的栏杆族，以及其底部与顶部的约束条件等，如图 2-455 所示。

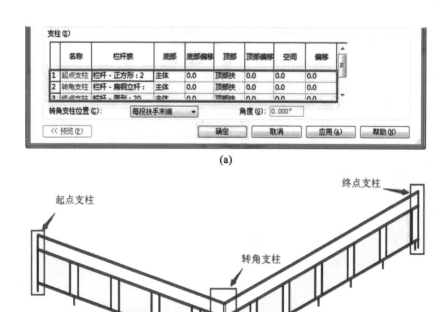

(a)

图 2-455

## 2.11.4 真题任务

以"第七期全国 BIM 等级考试一级试题"第二题为例,题目要求:请根据下图创建楼梯与扶手,楼梯构造与扶手样式如图 2-456 所示,顶部扶手为直径 4mm 圆管,其余扶栏为直径 30mm 圆管,栏杆扶手的标注均为中心间距。请将模型以"楼梯扶手"为文件名保存到考生文件夹中。(20 分)

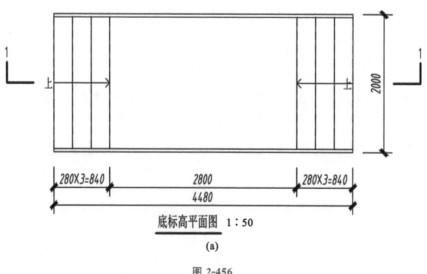

底标高平面图 1:50

(a)

图 2-456

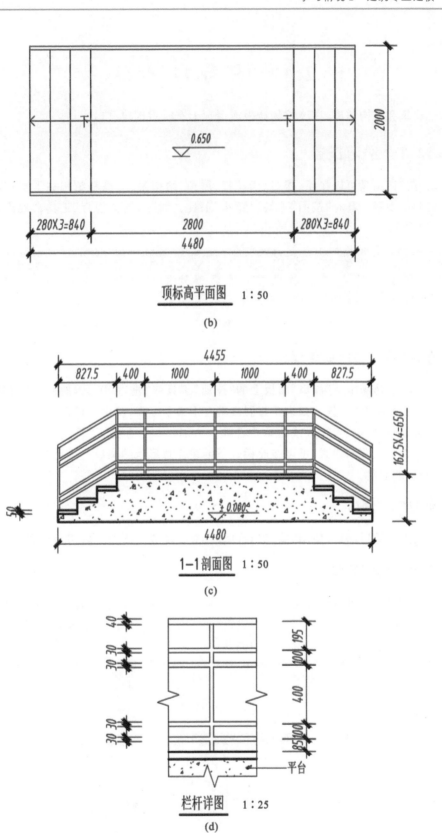

顶标高平面图　1:50

(b)

1—1剖面图　1:50

(c)

栏杆详图　1:25

(d)

续图 2-456

# 2.12 任务 11：洞口

由于建筑和结构需要，在建筑物楼板或屋顶上有时需创建洞口。

## 2.12.1 学习任务

使用"洞口"工具可以在墙、楼板、天花板、屋顶、结构梁、支撑和结构柱上剪切洞口。比较常见的洞口创建工具有"按面"工具、"竖井"工具、"墙"工具、"垂直"工具、"老虎窗"工具，如图 2-457 所示。

图 2-457

### 1. 创建"按面"或"垂直"洞口

单击"建筑"选项卡下"洞口"面板上的"按面"工具或"垂直"工具，如果希望洞口垂直于所选的面，使用"按面"工具。如果希望洞口垂直于某个标高，使用"垂直"工具。如果选择了"按面"工具，则在楼板、天花板或屋顶中选择一个面。如果选择了"垂直"工具，则选择整个图元，Revit 将进入草图模式，可以在此模式下创建任意形状的洞口。最后单击"完成编辑模式"完成洞口的创建。

### 2. 创建"墙"洞口

在墙上剪切矩形洞口，使用"墙"工具可以在直线墙或曲线墙上剪切矩形洞口。

### 3. 创建"竖井"洞口

使用"竖井"工具可以放置跨越整个建筑高度（或者跨越选定标高）的洞口，洞口可同时贯穿屋顶、楼板或天花板的表面。单击"建筑"选项卡下"洞口"面板上的"竖井"工具，通过绘制线或拾取墙来绘制竖井洞口，如图 2-458 所示。

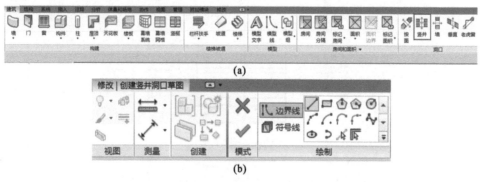

(a)

(b)

图 2-458

通常在"属性"选项板上进行洞口高度调整，即修改"属性"选项板上的"底部限制条件""底部偏移""顶部约束"和"顶部偏移"等，如图 2-459 所示。其中，"底部限制条件"指竖井起点（底部）的标高，"顶部约束"指竖井终点（顶部）的标高。

图 2-459

## 2.12.2　实施任务

创建洞口

由"别墅"项目"一层平面图""二层平面图"和"三层平面图"可知楼梯间二层至三层楼板需开设洞口，洞口位于 5 轴、6 轴以及 G 轴和 E 轴所围区域之间。

在"项目浏览器"中双击平面视图中的楼层平面，切换到"F1-0.00"平面视图。

单击"建筑"选项卡下"洞口"面板上的"竖井"工具，如图 2-460 所示。

此时软件进入创建竖井洞口草图编辑模式，通过绘制"边界线"里的线来绘制竖井洞口，选择"绘制"面板上的"矩形"工具绘制楼板轮廓，如图 2-461 所示。

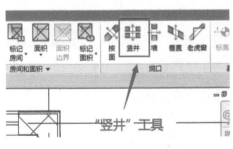

图 2-460

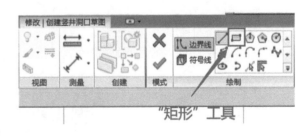

图 2-461

在"属性"选项板里确定"底部限制条件"为"F1-0.00"，修改"底部偏移"为"0.0"，修改"顶部约束"为"直到标高：F3-6.00"，确定"顶部偏移"为"0.0"，如图 2-462 所示。

将鼠标移动至 G 轴外墙内边界线与 5 轴内墙右边界线交点处单击鼠标左键，向右下方移动鼠标至楼梯右侧梯段最下方踢面与 6 轴外墙内边界线交点处单击鼠标左键，完成竖井洞口边界线的绘制，单击"模式"面板上的"完成编辑模式"工具，如图 2-463 所示。

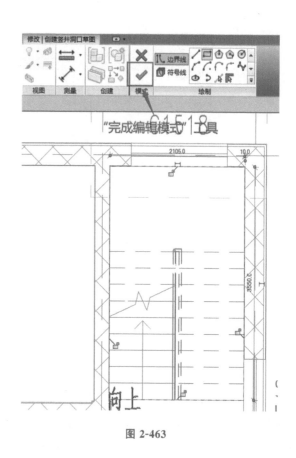

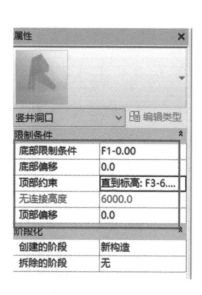

图 2-462

图 2-463

竖井洞口创建完成。在"项目浏览器"中单击三维视图前的 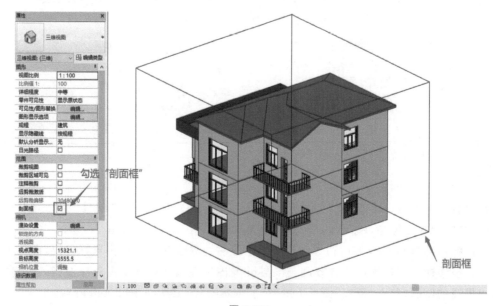，并双击"三维视图"下的"{三维}"，切换至三维视图查看。按"Esc"键退出当前命令。勾选"属性"选项板的"剖面框"命令，如图 2-464 所示。

图 2-464

移动鼠标至绘图区域剖面框的线框上，点击线框激活剖面框的编辑，移动剖面框控制柄使剖面框处于合适位置，如图 2-465 所示。

可以看出，二层、三层楼板洞口创建完成。按"Esc"键退出当前命令，取消勾选"属性"选项板的"剖面框"命令，退出"剖面框"工具，如图 2-466 所示。

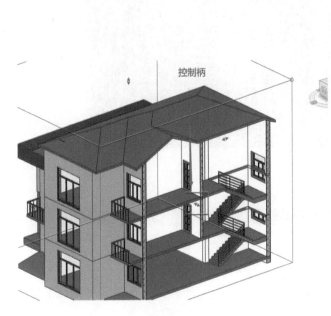

图 2-465

图 2-466

## 2.12.3　拓展任务

老虎窗，又称老虎天窗，指一种开在屋顶上的天窗，也就是在斜屋面上凸出的窗，用作房屋顶部的采光和通风，如图 2-467 所示。

在 Revit 2016 软件中，在屋顶上创建老虎窗洞口，即在添加老虎窗后，为其剪切一个穿过屋顶的洞口。

首先需要创建构成老虎窗的墙和屋顶图元，使用"修改"选项卡下"几何图形"面板上的"连接屋顶"工具将老虎窗屋顶连接到主屋顶，如图 2-468 所示，这里需注意，此处屋顶连接不可使用"连接几何图形"屋顶工具，否则在创建老虎窗洞口时会遇到错误。

打开一个可在其中看到老虎窗屋顶及附着墙的平面视图或立面视图。如果此屋顶已拉伸，则可打开立面视图。

单击"建筑"选项卡下"洞口"面板上的"老虎窗"洞口工具，如图 2-469 所示。

将鼠标移动至屋顶直至其高亮显示然后单击选择屋顶，此时"拾取屋顶/墙边缘"工具处于激活状态，可以拾取构成老虎窗洞口的边界。有效边界包括连接的屋顶或其底面、墙的侧面、楼板的底面、要剪切的屋顶边缘或要剪切的屋顶面上的模型线。绘制完成后单击"完成编辑模式"工具即可。

图 2-467

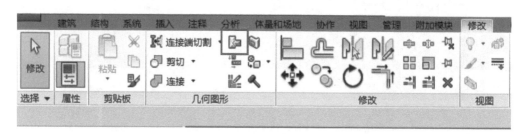

图 2-468

图 2-469

## 2.12.4　真题任务

以"建筑信息模型(BIM)职业技能等级考试初级样题"第二题为例,题目要求:建立如图屋顶模型,并对平面及东立面做如图 2-470 标注,以"老虎窗屋顶"命名保存在考生文件夹中。屋顶类型为常规-125mm,墙体类型为基本墙-常规 200mm,老虎窗墙外边线齐小屋顶际线,窗户类型为固定-0915 类型,其他见标注。(20 分)

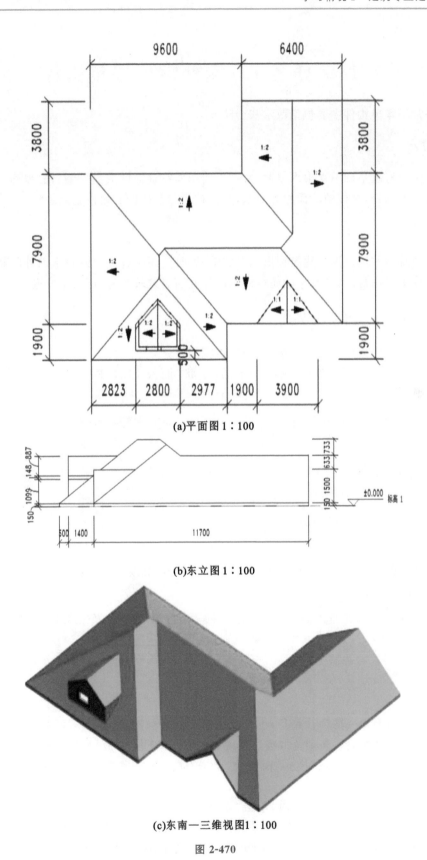

(a)平面图 1∶100

(b)东立图 1∶100

(c)东南—三维视图 1∶100

图 2-470

# 2.13 任务 12：室外常用零星构件

室外常用零星构件主要包括散水和台阶。

**1. 散水**

为了保护房屋基础不受雨水侵蚀，常在外墙四周将地面做成向外倾斜的坡面，以便将屋面的雨水排至远处，这样的坡面称为散水，是保护房屋基础的有效措施之一。

**2. 台阶**

室外台阶与坡道是设在建筑物出入口的辅助配件，用来解决建筑物室内外的高差问题。一般建筑物多采用台阶，当有车辆通行或室内外底面高差较小时，可采用坡道。

## 2.13.1 学习任务

本节学习任务为创建实心或空心放样，步骤如下。

在"族编辑器"中的"创建"选项卡下的"形状"面板上，单击"放样"工具，如图 2-471 所示。

图 2-471

指定放样路径。若要为放样绘制新的路径，请单击"修改|放样"选项卡下"放样"面板上的"绘制路径"工具，如图 2-472 所示。

图 2-472

路径既可以是单一的闭合路径，也可以是单一的开放路径，路径不可有多条，但路径可以是直线和曲线的组合。若要为放样选择现有的线，可单击"修改|放样"选项卡下"放样"面板上的"拾取路径"工具。在"模式"面板上，单击"完成编辑模式"工具，放样路径即绘制完成，如图 2-473 所示。

载入或绘制轮廓。载入轮廓时，单击"修改|放样"选项卡下的"放样"面板，从"轮廓"列表中选择一个轮廓，如果所需的轮廓尚未载入项目中，可单击"修改|放样"选项卡下"放样"面板上的"载入轮廓"工具，以载入该轮廓，单击"应用"，如图 2-474 所示。

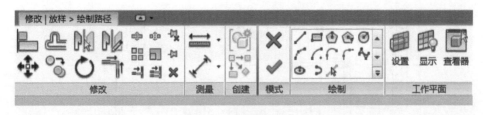

图 2-473

图 2-474

绘制轮廓时,单击"修改|放样"选项卡下的"放样"面板,确认"〈按草图〉"已经显示出来,然后单击"编辑轮廓"工具。如果显示"进入视图"对话框,则选择要从中绘制该轮廓的视图,然后单击"确定"。如果在平面视图中绘制路径,则应选择立面视图来绘制轮廓。绘制的轮廓草图可以是单个闭合环形,也可以是不相交的多个闭合环形。然后单击"修改|放样"选项卡下"模式"面板上的"完成编辑模式"工具完成轮廓的绘制,如图 2-475 所示。

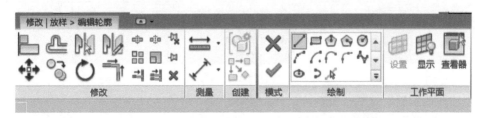

图 2-475

此外,在"属性"选项板上,可指定放样属性。若要设置实心放样的可见性,可在"图形"下,单击"可见性/图形替换"对应的"编辑",然后指定可见性。若要按类别将材质应用于实心放样,可在"材质和装饰"下单击"材质"字段,单击"〈按类别〉"后的 ,然后指定材质。若要将实心放样指定给子类别,可在"标识数据"下选择子类别作为"子类别"。最后在"模式"面板上,单击"完成编辑模式"工具,如图 2-476 所示。

## 2.13.2　实施任务

### 1. 台阶

由"别墅"项目"一层平面图"和"1—7轴立面图"可知 5 轴外墙东侧室外平台板台阶和 2 轴外墙西侧室外平台板台阶踏步宽度为"300mm",台阶踢面高度为"150mm",如图 2-477 所示。

图 2-476

创建台阶

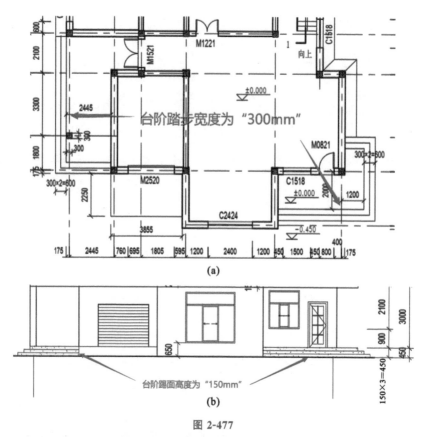

图 2-477

1）5 轴外墙东侧室外平台板台阶

在"项目浏览器"中双击平面视图中的楼层平面，切换到"F1-0.00"平面视图。

单击"建筑"选项卡下"构建"面板上"构件"工具下的"内建模型"，如图 2-478 所示。

弹出"族类别和族参数"对话框，向下滑动滚轮，选择"常规模型"并单击"确定"，如图 2-479 所示。

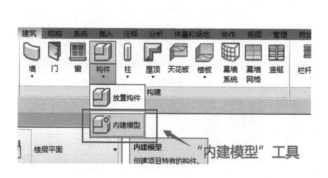

图 2-478

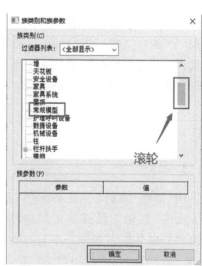

图 2-479

弹出"名称"对话框,在"名称"后输入"台阶",并单击"确定",如图 2-480 所示。

软件进入常规模型创建界面。单击"创建"选项卡下"形状"面板上的"放样"工具,如图 2-481 所示。

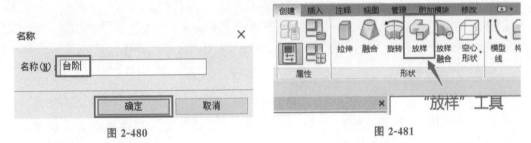

图 2-480　　　　　　　　　　　　　　图 2-481

绘制放样路径。软件进入"修改|放样"界面,单击"修改|放样"选项卡下"放样"面板上的"拾取路径"工具,如图 2-482 所示。

图 2-482

将鼠标移动至 5 轴外墙东侧室外平台板边缘单击鼠标左键,顺时针方向选择此处平台板的 3 条边,单击"模式"面板上的"完成编辑模式"工具,如图 2-483 所示。

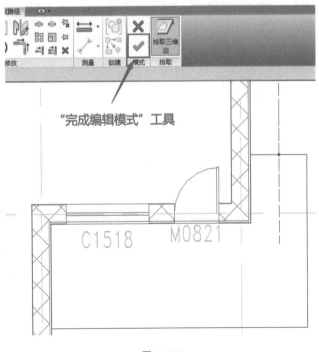

图 2-483

绘制放样轮廓。单击"修改|放样"选项卡下"放样"面板上的"编辑轮廓"工具,如图 2-484 所示。

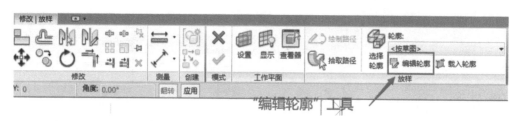

图 2-484

弹出"转到视图"对话框,选择"立面:东"并单击"打开视图",切换到东立面视图,如图 2-485 所示。

将鼠标移动至平台右下角单击鼠标左键,水平向右移动鼠标,在键盘上输入"600"并按"Enter"键确定,完成第一段台阶轮廓的绘制。继续竖直向上移动鼠标,在键盘上输入"150"并按"Enter"键确定,向左移动鼠标,在键盘上输入"300"并按"Enter"键确定,继续竖直向上移动鼠标,在键盘上输入"150"并按"Enter"键确定,向左移动鼠标,在键盘上输入"300"并按"Enter"键确定,竖直向下移动鼠标至轮廓封闭单击鼠标左键,完成台阶轮廓的绘制,如图 2-486 所示。

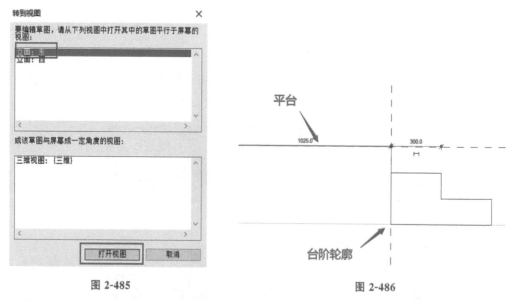

图 2-485

图 2-486

单击"模式"面板上的"完成编辑模式"工具退出"编辑轮廓"界面,如图 2-487 所示。

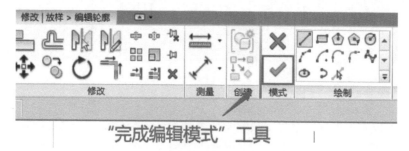

图 2-487

再次单击"模式"面板上的"完成编辑模式"工具退出"放样"界面,如图2-488所示。

图2-488

在"项目浏览器"中单击三维视图前的 ⊞,并双击"三维视图"下的"{三维}",切换至三维视图查看结果,将视图调整至合适角度,如图2-489所示。

2)2轴外墙西侧室外平台板台阶

在"项目浏览器"中双击平面视图中的楼层平面,切换到"F1-0.00"平面视图。

单击"创建"选项卡下"形状"面板上的"放样"工具,如图2-490所示。

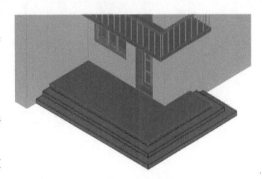

图2-489

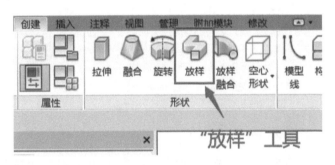

图2-490

绘制放样路径。软件进入"修改|放样"界面,单击"修改|放样"选项卡下"放样"面板上的"拾取路径"工具,如图2-491所示。

图2-491

将鼠标移动至2轴外墙西侧室外平台板边缘单击鼠标左键,顺时针方向选择此处平台板的2条边,单击"模式"面板上的"完成编辑模式"工具,如图2-492所示。

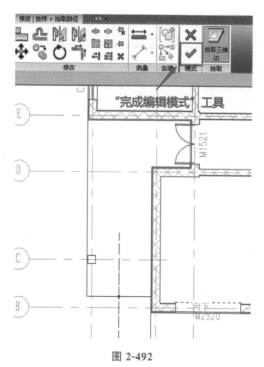

图 2-492

绘制放样轮廓。单击"修改|放样"选项卡下"放样"面板上的"编辑轮廓"工具,如图 2-493 所示。

图 2-493

弹出"转到视图"对话框,选择"立面:西"并单击"打开视图",切换到西立面视图,如图 2-494 所示。

将鼠标移动至平台右下角单击鼠标左键,水平向右移动鼠标,在键盘上输入"600"并按"Enter"键确定,完成第一段台阶轮廓的绘制。继续竖直向上移动鼠标,在键盘上输入"150"并按"Enter"键确定,向左移动鼠标,在键盘上输入"300"并按"Enter"键确定,继续竖直向上移动鼠标,在键盘上输入"150"并按"Enter"键确定,向左移动鼠标,在键盘上输入"300"并按"Enter"键确定,竖直向下移动鼠标至轮廓封闭单击鼠标左键,完成台阶轮廓的绘制,如图 2-495 所示。

单击"模式"面板上的"完成编辑模式"工具退出"编辑轮廓"界面,如图 2-496 所示。

再次单击"模式"面板上的"完成编辑模式"工具退出"放样"界面,如图 2-497 所示。

在"项目浏览器"中单击三维视图前的 ⊞ ,并双击"三维视图"下的"{三维}",切换至三维视图查看结果,将视图调整至合适角度,如图 2-498 所示。

此时,"别墅"项目所有台阶的创建完成,单击"修改"选项卡下"在位编辑器"面板上的"完成模型"工具,退出"族:常规模型"创建界面,如图 2-499 所示。

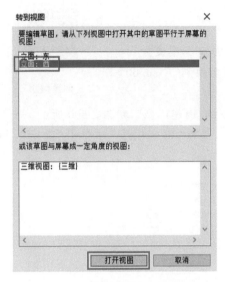

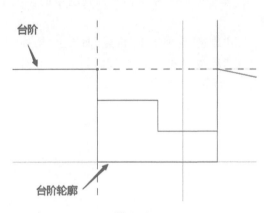

台阶

台阶轮廓

图 2-494　　　　　　　　　　图 2-495

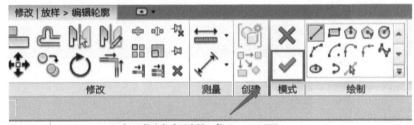

"完成编辑模式" 工具

图 2-496

"完成编辑模式" 工具

图 2-497

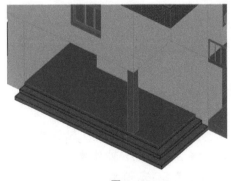

"完成模型" 工具

图 2-498　　　　　　　　　　图 2-499

### 2. 散水

创建散水

由"别墅"项目主要建筑构件参数可知：散水宽度为 600，厚度为 50。

在"项目浏览器"中双击平面视图中的楼层平面，切换到"F1-0.00"平面视图。

单击"建筑"选项卡下"构建"面板上"构件"工具下的"内建模型"，如图 2-500 所示。

弹出"族类别和族参数"对话框，向下滑动滚轮，选择"常规模型"并单击"确定"，如图 2-501 所示。

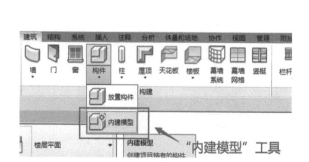

图 2-500　　　　　　　　　　　　　　　图 2-501

弹出"名称"对话框，在"名称"后输入"散水"，并单击"确定"，如图 2-502 所示。

1）西侧散水

软件进入常规模型创建界面。单击"创建"选项卡下"形状"面板上的"放样"工具，如图 2-503 所示。

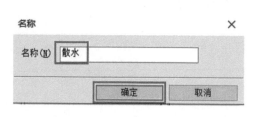

图 2-502

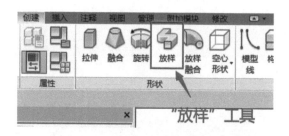

图 2-503

绘制放样路径。软件进入"修改|放样"界面，单击"修改|放样"选项卡下"放样"面板上的"绘制路径"工具，如图 2-504 所示。

将鼠标移动至 1 轴外墙外边界线单击鼠标左键，竖直向上移动鼠标至 1 轴外墙外边界线与 G 轴外墙外边界线交点处单击鼠标左键，水平向右移动鼠标至 5 轴外墙东侧室外平台板左侧边缘，单击"模式"面板上的"完成编辑模式"工具，如图 2-505 所示。

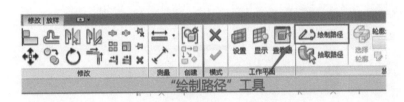

"绘制路径"工具

图 2-504

绘制放样轮廓。单击"修改|放样"选项卡下"放样"面板上的"编辑轮廓"工具，如图 2-506 所示。

弹出"转到视图"对话框，选择"立面：北"并单击"打开视图"，切换到北立面视图，如图 2-507 所示。

将鼠标移动至平台右下角单击鼠标左键，水平向右移动鼠标，在键盘上输入"600"并按"Enter"键确定，完成第一段散水轮廓的绘制。按"Esc"键退出，再次将鼠标移动至平台右下角单击鼠标左键，竖直向上移动鼠标，在键盘上输入"50"并按"Enter"键确定，向右下方移动鼠标至轮廓封闭单击鼠标左键，完成台阶轮廓的绘制，如图 2-508 所示。

单击"模式"面板上的"完成编辑模式"工具退出"编辑轮廓"界面，如图 2-509 所示。

再次单击"模式"面板上的"完成编辑模式"工具退出"放样"界面，如图 2-510 所示。

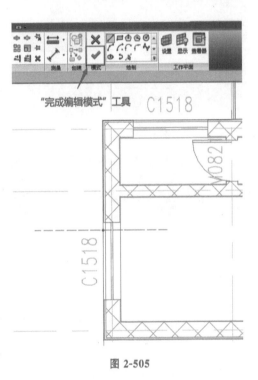

图 2-505

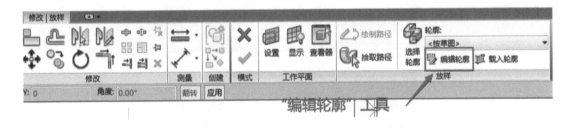

"编辑轮廓"工具

图 2-506

在"项目浏览器"中单击三维视图前的 ⊞ ，并双击"三维视图"下的"{三维}"，切换至三维视图查看结果，将视图调整至合适角度，如图 2-511 所示。

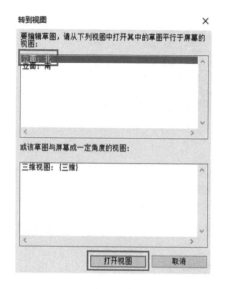
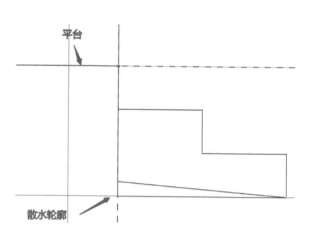

图 2-507　　　　　　　　　　图 2-508

"完成编辑模式"工具

图 2-509

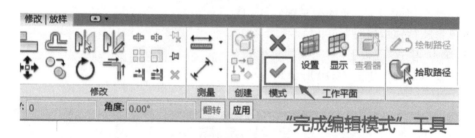

"完成编辑模式"工具

图 2-510

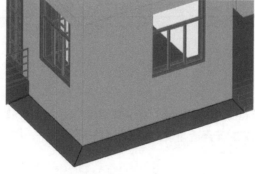

图 2-511

224

2)东侧散水

继续创建东侧散水。单击"创建"选项卡下"形状"面板上的"放样"工具，如图 2-512 所示。

绘制放样路径。进入"修改|放样"界面，单击"修改|放样"选项卡下"放样"面板上的"绘制路径"工具，如图 2-513 所示。

将鼠标移动至坡道轮廓右下角时单击鼠标左键，水平向右移动鼠标至 G 轴外墙外边界线

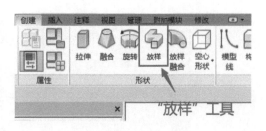

图 2-512

与 6 轴外墙外边界线交点处单击鼠标左键，竖直向下移动鼠标至 6 轴外墙外边界线与 D 轴外墙外边界线交点处单击鼠标左键，水平向右移动鼠标至 D 轴外墙外边界线与 7 轴外墙外边界线交点处单击鼠标左键，竖直向下移动鼠标，在键盘上输入"＝175＋3300"(此处"175"为 0.5×外墙厚度 350)并按"Enter"键确定，单击"模式"面板上的"完成编辑模式"工具，如图 2-514 所示。

图 2-513

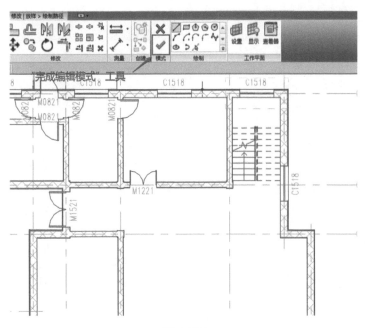

图 2-514

绘制放样轮廓。单击"修改|放样"选项卡下"放样"面板上的"编辑轮廓"工具，如图 2-515 所示。

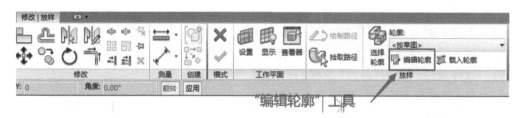

图 2-515

弹出"转到视图"对话框,选择"立面:东"并单击"打开视图",切换到东立面视图,如图 2-516 所示。

将鼠标移动至坡道左下角单击鼠标左键,水平向右移动鼠标,在键盘上输入"600"并按"Enter"键确定,完成第一段散水轮廓的绘制。按"Esc"键退出,再次将鼠标移动至坡道左下角单击鼠标左键,竖直向上移动鼠标,在键盘上输入"50"并按"Enter"键确定,向右下方移动鼠标至轮廓封闭单击鼠标左键,完成台阶轮廓的绘制,如图 2-517 所示。

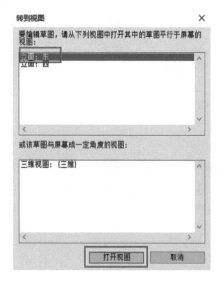

图 2-516

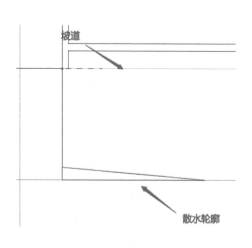

图 2-517

单击"模式"面板上的"完成编辑模式"工具退出"编辑轮廓"界面,如图 2-518 所示。

图 2-518

再次单击"模式"面板上的"完成编辑模式"工具退出"放样"界面,如图 2-519 所示。

图 2-519

在"项目浏览器"中单击三维视图前的 ⊞，并双击"三维视图"下的"{三维}"，切换至三维视图查看结果，将视图调整至合适角度，如图 2-520 所示。

此时，"别墅"项目所有散水均创建完成，单击"修改"选项卡下"在位编辑器"面板上的"完成模型"工具，退出"族：常规模型"创建界面，如图 2-521 所示。

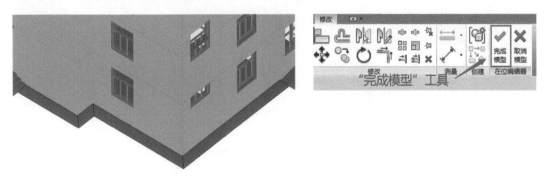

图 2-520　　　　　　　　　　　　　　　　　　图 2-521

### 2.13.3　拓展任务

在"族编辑器"中"创建"选项卡下的"形状"面板上，单击"拉伸"工具，如图 2-522 所示。

图 2-522

如有必要，可在绘制拉伸之前设置工作平面，即单击"创建"选项卡下"工作平面"面板上的"设置"工具。接着使用绘制工具绘制拉伸轮廓：要创建单个实心形状，可绘制一个闭合环；若要创建多个形状，可绘制多个不相交的闭合环，如图 2-523 所示。

图 2-523

在"属性"选项板上,可指定拉伸属性:要从默认"拉伸起点"为"0.0"拉伸轮廓,可在"属性"选项板上"限制条件"下的"拉伸终点"中输入一个正/负拉伸深度,此值将更改拉伸的终点。创建拉伸之后,将不再保留拉伸深度。如果需要生成具有同一终点的多个拉伸,可绘制拉伸图形,然后选择它们,再应用该终点。若从不同的起点拉伸,可在"限制条件"下输入新值作为"拉伸起点"。设置实心拉伸的可见性,可在"图形"下单击"可见性/图形替换"对应的"编辑",然后指定可见性。按类别将材质应用于实心拉伸,可在"材质和装饰"下单击"材质"字段,单击 [...],然后指定材质,如图 2-524 所示。

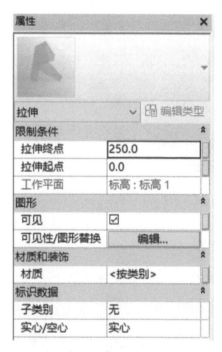

图 2-524

最后单击"修改|创建拉伸"选项卡下"模式"面板上的"完成编辑模式"工具,拉伸创建完成,并返回开始创建拉伸时的视图。

## 2.13.4 真题任务

以"第七期全国 BIM 等级考试一级试题"第二题为例,题目要求:根据给定尺寸,创建椅子模型,坐垫材质为"皮革",其余材质为"红木",请将模型以"椅子+考生姓名"保存至本题文件夹中,如图 2-525 所示。(20 分)

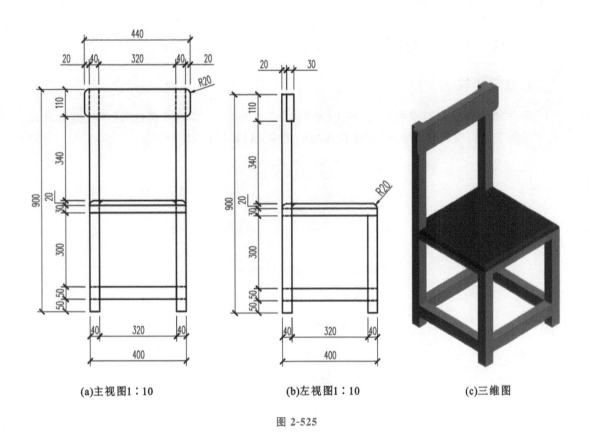

(a)主视图1:10　　　　(b)左视图1:10　　　　(c)三维图

图 2-525

# 2.14　任务 13:幕墙

## 2.14.1　学习任务

　　幕墙是建筑的外墙围护,通常不承重,就像幕布一样挂在结构上,故又称为"帷幕墙"。幕墙是现代大型建筑和高层建筑常用的带有装饰效果的轻质墙体。在 Revit 2016 中,幕墙由幕墙网格、竖梃和幕墙嵌板组成,如图 2-526 所示。幕墙是墙体的一种特殊类型,其绘制方法和常规墙体相同,并具有常规墙体的各种属性。幕墙默认有三种类型,分别为幕墙、外部玻璃、店面。

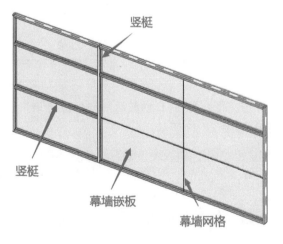

竖梃

竖梃

幕墙嵌板

幕墙网格

图 2-526

## 2.14.2 拓展任务

### 1. 幕墙绘制

单击"建筑"选项卡下"构建"面板上"墙"命令下的"墙：建筑"，在"属性"选项板类型浏览器中的最下方可以看到幕墙、外部玻璃、店面三种类型，如图 2-527 所示。

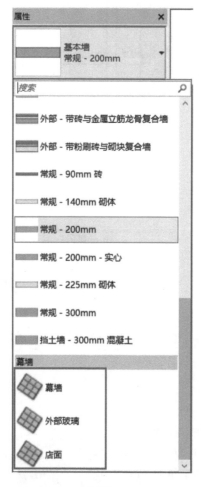

图 2-527

选择幕墙类型，自动激活"修改｜放置墙"上下文选项卡，出现与绘制普通墙一样的绘制面板，如图 2-528 所示。

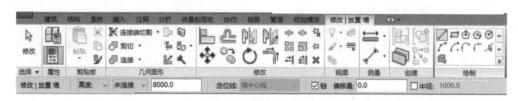

图 2-528

　　幕墙高度的设置方法与普通墙一样,可以在选项栏或"属性"选项板的限制条件中设置,在选项栏中设置墙高时,注意"高度"或"深度"的区别,通常选择"高度",默认在楼层平面上方绘制墙体,如图 2-529 所示。

图 2-529

图 2-530

## 2.幕墙图元属性编辑

　　选择已绘制好的幕墙,自动激活"修改|墙"上下文选项卡,在"属性"选项板的限制条件中可以设置幕墙的高度参数,如图 2-530 所示。

　　点击"属性"选项板上的"编辑类型"工具,弹出"类型属性"对话框,可在其中设置如"自动嵌入"等幕墙的类型参数,如图 2-531 所示。

　　幕墙网格样式分为垂直网格和水平网格,竖梃样式分为垂直竖梃和水平竖梃,可以设置网格的间距及竖梃类型,如图 2-532 所示。

(a)                                    (b)

图 2-531

图 2-532

### 2.14.3  真题任务

① 以下关于从业人员与职业道德关系的说法中,你认为正确的是(    )。

A. 每个从业人员都应该以德为先,做有职业道德之人

B. 只有每个人都遵守职业道德,职业道德才会起作用

C. 遵守职业道德与否,应该视具体情况而定

D. 知识和技能是第一位的,职业道德则是第二位的

② 作为一名 BIM 工程师,对待工作的态度应该是(    )。

A. 热爱本职工作　　　　　　　　B. 遵守规章制度

C. 注重个人修养　　　　　　　　D. 我行我素

E. 事不关己,高高挂起

③ 以"第一期全国 BIM 等级考试一级试题"第 3 题为例,题目要求:根据下图给定的北立面和东立面,创建玻璃幕墙及其水平竖梃模型。请将模型文件以"幕墙.rvt"为文件名保存到考生文件夹中,如图 2-533 所示。(20 分)

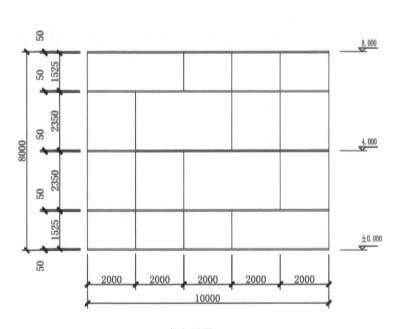

(a)北立面图1:100　　　　　　　　　　　　　(b)东立面图1:100

图 2-533

创建门窗明细表

创建一层平面图图纸

模型渲染

# 学习情境 3　标记、标注与注释

## 3.1　学 习 情 境

### 3.1.1　学习目标

熟悉 Revit 中标记、标注和注释的概念与种类。在实例中掌握单个标记的创建和批量创建标记的技巧以及"对齐标注""高程点标注"和"文字注释"的创建方法。

### 3.1.2　学习任务

| | 序号 | 任务描述 | 真题 |
|---|---|---|---|
| 学习任务 | 任务 1:标记 | 熟悉标记通常包含构件的类型名称或类型标记等信息;<br>熟悉标记在 Revit 中显示的规则;<br>掌握单个标记的创建和批量创建标记的技巧 | "1+X"建筑信息模型(BIM)职业技能等级考试——初级——实操试题 |
| | 任务 2:标注 | 熟悉标注的各个种类及其作用;<br>掌握"对齐标注"和"高程点标注"的创建技巧;<br>掌握"对齐标注"和"高程点标注"的修改技巧 | "1+X"建筑信息模型(BIM)职业技能等级考试——初级——实操试题 |
| | 任务 3:注释 | 熟悉注释是描述图纸或视图的文字;<br>熟悉注释的各个种类及其作用;<br>掌握"文字注释"的创建和修改技巧 | "1+X"建筑信息模型(BIM)职业技能等级考试——初级——实操试题 |

# 3.2　任务1:标记

## 3.2.1　学习任务

### 1.标记的概念

标记是与任一构件关联的一段文字,可以包含该构件的类型名称或者类型标记等信息。标记能够在视图中显示,起到方便阅图的作用。典型的标记如图3-1所示。

标记学习任务

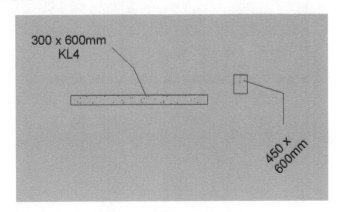

图 3-1

### 2.单个标记的创建

首先点击"注释"选项卡,再点击"按类别标记",再点击视图中的梁,点击梁之后,需要在附近再点击两次来确定标记的具体位置,如图3-2和图3-3所示。

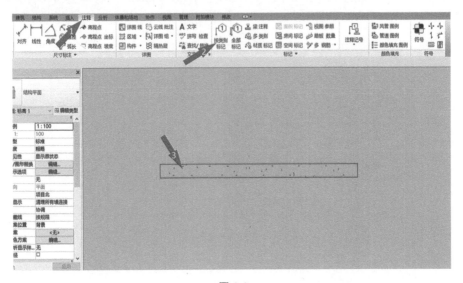

图 3-2

### 3. 批量标记的创建

首先点击"注释"选项卡,再点击"全部标记",在弹出的对话框中选择需要标记的构件类别,点击"确定",系统将自动标记视图中全部该类别构件,如图 3-4 和图 3-5 所示。

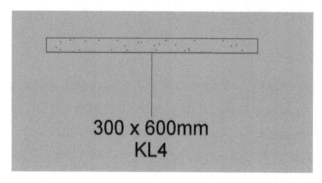

图 3-3

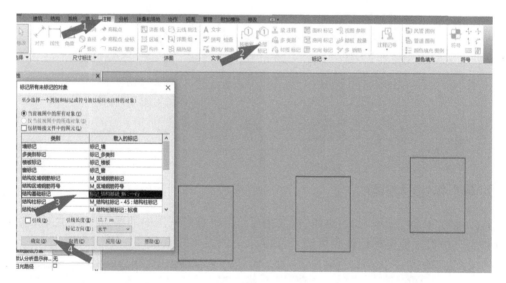

图 3-4

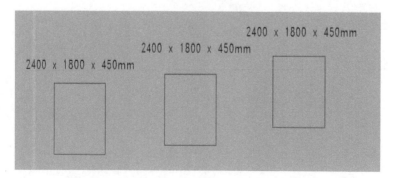

图 3-5

## 3.2.2　实施任务

标记实施任务

本节实施任务为多面窗添加标记,步骤如下。

首先绘制一面墙和多面窗,注意每个窗类型都要输入类型标记。然后点击"注释"选项卡,再点击"全部标记",在弹出的对话框中选择窗类别,点击"确定",系统将自动为视图中全部窗构件创建标记,标记内容是类型标记,如图 3-6 和图 3-7 所示。

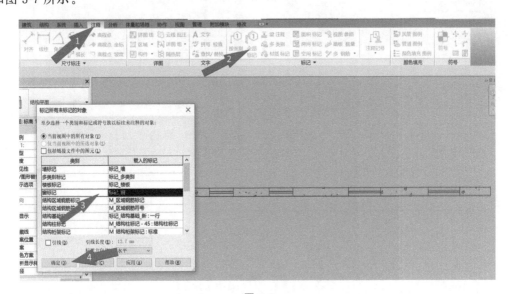

图 3-6

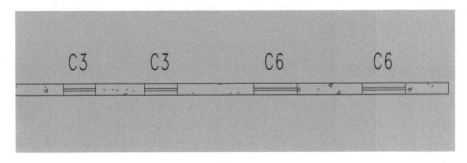

图 3-7

## 3.2.3　真题任务

标记真题任务

目前"1+X"初级考题中没有对构件进行标记的要求,但是图学会 BIM 一级考试有此要求,如图 3-8 所示。因此标记是比较重要的知识点和考点,请同学们对题目"别墅"一层平面图中的门窗进行标记。

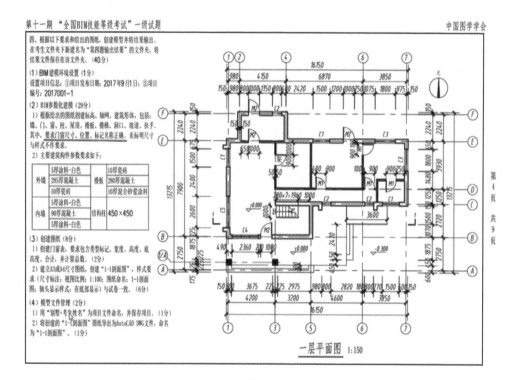

图 3-8

# 3.3 任务 2:标注

## 3.3.1 学习任务

### 1. 标注的概念和种类

标注学习任务

标注又称为尺寸标注,是对视图中的图元各个部分确切位置的标识。Revit 中的标注类型有 9 种,分别是:对齐标注,在平行参照之间的尺寸标注;线性标注,以水平或者垂直的方向在参照点之间进行尺寸标注;角度标注,对两个不平行的参照进行角度标注;径向标注,测量曲线或者圆角的半径;直径标注,测量圆弧或者圆的直径;弧长标注,测量弯曲图元的长度;高程点标注,显示选定点的高程;高程点坐标标注,显示任一点的坐标;高程点坡度标注,显示图元面或者边上任一点的坡度。其中相对常用的标注是对齐标注和高程点标注。

### 2. 对齐标注

(1)对齐标注的创建

首先点击"注释"选项卡,然后点击"对齐",再依次点击需要标注的互为平行的参照,最后用鼠标(光标)将标注移动到合适的位置并点击左键确定创建标注。操作步骤如图 3-9 所示。

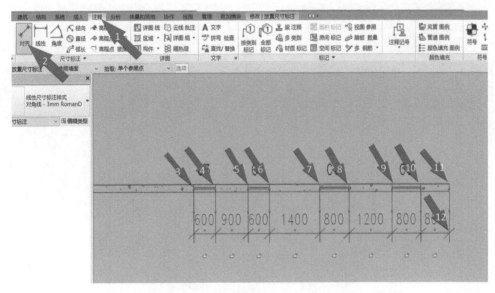

图 3-9

（2）对齐标注的修改

首先点击已创建的对齐标注，然后通过拖拽蓝色圆形控制点来调整标注边界线长度和标注值位置。操作步骤如图 3-10 所示。更具体的文字和图形设置可以点击属性栏的"编辑类型"来修改。

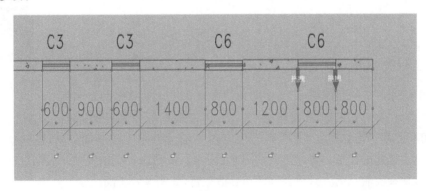

图 3-10

## 3.高程点标注

（1）高程点标注的创建

首先点击"注释"选项卡，然后点击"高程点"，再点击需要标注的构件，最后在合适的位置点击两次来确定创建标注。操作步骤如图 3-11 所示。

（2）高程点标注的修改

首先点击已创建的高程点标注，然后通过拖拽蓝色圆形控制点来调整标注引线的长度和位置和标注值的位置。操作步骤如图 3-12 所示。更具体的文字和图形设置可以点击属性栏的"编辑类型"来修改。

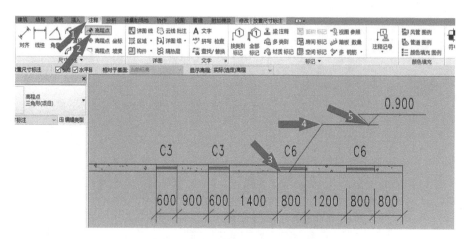

图 3-11

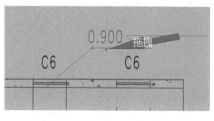

图 3-12

## 3.3.2 实施任务

### 1. 创建对齐标注

在如图 3-13 所示的剖面图中，为楼层和门窗具体尺寸创建竖向对齐标注。首先点击"注释"选项卡，然后点击"对齐"，再依次点击一层平面标高、一层门顶、一层窗底、一层窗顶、二层平面标高、二层门顶、二层窗底、二层窗顶和三层平面标高，最后在视图左侧单击，确定标注创建的位置。操作步骤如图 3-14、图 3-15 所示。创建完成之后如发现部分数值重叠，可通过拖拽控制点的方式将其移动至合适位置，如图 3-16 所示。

标注实施任务

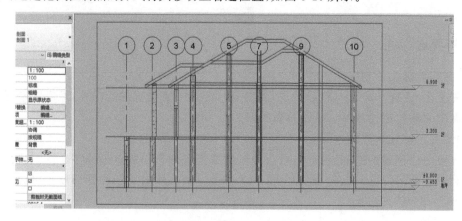

图 3-13

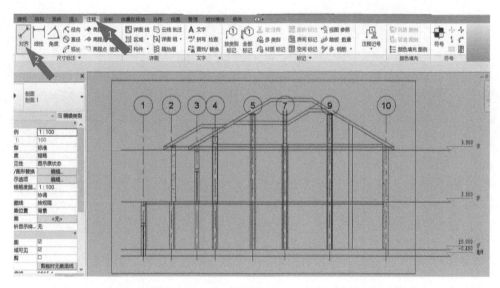

图 3-14

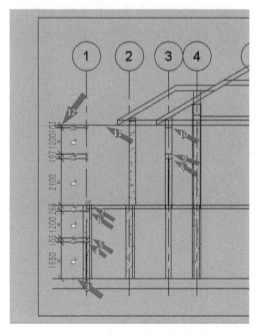

图 3-15

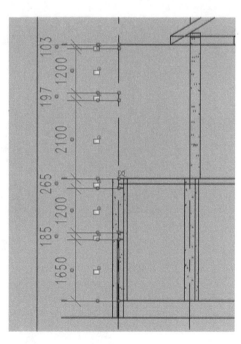

图 3-16

## 2. 创建高程点标注

在如图 3-17 所示的剖面图中,为楼梯平台创建高程点标注。首先点击"注释"选项卡,然后点击"高程点",再点击视图中的楼梯平台,最后在合适位置点击两次确定标注创建位置。操作步骤如图 3-18、图 3-19 所示。

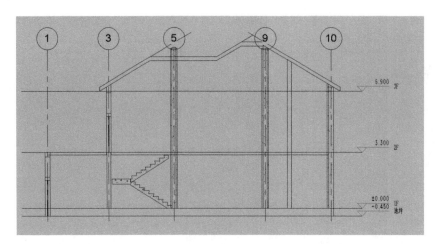

图 3-17

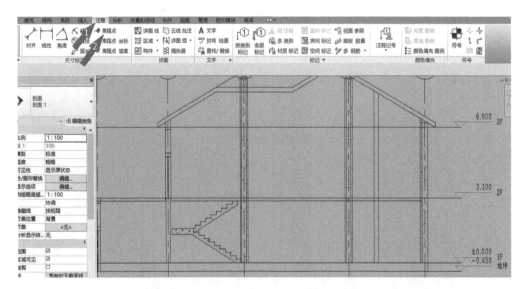

图 3-18

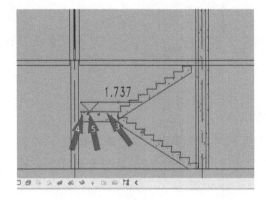

图 3-19

### 3.3.3　真题任务

目前"1＋X"初级考题没有对尺寸标注的要求,但是"1＋X"中级结构考题有此要求,如图 3-20 所示。因此尺寸标注是比较重要的知识点和考点,请同学们对题目"别墅"的一层平面图的轴网和窗进行对齐尺寸标注,对东立面图的楼梯平台进行高程点尺寸标注。

标注真题任务

2020年第三期"1+X"建筑信息模型(BIM)职业技能等级考试——中级(结构工程方向)——实操试题　　　　第10页,共16页

五、已知某办公楼项目基础类型为梁板基础(筏板+基础梁),根据以下图纸,创建结构模型、明细表及图纸,未注明尺寸可自行定义,创建名为"05"的文件夹,将本题完成模型及出图文件保存至此文件夹中(最终压缩上传为05.zip)。(40分)

(1)建立整体结构模型,1-4层为标准层,包括:垫层、基础、剪力墙、柱、梁、楼板。其中外围剪力墙、框架梁与柱外边缘齐,垫层、基础向外延伸100mm,构件名称、尺寸、混凝土标号、高度见下表。(25分)

| 构件(名称) | 尺寸(mm) | 混凝土标号 | 高度(m) |
|---|---|---|---|
| 垫层(垫层100) | 100 | C15 | -4.6 |
| 筏板(FB1) | 600 | C35 | -4.0 |
| 基础梁(JCL1) | 400×900 | C35 | -3.7 |
| 剪力墙(Q1) | 300 | C35 | -4.0 — 0.05 |
| 柱(Z1) | 800×800 | C30 | / |
| 柱(Z2) | 700×700 | C30 | / |
| 梁(KL1) | 300×600 | C30 | / |
| 板(LB1) | 120 | C30 | / |

(2)分类创建混凝土明细表,明细表应包含族、类型、材质、合计、体积等参数,如下图所示。(5分)

&lt;结构柱明细表&gt;

| A | B | C | D | E |
|---|---|---|---|---|
| 族 | 类型 | 结构材质 | 合计 | 体积 |
| 混凝土-矩形-柱 | Z1 | 混凝土,现场浇注-C35 | 46 | 113.03 m³ |
| 混凝土-矩形-柱 | Z2 | 混凝土,现场浇注-C30 | 196 | 378.57 m³ |
| 总计:242 | | | | 491.60 m³ |

(3)建立-4.000m平面图、-0.050m至19.000m各层结构平面图及1-1剖面图,根据给定的图纸进行尺寸标注、构件名称标注。(5分)

(4)将-4.000m平面图、-0.050m至19.000m各层结构平面图及1-1剖面图一起放置在图纸中,将混凝土明细表一起放置在图纸中(各图图纸比例为1:150)。(3分)

(5)将以上全部结果以"结构模型.rvt"为文件名保存到本题文件夹中,再将第(3)(4)题答案以"图纸.dwg"为文件名保存到本题文件夹(05文件夹)中。(2分)

图 3-20

# 3.4　任务3:注释

### 3.4.1　学习任务

**1.注释的概念和种类**

注释学习任务

注释是图纸或者视图中说明性的文字段落和图形(也叫常规注释)。最常用的注释是文字注释,文字注释是图纸必不可少的元素,图纸上不方便表示的信息都需要用文字注释来传达。比如可以附在楼层平面图,说明楼层面积,房间用途,不同房间和走廊的标高,电箱、给排水管的安装方法等。常规注释可以用作大样图图号的指示,如图 3-21 所示,栏板 1 做法可参见 J-12 号图中的第 2 个大样图。

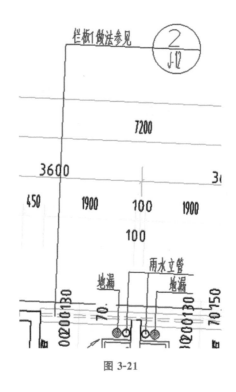

图 3-21

## 2. 文字注释

（1）文字注释的创建

首先点击"注释"选项卡，然后点击"文字"按钮，再在视图中框选一个范围作为注释的位置，接下来就可以输入注释的内容，最后点击注释外其他位置完成注释的创建。操作步骤如图 3-22、图 3-23 所示。

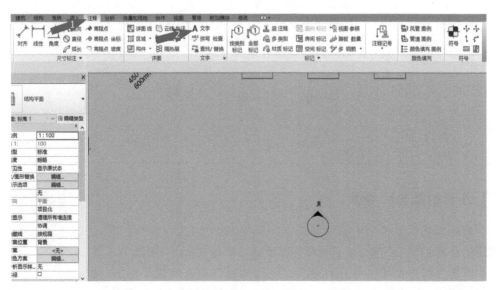

图 3-22

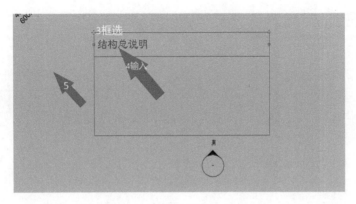

图 3-23

（2）文字注释的修改

首先选中已创建的文字注释，可以通过拖拽左右的蓝色圆形控制点来调整注释的宽度，如果调整后的宽度容纳不下所有内容，Revit 会自动换行，增加注释长度来保证所有内容得以展示，如图 3-24 所示；同时还可以通过拖拽左上角的移动控制点和右上角的旋转控制点来调整注释的位置和角度，如图 3-25、图 3-26 所示。更具体的设置可以通过属性栏的"编辑类型"进行修改。

图 3-24

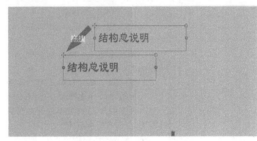

图 3-25

图 3-26

## 3.4.2　实施任务

本节实施任务为创建文字注释：墙体工程说明。具体操作步骤如下。

首先准备好墙体工程说明的内容，点击"注释"选项卡，然后点击"文字"按钮，再在视图空白处框选需要的范围，将文字内容粘贴到 Revit 中，最后点击注释外空白处完成创建。操作步骤如图 3-27、图 3-28 所示。

注释实施任务

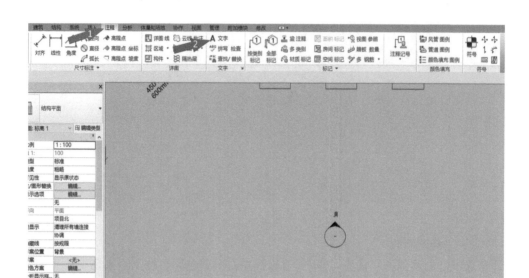

图 3-27

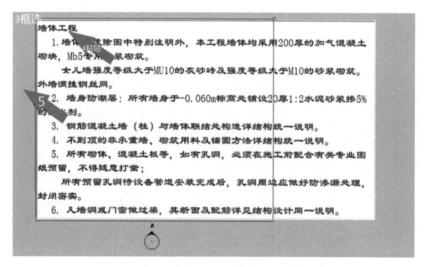

图 3-28

## 3.4.3　真题任务

职业道德的规范功能是指（　　）。

A. 岗位责任的总体规定效用　　　　　　　　B. 劝阻作用

C. 爱干什么就干什么　　　　　　　　　　　D. 自律作用

# 学习情境 4  BIM 成果输出

## 4.1  学 习 情 境

### 4.1.1  学习目标

熟悉 Revit 中明细表和图纸的概念。掌握门明细表的创建和窗明细表创建的技巧以及 A3 大小图纸创建和导出的步骤。

### 4.1.2  学习任务

| | 序号 | 任务描述 | 真题 |
|---|---|---|---|
| 学习任务 | 任务 1:明细表 | 熟悉明细表的种类;<br>熟悉常规明细表的外观;<br>掌握创建明细表的操作步骤;<br>掌握设置明细表的操作步骤 | "1+X"建筑信息模型(BIM)职业技能等级考试——初级——实操试题 |
| | 任务 2:图纸 | 熟悉图纸的大小以及各种类型;<br>掌握创建图纸的操作步骤;<br>掌握导出图纸设置的操作步骤 | "1+X"建筑信息模型(BIM)职业技能等级考试——初级——实操试题 |

## 4.2  任务 1:明细表

### 4.2.1  学习任务

**1.明细表的概念**

明细表是 Revit 中的统计工具,它能够将项目中所有构件、图纸、视图等内容的属性以图表的形式展现出来。Revit 提供了 6 个种类的明细表,分别是常规明细表、图形柱明细表、材质提取、图纸列表、注释块和视图列表。比较常用的是常规明细表,它能够统计项目中所有类别的构件的各种参数。典型的常规明细表有门明细表,如图 4-1 所示。

明细表学习任务

### <门明细表>

| A<br>类型标记 | B<br>高度 | C<br>宽度 | D<br>合计 |
|---|---|---|---|
| LMC1 | 2800 | 1400 | 18 |
| M1 | 2500 | 900 | 16 |
| M2 | 2100 | 700 | 18 |
| M3 | 2700 | 2100 | 1 |
| 总计: 53 | | | |

图 4-1

### 2. 常规明细表的创建

首先点击"视图"选项卡,再点击"明细表"按钮,在弹出的下拉栏中选择"明细表/数量",在弹出的"新建明细表"对话框中选择需要的构件类别,例如门,点击"确定"。在弹出的"明细表属性"对话框中逐一选择需要的字段(构件的参数)并点击"添加"按钮,例如:类型标记、宽度、高度、合计。最后点击"确定",完成门明细表的创建。操作步骤如图 4-2～图 4-5 所示。

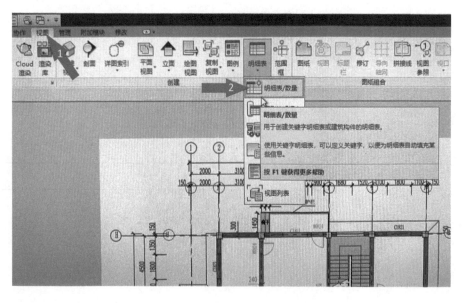

图 4-2

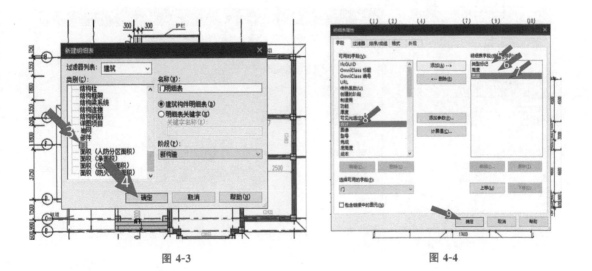

图 4-3　　　　　　　　　　　　　　　　　　　图 4-4

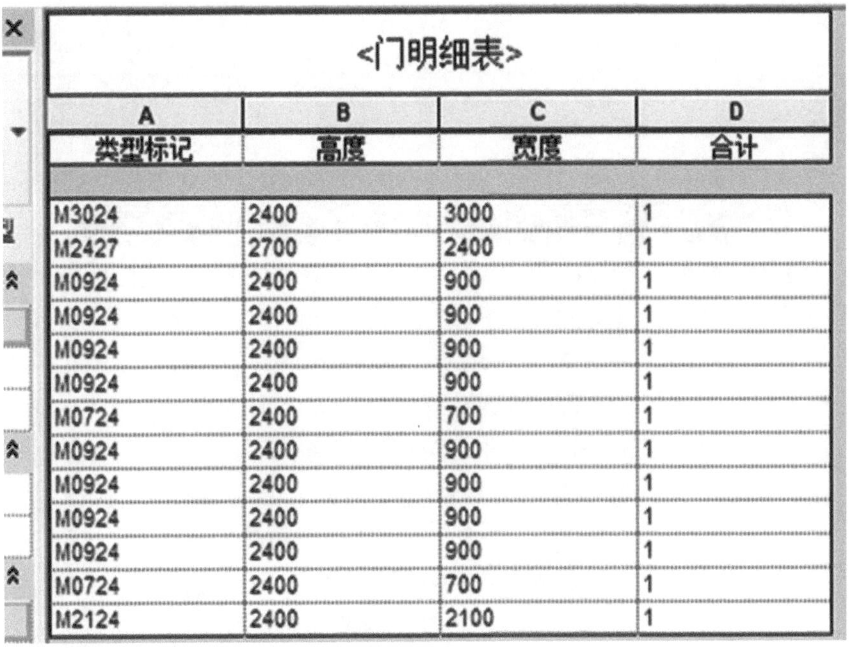

图 4-5

## 3.明细表的设置

明细表创建完成后可以在属性栏进一步设置其属性,属性栏如图 4-6 所示。属性栏中比较常用的有"字段"和"排序/成组"两个功能,"字段"功能允许重新选择明细表的字段,如图 4-7 所示;"排序/成组"功能可以设置明细表编排方式,如图 4-8 所示。

图 4-6

图 4-7

图 4-8

## 4.2.2　实施任务

### 1.创建门明细表并设置"排序/成组"

首先点击"视图"选项卡,再点击"明细表"按钮,在弹出的下拉栏中选择"明细表/数量",在弹出的"新建明细表"对话框中选择"门",点击"确定"。在弹出的"明细表属性"对话框中依次添加"类型标记""高度""宽度""合计"字段,点击"确定"。在属性栏中点击"排序/成组"旁的"编辑"

明细表
实施任务

按钮,首先点击"排序方式"右侧的下拉栏,为明细表选择按"类型标记"排序的方式;再点击"总计"按钮(勾选),为门明细表计算门总数量并显示在明细表左下角;最后点击"逐项列举每个实例"(取消勾选),将所有的门按照排序的参数(上面设置的类型标记)合并成组来显示;点击"确定"完成设置。操作步骤如图 4-9～图 4-15 所示。

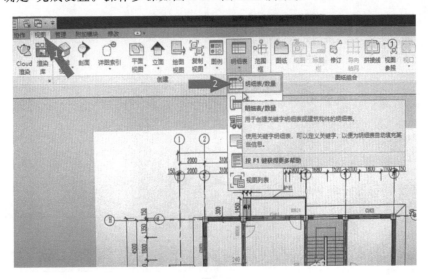

图 4-9

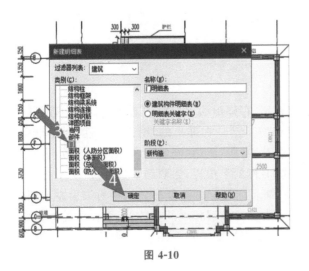

图 4-10

图 4-11

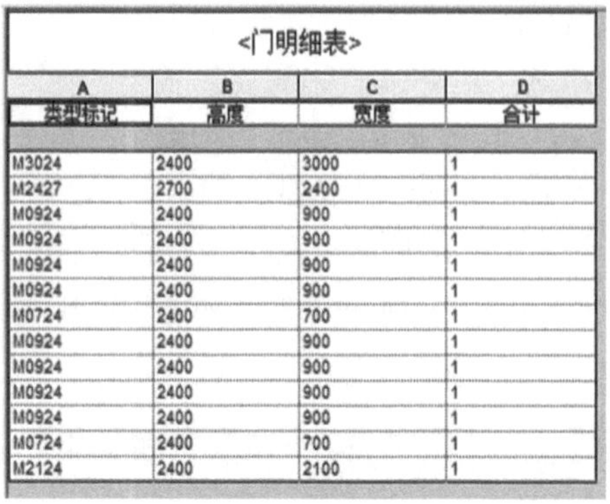

图 4-12

图 4-13

图 4-14

图 4-15

### 2. 创建窗明细表并设置"排序/成组"

首先点击"视图"选项卡,再点击"明细表"按钮,在弹出的下拉栏中选择"明细表/数量",在弹出的"新建明细表"对话框中选择"窗",点击"确定"。在弹出的"明细表属性"对话框中依次添加"类型标记""底高度""宽度""高度""合计"字段,点击"确定"。在属性栏中点击"排序/成组"旁的"编辑"按钮,首先点击"排序方式"右侧的下拉栏,为明细表选择按"类型标记"排序的方式;再点击"总计"按钮(勾选),为窗明细表计算窗总数量并显示在明细表左下角;最后点击"逐项列举每个实例"(取消勾选),将所有的窗按照排序的参数(上面设置的类型标记)合并成组来显示;点击"确定"完成设置。操作步骤如图 4-16～图 4-22 所示。

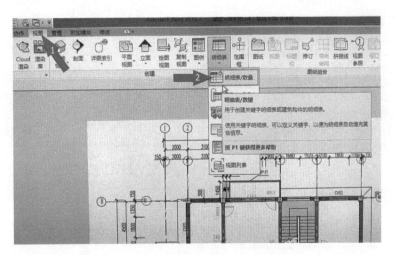

图 4-16

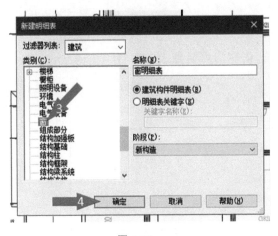

图 4-17

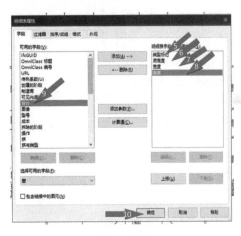

图 4-18

| | | <窗明细表> | | |
|---|---|---|---|---|
| A | B | C | D | E |
| 类型标记 | 底高度 | 宽度 | 高度 | 合计 |
| C1821 | 900 | 1800 | 2100 | 1 |
| C1821 | 900 | 1800 | 2100 | 1 |
| C1821 | 900 | 1800 | 2100 | 1 |
| C1821 | 900 | 1800 | 2100 | 1 |
| C1821 | 900 | 1800 | 2100 | 1 |
| C1517 | 300 | 900 | 1800 | 1 |
| C3055 | 900 | 3000 | 4405 | 1 |
| C1517 | 300 | 900 | 1800 | 1 |
| C1816 | 900 | 1800 | 1600 | 1 |
| C1816 | 900 | 1800 | 1600 | 1 |
| C1816 | 900 | 1800 | 1600 | 1 |
| C1816 | 900 | 1800 | 1600 | 1 |
| C2033 | 2000 | 2000 | 3300 | 1 |

图 4-19

图 4-20

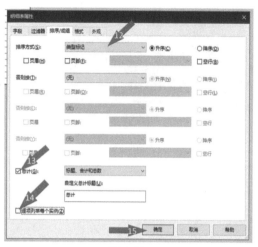

图 4-21

| <窗明细表> | | | | |
|---|---|---|---|---|
| A | B | C | D | E |
| 类型标记 | 底高度 | 宽度 | 高度 | 合计 |
| C1517 | 300 | 900 | 1800 | 2 |
| C1816 | 900 | 1800 | 1600 | 4 |
| C1821 | 900 | 1800 | 2100 | 5 |
| C2033 | 2000 | 2000 | 3300 | 1 |
| C3055 | 900 | 3000 | 4405 | 1 |
| 总计: 13 | | | | |

图 4-22

## 4.2.3 真题任务

以题目中的"别墅"项目为例，按照题目要求，创建门窗明细表。题目要求如图 4-23 所示。

明细表真题任务

**2020年第四期 "1+X" 建筑信息模型（BIM）职业技能等级考试——初级——实操试题** **第4页，共21页**

三、综合建模（以下两道考题，考生二选一作答）（40 分）

考题一：根据以下要求和给出的图纸，创建模型并将结果输出。在本题文件夹下新建名为"第三题输出结果+考生姓名"的文件夹，将本题结果文件保存至该文件夹中。（40 分）

1.BIM 建模环境设置（2 分）

设置项目信息：①项目发布日期：2020年11月26日；②项目名称：别墅；③项目地址：中国北京市

2.BIM 参数化建模（30 分）

（1）根据给出的图纸创建标高、轴网、柱、墙、门、窗、楼板、屋顶、台阶、散水、楼梯等，阳台栏杆尺寸及类型自定，门窗需按门窗表尺寸完成，窗台自定义，未标明尺寸不做要求。（24 分）

（2）主要建筑构件参数要求如下：（6 分）

外墙：350，10厚灰色涂料、30厚泡沫保温板、300厚混凝土砌块、10厚白色涂料；内墙：240，10厚白色涂料、220厚混凝土砌块、10厚白色涂料；女儿墙：120厚砖砌体；楼板：150厚混凝土；屋顶：125厚混凝土；柱子尺寸为300×300；散水宽度600，厚度50。

3.创建图纸（5 分）

（1）创建门窗明细表，门明细表要求包含：类型标记、宽度、高度、合计字段；窗明细表要求包含：类型标记、底高度、宽度、高度、合计字段；并计算总数。（3 分）

（2）创建项目一层平面图，创建A3公制图纸，将一层平面图插入，并将视图比例调整为1:100。（2 分）

4.模型渲染（2 分）

对房屋的三维模型进行渲染，质量设置：中，设置背景为"天空：少云"，照明方案为"室外：日光和人造光"，其他未标明选项不做要求，结果以"别墅渲染.JPG"为文件名保存至本题文件夹中。

5.模型文件管理（1 分）

将模型文件命名为"别墅+考生姓名"，并保存项目文件。

图 4-23

# 4.3 任务 2:图纸

## 4.3.1 学习任务

图纸学习任务

### 1. 图纸的概念

图纸是指 Revit 中把三维模型转换为二维图纸并导出为 CAD 格式的

功能。图纸的大小有预载入的 A0、A1、A2、A3 和 A4,也可以自定义大小。图纸的内容可以选择项目中的任意一个或者多个视图,其中平面图、立面图、剖面图和明细表比较常见。

### 2. 图纸的创建

首先点击"视图"选项卡,再点击"图纸"按钮,在弹出的新建图纸对话框中选择需要的图纸尺寸并点击"确定",如图 4-24 所示。如果没有需要的尺寸,可以点击"载入"按钮打开族库文件夹,在子文件夹"标题栏"中选择需要的图纸尺寸并打开,操作步骤如图 4-25、图 4-26所示。最后打开项目浏览器,将需要的视图拖拽到图纸视图中即可,操作步骤如图 4-27 所示。创建完成后可以在属性栏修改图纸编号和图纸名称以及审核者、设计者等信息,如图 4-28 所示。

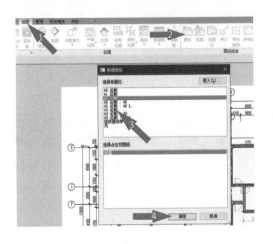

图 4-24

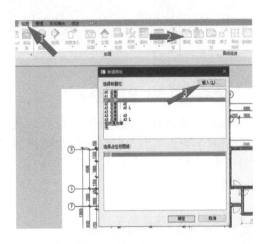

图 4-25

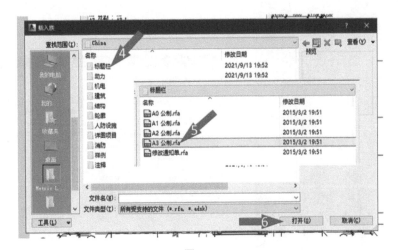

图 4-26

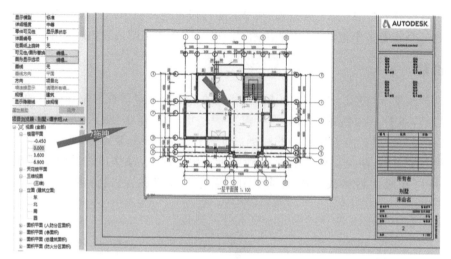

图 4-27                                                           图 4-28

### 3. 图纸的导出（DWG 格式）

首先打开图纸视图，点击界面左上角的 Revit 图标，然后点击"导出"按钮，接着点击"CAD 格式"，再点击"DWG"按钮，在弹出的对话框中点击"下一步"，在"保存到目标文件夹"对话框中选择指定的文件夹位置并给图纸文件命名，同时将"将图纸上的视图和链接作为外部参照导出"取消勾选。最后点击"确定"完成导出。操作步骤如图 4-29～图 4-31所示。

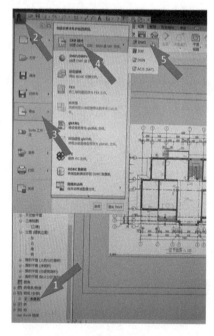

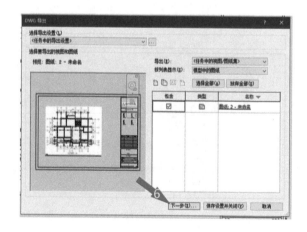

图 4-29                                                           图 4-30

图 4-31

## 4.3.2　实施任务

本节实施任务为创建 A3 大小的一层平面图图纸,具体操作步骤如下。

首先点击"视图"选项卡,再点击"图纸"按钮,在弹出的新建图纸对话框中选择"A3 公制"并点击"确定",然后在项目浏览器中将一层平面图拖拽到图纸视图中,再调整到合适的位置放置。最后在属性栏中设置图纸的编号和图纸名称完成图纸的创建。操作步骤如图 4-32～图 4-34 所示。

图纸实施任务

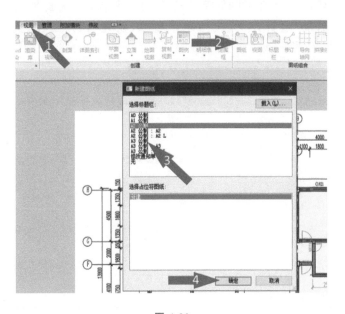

图 4-32

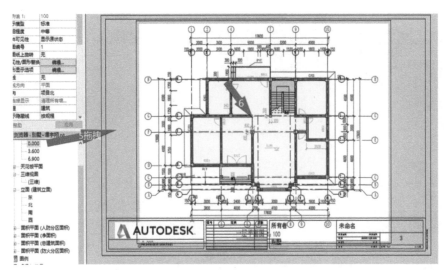

图 4-33                                                          图 4-34

## 4.3.3  真题任务

① 下列符合 BIM 工程师职业道德规范的有（        ）。

A. 寻求可持续发展的技术解决方案

B. 树立客户至上的工作态度

C. 重视方法创新和技术进步

D. 以项目利润为基本出发点考虑问题，利用自身的专业优势，诱导关联方做出对自己有利的决定

E. 进度高于一切，工期紧张时降低模型成果质量，先提交一版成果

② 以题目中"别墅"项目为例，按照题目要求，创建项目一层平面图。题目要求如图 4-35 所示。

图纸真题任务

**2020年第四期"1+X"建筑信息模型（BIM）职业技能等级考试——初级——实操试题**          第4页，共21页

三、综合建模（以下两道考题，考生二选一作答）（40 分）
考题一：根据以下要求和给出的图纸，创建模型并将结果输出，在本题文件夹下新建名为"第三题输出结果+考生姓名"的文件夹，将本题结果文件保存至该文件夹中。（40 分）

1.BIM 建模环境设置（2 分）
设置项目信息：①项目发布日期：2020年11月26日；②项目名称：别墅；③项目地址：中国北京市

2.BIM 参数化建模（30 分）
（1）根据给出的图纸创建标高、轴网、柱、墙、门、窗、楼板、屋顶、台阶、散水、楼梯等，阳台栏杆尺寸及类型自定，门窗需按门窗表尺寸完成，窗台自定义，未标明尺寸不做要求。（24 分）
（2）主要建筑构件参数要求如下：（6 分）
外墙：350,10厚灰色涂料、30厚泡沫保温板、300厚混凝土砌块、10厚白色涂料；内墙：240，10厚白色涂料、220厚混凝土砌块、10厚白色涂料；女儿墙：120厚砖砌体；楼板：150厚混凝土；屋顶：125厚混凝土；柱子尺寸为300×300；散水宽度600，厚度50。

3.创建图纸（5 分）
（1）创建门窗明细表，门明细表要求包含：类型标记、宽度、高度、合计字段；窗明细表要求包含：类型标记、底高度、宽度、高度、合计字段；并计算总数。（3 分）
（2）创建项目一层平面图，创建A3公制图纸，将一层平面图插入，并将视图比例调整为1:100。（2 分）

4.模型渲染（2 分）
对房屋的三维模型进行渲染，质量设置：中，设置背景为"天空：少云"，照明方案为"室外：日光和人造光"，其他未标明选项不做要求，结果以"别墅渲染.JPG"为文件名保存至本题文件夹中。

5.模型文件管理（1 分）
将模型文件命名为"别墅+考生姓名"，并保存项目文件。

图 4-35

# 学习情境 5 结构专业建模

## 5.1 学习情境

### 5.1.1 学习目标

熟悉 Revit 中结构柱以及梁的概念。掌握结构柱和梁的创建技巧。

### 5.1.2 学习任务

| | 序号 | 任务描述 | 真题 |
|---|---|---|---|
| 学习任务 | 任务 1:结构柱 | 熟悉结构柱在框架结构中的作用;<br>熟悉结构柱和建筑柱的区别;<br>掌握创建结构柱的操作步骤 | "1+X"建筑信息模型(BIM)职业技能等级考试——初级——实操试题 |
| | 任务 2:梁 | 熟悉梁所属的专业;<br>熟悉创建梁的关键要素;<br>掌握创建梁的操作步骤 | "1+X"建筑信息模型(BIM)职业技能等级考试——初级——实操试题 |

## 5.2 任务 1:结构柱

### 5.2.1 学习任务

**1.结构柱的概念**

结构柱是框架结构当中主要承受竖向荷载并将其传递到下一层的承重构件。Revit 中结构柱与建筑柱的区别是:结构柱的主要作用是承受竖向荷载,而建筑柱的主要作用是分隔空间和装饰。

结构柱学习任务

### 2. 结构柱的创建

正确地创建结构柱要注意 4 个要素,分别是结构柱的族、类型、顶标高、底标高。首先点击"结构"选项卡,然后点击"柱",再在属性栏当中点击"编辑类型",操作步骤如图 5-1 所示。在弹出来的类型属性窗口中点开族下拉列表,选择合适的族,常用的族是混凝土矩形柱,如图 5-2 所示。如果没有预载入,则需要点开右边的"载入"按钮进行手动载入,手动载入操作如图 5-3 所示。接下来点开类型下拉列表,选择合适的类型(也就是尺寸),如果没有需要的尺寸,点击右侧的"复制"按钮将当前的类型复制一个并重命名,再将新的类型的尺寸修改为需要的尺寸即可,复制操作如图 5-4、图 5-5 所示。完成属性编辑之后点击"确定"按钮回到主界面。接着在抬头栏设置结构柱的放置方式为"高度",意为在当前平面上方放置,并选择连接到所需要的顶标高,操作步骤如图 5-6 所示。最后确定柱在平面当中的位置,点击鼠标左键进行放置,操作步骤如图 5-7 所示。

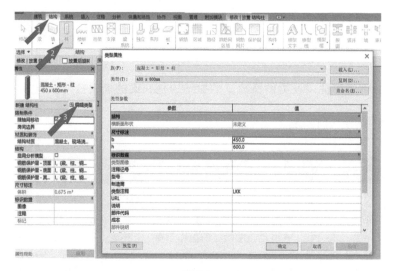

图 5-1

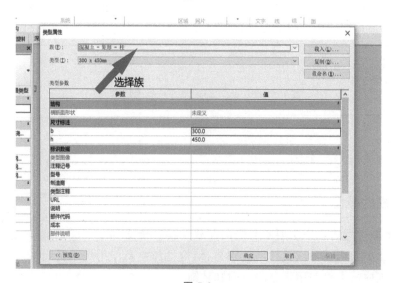

图 5-2

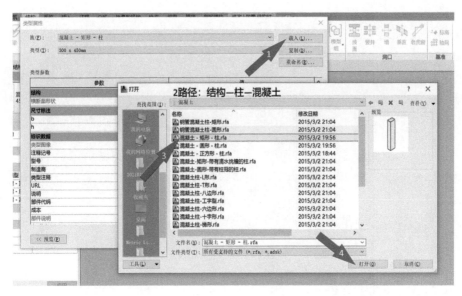

图 5-3

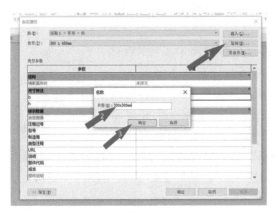

图 5-4

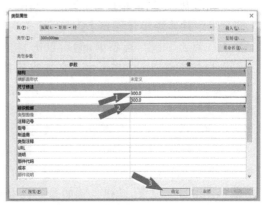

图 5-5

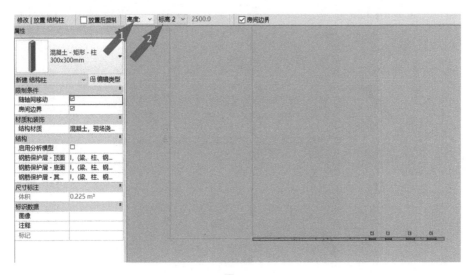

图 5-6

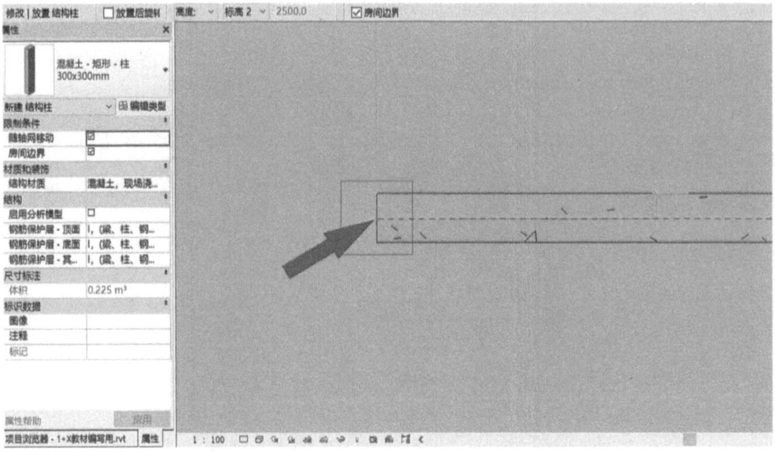

图 5-7

## 5.2.2 实施任务

本节实施任务为创建尺寸为 300 mm×300 mm 的混凝土矩形柱,放置于轴线 A 与轴线 1 的交点。具体操作过程如下。

首先点击"结构"选项卡,然后点击"柱",再在属性栏当中点击"编辑类型",操作步骤如图 5-8 所示。在弹出来的类型属性窗口中点开族下拉列表,选择混凝土矩形柱,如图 5-9 所示。接下来点开类型下拉列表,发现没有需要的尺寸,点击右侧的"复制"按钮将当前的类型复制一个并重命名为"300mm×300mm",再将新的类型的尺寸修改为 h＝300mm、b＝300mm,复制操作如图 5-10、图 5-11 所示。接着在抬头栏设置结构柱的放置方式为"高度",并选择连接到顶标高"标高 2",操作步骤如图 5-12 所示。最后在轴线 A 与轴线 1 的交点点击鼠标左键进行放置,操作步骤如图 5-13 所示。

结构柱实施任务

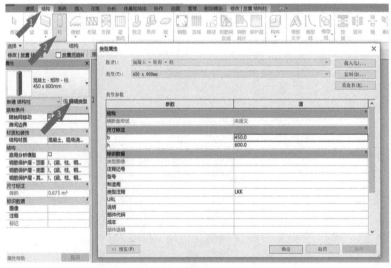

图 5-8

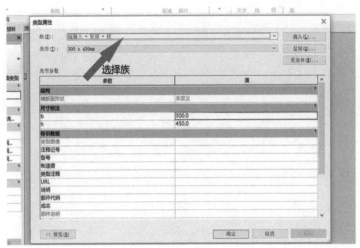

图 5-9

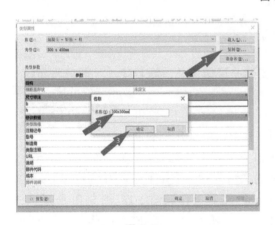

图 5-10

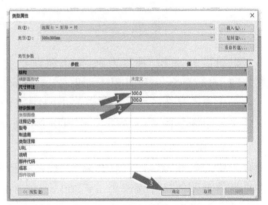

图 5-11

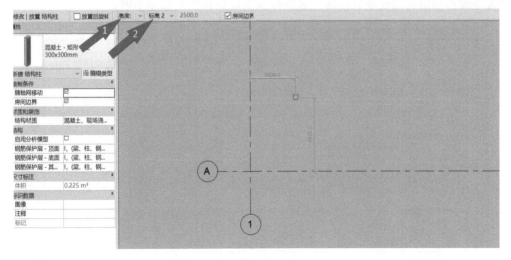

图 5-12

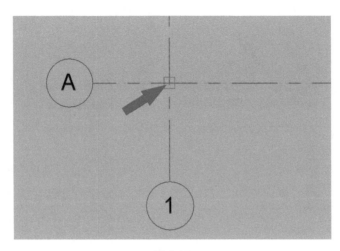

图 5-13

## 5.2.3 真题任务

以题目中"别墅"项目为例,按照题目要求,创建一层结构柱。题目要求如图 5-14 所示,一层平面图如图 5-15 所示。

结构柱真题任务

首先点击结构选项卡,然后点击"柱",再在属性栏当中点击"编辑类型",操作步骤如图 5-16 所示。在弹出来的类型属性窗口中点开族下拉列表,选择混凝土矩形柱,如图 5-17 所示。接下来点开类型下拉列表,发现没有需要的尺寸,点击右侧的"复制"按钮将当前的类型复制一个并重命名为"300x300mm",再将新的类型的尺寸修改为 h＝300mm、b＝300mm,复制操作如图 5-18、图 5-19 所示。接着在抬头栏设置结构柱的放置方式为"高度",并选择连接到顶标高"F2",操作如图 5-20 所示。最后在图纸标有柱的轴网交点处点击鼠标左键进行放置,操作步骤如图 5-21 所示。注意放置完成后要用移动命令对柱的位置进行微调以满足图纸标注要求。

2020年第四期"1+X"建筑信息模型(BIM)职业技能等级考试——初级——实操试题　　　　　　第4页,共21页

三、综合建模(以下两道考题,考生二选一作答)(40 分)
考题一:根据以下要求和给出的图纸,创建模型并将结果输出,在本题文件夹下新建名为"第三题输出结果+考生姓名"的文件夹中,将本题结果文件保存到该文件夹中。(40 分)
1.BIM 建模环境设置(2 分)
设置项目信息:①项目发布日期:2020年11月26日;②项目名称:别墅;③项目地址:中国北京市
2.BIM 参数化建模(30 分)
(1)根据给出的图纸创建标高、轴网、柱、墙、门、窗、楼板、屋顶、台阶、散水、楼梯等,阳台栏杆尺寸及类型自定,门窗需按门窗表尺寸完成,窗台自定义,未标明尺寸不做要求。(24 分)
(2)主要建筑构件参数要求如下:(6 分)
外墙:350,10厚灰色涂料、30厚泡沫保温板、300厚混凝土砌块、10厚白色涂料;内墙:240,10厚白色涂料、220厚混凝土砌块、10厚白色涂料;女儿墙:120厚砖砌体;楼板:150厚混凝土;屋顶:125厚混凝土;柱子尺寸为300x300;散水宽度600,厚度50。
3.创建图纸(5 分)
(1)创建门窗明细表,门明细表要求包含:类型标记、宽度、高度、合计字段;窗明细表要求包含:类型标记、底高度、宽度、高度、合计字段;并计算总数。(3 分)
(2)创建项目一层平面图,创建A3公制图纸,将一层平面图插入,并将视图比例调整为1:100。(2 分)
4.模型渲染(2 分)
对房屋的三维模型进行渲染,质量设置:中,设置背景为"天空:少云",照明方案为"室外:日光和人造光",其他未标明选项不做要求,结果以"别墅渲染.JPG"为文件名保存在本题文件夹中。
5.模型文件管理(1 分)
将模型文件命名为"别墅+考生姓名",并保存项目文件。

图 5-14

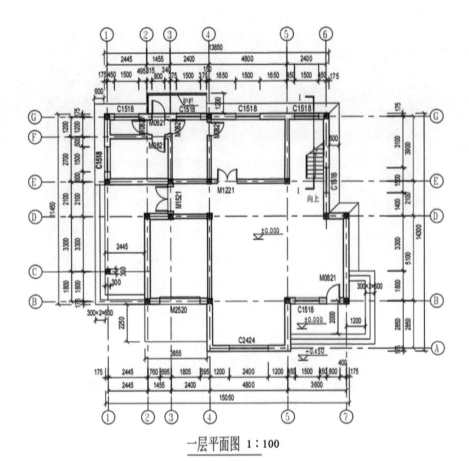

一层平面图 1∶100

图 5-15

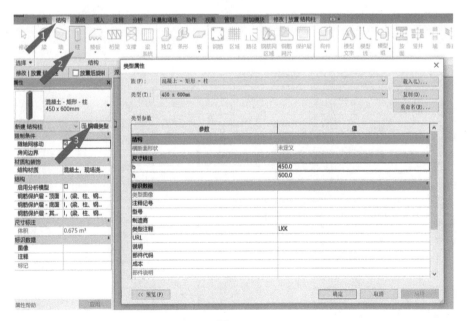

图 5-16

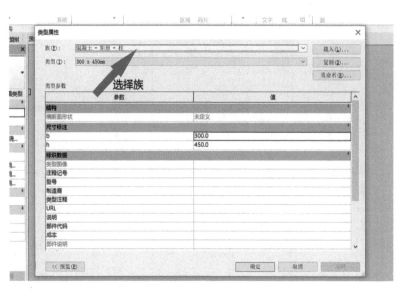

图 5-17

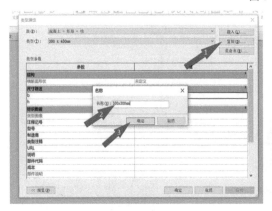

图 5-18

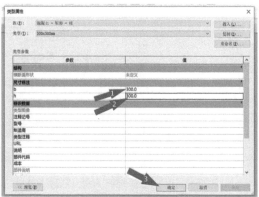

图 5-19

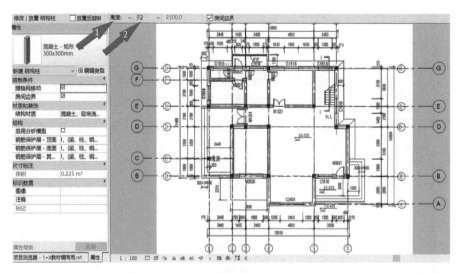

图 5-20

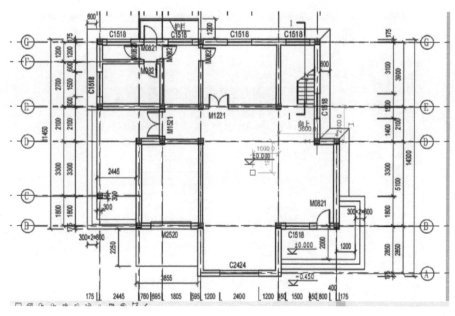

图 5-21

# 5.3　任务 2：梁

## 5.3.1　学习任务

### 1. 梁的概念

梁是框架结构中承受来自楼板的竖向荷载并将其传递到结构柱的构件。在 Revit 中梁是结构专有的类别，建筑规程中不能创建梁构件。

梁学习任务

### 2. 梁的创建

为了正确地创建梁，我们同样需要注意 4 个要素，分别是梁的族、类型、尺寸、标高。首先点击"结构"选项卡，然后点击"梁"，再在属性栏当中点击"编辑类型"，操作步骤如图 5-22 所示。在弹出来的类型属性窗口中点开族下拉列表，选择合适的族，常用的族是混凝土矩形梁，如图 5-23 所示。如果没有预载入，则需要点开右边的"载入"按钮进行手动载入，手动载入操作如图 5-24 所示。接下来点开类型下拉列表，选择合适的类型（也就是尺寸），如果没有需要的尺寸，点击右侧的"复制"按钮将当前的类型复制一个并重命名，再将新的类型的尺寸修改为需要的尺寸即可，复制操作如图 5-25、图 5-26 所示。完成属性编辑之后点击"确定"按钮回到主界面。接着在抬头栏选择梁的放置平面为梁所在的标高平面，操作步骤如图 5-27 所示。最后确定梁在平面当中的位置，点击鼠标左键进行放置，操作步骤如图 5-28 所示。

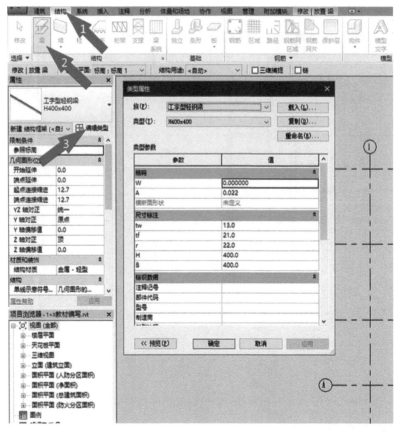

图 5-22

图 5-23

图 5-24

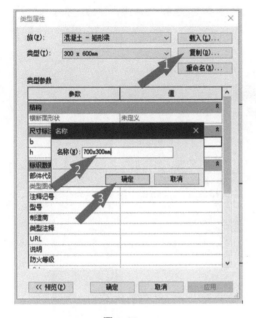

图 5-25　　　　　　　　　　　　　　　　　图 5-26

图 5-27

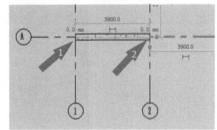

图 5-28

## 5.3.2　实施任务

本节实施任务为创建尺寸为 700mm×300mm 的混凝土矩形梁,放置于 B 轴上,梁的左、右端点分别与 1 轴和 2 轴相交。具体操作过程如下。

首先点击"结构"选项卡,然后点击"梁",再在属性栏当中点击"编辑类型",操作步骤如图 5-29 所示。在弹出来的类型属性窗口中点开族下拉列表,选择混凝土矩形梁,如图 5-30 所示。接下来点开类型下拉列表,发现没有需要的尺寸,点击右侧的"复制"按钮将当前的类型复制,并重命名为"700x300mm",再将新的类型的尺寸修改为 h=700mm、b=300mm,复

梁实施任务

制操作如图 5-31、图 5-32 所示。接着在抬头栏设置结构柱的放置平面为"标高 1",操作步骤如图 5-33 所示。最后在轴线 B 与轴线 1 的交点点击鼠标左键,再在轴线 B 与轴线 2 的交点点击鼠标左键进行放置,操作步骤如图 5-34 所示。

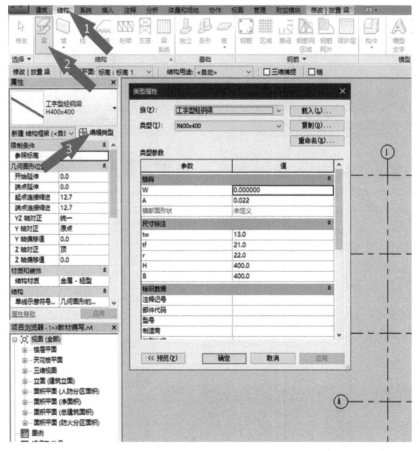

图 5-29

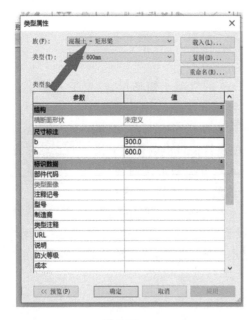

图 5-30

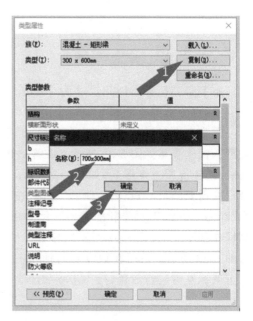

图 5-31

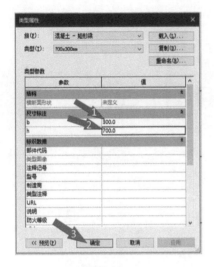

图 5-32

图 5-33

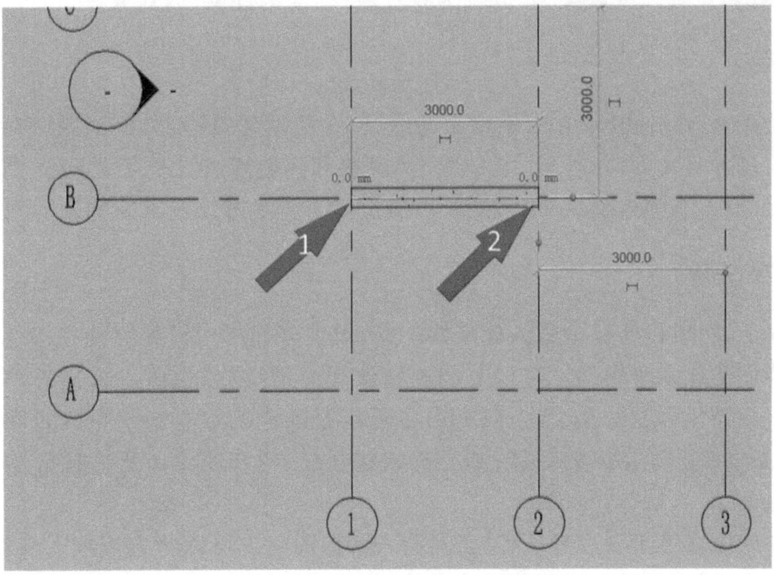

图 5-34

## 5.3.3  真题任务

职业道德基本行为规范的内容包括（　　）。

A. 爱岗敬业，忠于职守　　　　　　　　　B. 诚实守信，宽厚待人

C. 以身作则，奉献社会　　　　　　　　　D. 特立独行，桀骜不驯

E. 遵纪守法，文明安全

# 学习情境 6  BIM 构件创建

## 6.1  学习情境

AutodeskRevit 有三种族类型,分别为系统族、标准构件族、内建族。

### 1. 系统族

系统族是在 AutodeskRevit 中预定义的族,包含基础建筑构件,例如墙、窗和门。例如,基本墙系统族包含定义内墙、外墙、基础墙、常规墙和隔断墙样式的墙类型。可以复制和修改现有系统族,但不能创建新系统族,还可以通过指定新参数来定义新的族类型。

### 2. 标准构件族

默认情况下,在项目样板中载入标准构件族,但更多标准构件族存储在构件库中。一般使用族编辑器创建和修改构件。可以复制和修改现有构件族,也可以根据各种族样板创建新的构件族。族样板可以是基于主体的族,也可以是独立的族。基于主体的族包括需要主体的构件,例如以墙族为主体的门族;独立的族包括柱、树和家具。族样板有助于创建和操作构件族。

标准构件族可以位于项目环境外,且具有.rfa 扩展名。可以将它们载入项目,从一个项目传递到另一个项目,如果需要还可以将其从项目文件保存在 Revit 的库中。

### 3. 内建族

内建族可以是特定项目中的模型构件,也可以是注释构件。只能在当前项目中创建内建族。因此它们仅可用于该项目特定的对象,例如自定义墙的处理。创建内建族时,可以选择类别,且使用的类别将决定构件在项目中的外观和显示控制。

本章学习的主要内容为构件族的创建。

# 6.2　任务 1:拉伸

## 6.2.1　学习任务

### 1.拉伸的基本概念

在族样板中,可以通过拉伸二维轮廓来创建三维实心形状。拉伸命令适用于创建截面不变且拉伸方向与截面垂直的形状,如长方体、立方体、圆柱等。

### 2.拉伸的创建

① "公制常规模型"的创建。选择新建中的"族",然后选择"公制常规模型"打开。"1+X"建筑信息模型(BIM)职业技能等级考试——初级——实操试题中所有新建族均可选择"公制常规模型",如图 6-1 所示。

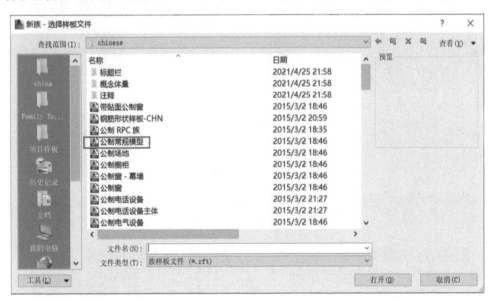

图 6-1

② 创建"拉伸"。切换到需要编辑截面的平面,在"族编辑器"中的"创建"选项卡 ➤ "形状"面板上,单击 📦 (拉伸),如图 6-2 所示。(注意:若先点击"拉伸",再切换到编辑截面的平面,则可能无法编辑截面)

③ 绘制"截面"。使用绘制工具绘制截面,创建一个草图并确定它的尺寸。如图 6-3 所示,绘制了一个边长为 1000 的正方形作为截面。使用绘制工具绘制拉伸轮廓:

• 要创建单个实心形状,请绘制一个闭合环;

• 要创建多个形状,请绘制多个不相交的闭合环。

④ 根据要求在属性栏填写拉伸终点的参数。如图 6-4 所示,若拉伸起点为 0,拉伸终点为 500,则生成的形状底面高度为 0,顶面高度为 500。

图 6-2

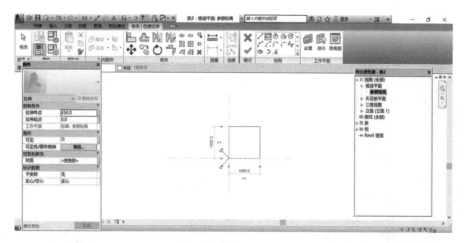

图 6-3

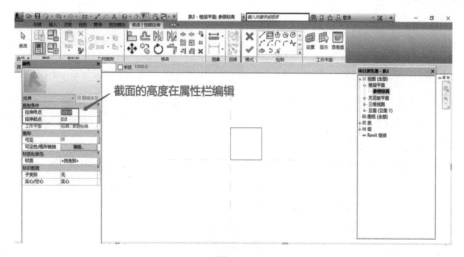

图 6-4

⑤ 单击"修改|创建拉伸"选项卡 ➤ "模式"面板 ➤ ✔（完成编辑模式），Revit 将完成拉伸，并返回开始创建拉伸的视图，如图 6-5 所示。点击"确认"，生成形状。如图 6-6 所示，生成了一个底边长为 1000、高为 500 的长方体。

图 6-5

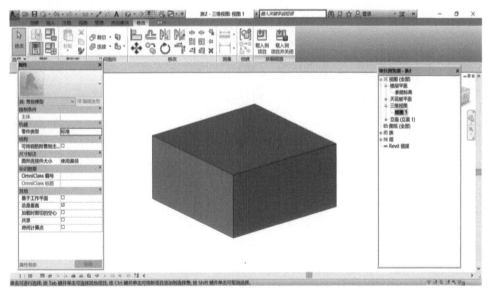

图 6-6

## 6.2.2　真题任务

以 2020 年第三期"1＋X"建筑信息模型（BIM）职业技能等级考试——初级——实操试题第一题为例，使用"拉伸"创建模型，如图 6-7 所示。题目要求：根据下图给定尺寸，创建装饰柱（柱体上下、前后、左右均对称），要求柱身材质为"砖，普通，红色"，柱身两端材质为"混凝土，现场浇筑,灰色",请将模型以文件名"装饰柱＋考生姓名"保存至考生文件夹中(20 分)。

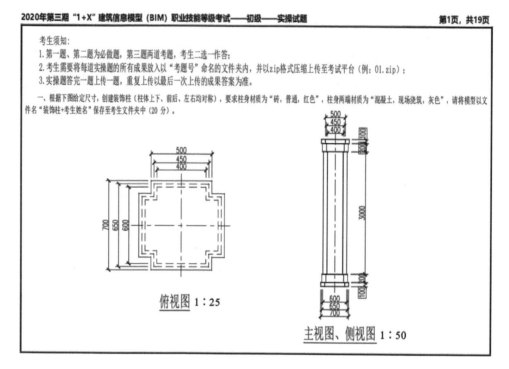

图 6-7

## 6.2.3 实施任务

拉伸实施任务

### 1. 创建装饰柱的基底

① 创建"公制常规模型",并在楼层平面创建"拉伸",如图 6-8 所示。

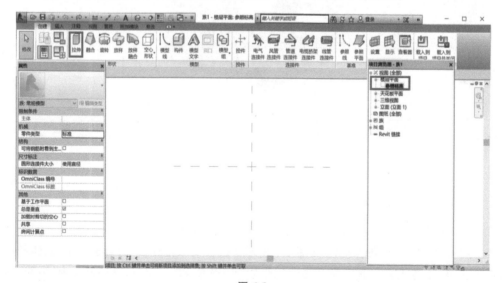

图 6-8

② 使用"直线"绘制装饰柱基底截面,如图 6-9 所示。

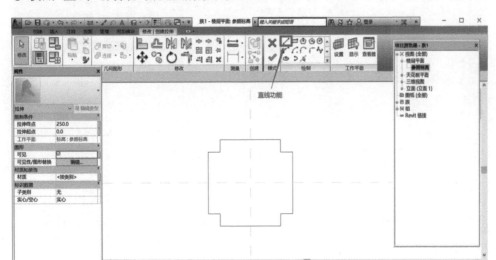

图 6-9

③ 输入拉伸终点与起点值。在本题中,假设装饰柱底部高度为 0,则装饰柱基底上部高度为 100。可在属性栏中拉伸起点输入 0,拉伸终点输入 100,如图 6-10 所示。(注:拉伸起点 100,拉伸终点 0 也可以,拉伸起点与拉伸终点数值可互换)

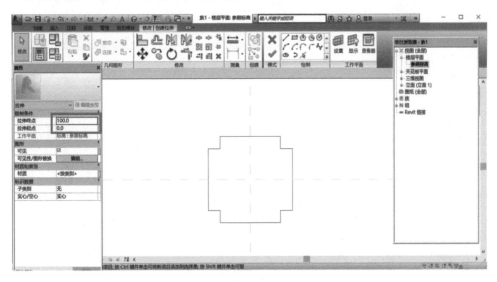

图 6-10

④ 点击"完成编辑模式",即绿色的"√",完成装饰柱基底的创建,如图 6-11 所示。完成后可在三维中查看装饰柱基底,如图 6-12 所示。

⑤ 修改装饰柱基底的材料。选中装饰柱基底,在属性栏中的材质后点击"⋯",打开材质浏览器,如图 6-13 所示。在材质浏览器中,将新建材质重命名为"混凝土",如图 6-14 所示。在材质浏览器左下角找到"资源浏览器",如图 6-15 所示,选择任一满足题目要求的混凝土即可。

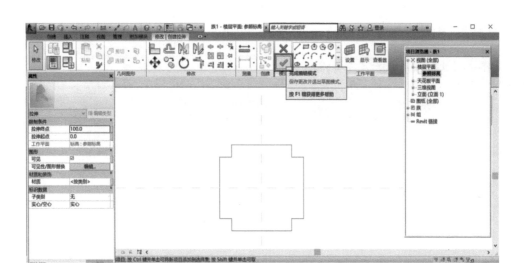

图 6-11

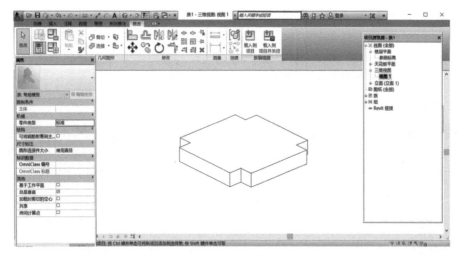

图 6-12

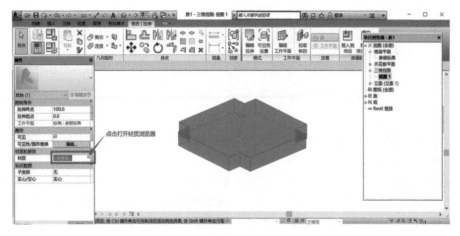

图 6-13

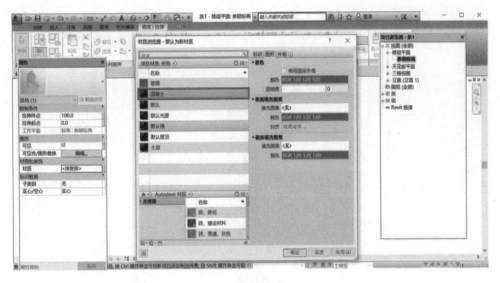

图 6-14

图 6-15

## 2. 用相同绘制方法依次从下至上建立装饰柱其他部分

装饰柱的第二层拉伸起点与终点分别为 100 和 300,装饰柱的第三层拉伸起点与终点分别为 300 与 3300。完成后的模型如图 6-16 所示。

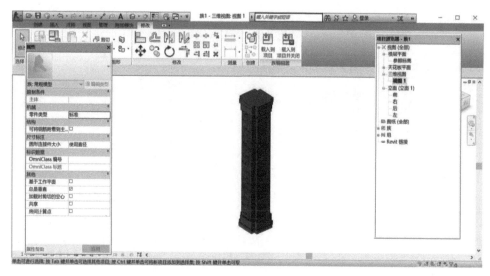

图 6-16

## 6.2.4 拓展任务

### 1. "连接"工具的使用

使用"连接几何图形"工具可以在共享公共面的两个或多个主体图元(例如墙和楼板)之间创建清理连接,也可以使用此工具连接主体和内建族或者主体和项目族。使用此工具可删除连接图元之间的可见边,之后连接的图元便可以共享相同的线宽和填充样式。(注:使用"连接几何图形"命令时,第一个拾取对象的材质将同时应用于两个对象)

以图 6-17 为例,使用连接可将图 6-17 中的圆柱体与立方体连接起来,删除两个形体之间的可见边。

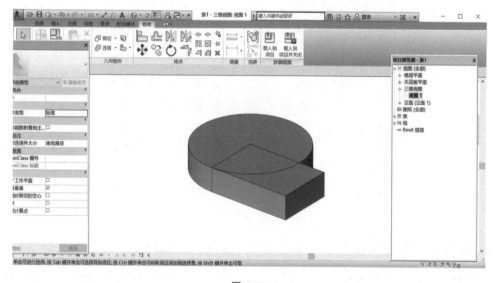

图 6-17

① 单击"修改"选项卡 ➤ "几何图形"面板 ➤ "连接"下拉列表 🔲（连接几何图形）。

② 选择要连接的第一个几何图形（如圆柱体），再选择要连接的第二个几何图形（如立方体），如图 6-18 所示，两个形体被连接到了一起。

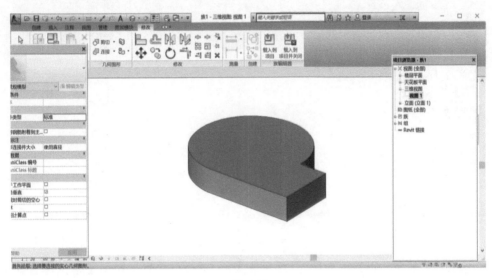

图 6-18

## 2. "空心拉伸"的创建

与拉伸类似，空心拉伸也是通过拉伸二维轮廓来创建三维空心形状。图 6-19 中有一个立方体，可以使用"空心拉伸"在立方体中创建出一个空心的圆柱。

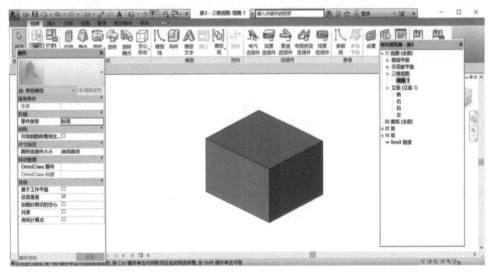

图 6-19

① 创建空心拉伸。

先切换视图至需要编辑二维轮廓的平台，在创建选项卡的空心形状中找到"空心拉伸"，如图 6-20 所示。

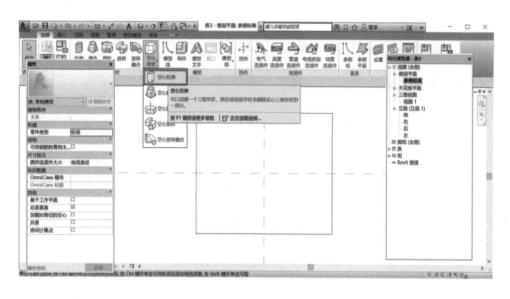

图 6-20

② 编辑二维轮廓。以圆柱为例,二维轮廓为一个圆,可在属性栏中设置拉伸起点与终点,如图 6-21 所示。

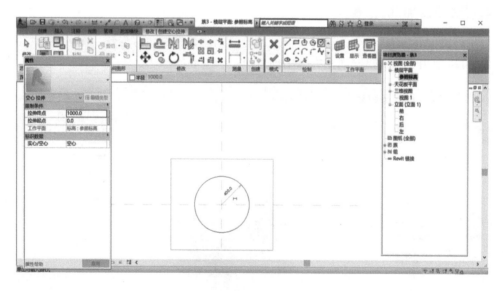

图 6-21

③ 编辑完成。

单击"修改|创建拉伸"选项卡 ➤ "模式"面板 ➤ ✔(完成编辑模式),可在三维视图中查看编辑完成后的形状。如图 6-22 所示,在立方体中创建了一个空心圆柱。

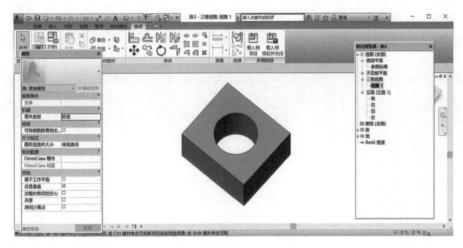

图 6-22

# 6.3　任务 2:融合

## 6.3.1　学习任务

### 1.融合的基本概念

在族样板中,可以通过编辑上底面和下底面来创建三维实心形状。"融合"工具适用于上底面与下底面不同的形状(如上下底面完全相同且平行,可直接使用"拉伸"工具)。

### 2.融合的创建

① 创建"融合"。打开"公制常规模型",在"族编辑器"中的"创建"选项卡"形状"面板上,单击 (融合),如图 6-23 所示。

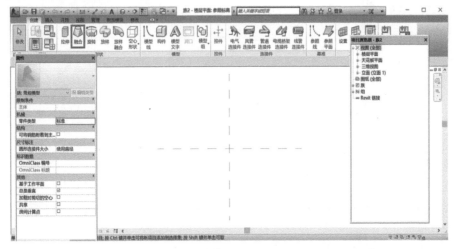

图 6-23

② 在"修改|创建融合底部边界"选项卡上,使用绘制工具绘制融合的底部边界,例如绘制一个正方形,如图 6-24 所示。

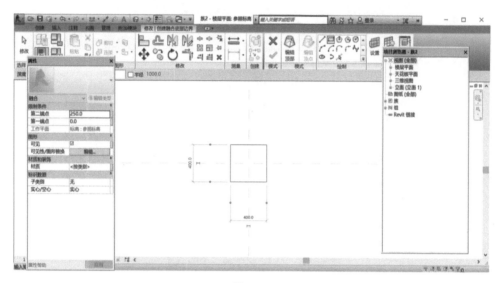

图 6-24

③ 底部边界绘制完成后,在"修改|创建融合底部边界"选项卡 ➤ "模式"面板上,单击 ⬡ (编辑顶部)。在"修改|创建融合顶部边界"选项卡上,绘制融合顶部的边界,例如绘制另一个圆形,如图 6-25 和图 6-26 所示。

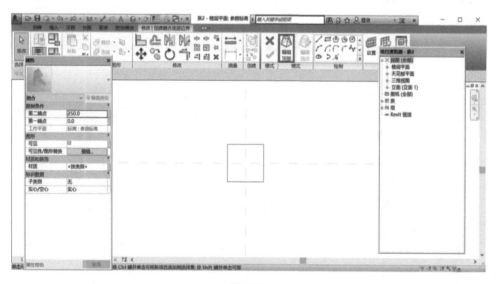

图 6-25

④ 若要指定融合的深度,可在"属性"选项板上执行下列操作之一:

· 要指定从默认起点 0 开始计算的深度,可在"约束"的"第二端点"中输入一个值;

· 要指定从 0 以外的起点开始计算的深度,可在"约束"的"第二端点"和"第一端点"中输入具体数值。

如图 6-27 所示,下底面高度设置为 0,上底面高度设置为 200。

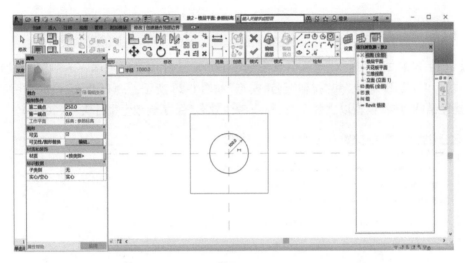

图 6-26

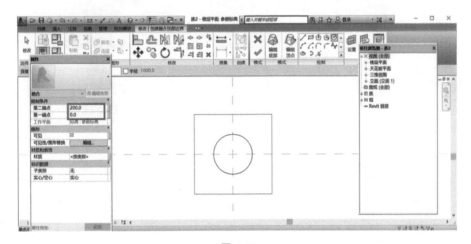

图 6-27

单击"修改|创建融合顶部边界" ➤ "模式"面板 ➤ ✔ (完成编辑模式),可在三维视图中查看生成的形状,如图 6-28 所示。在上底面与下底面之间,自动生成了实心形状。

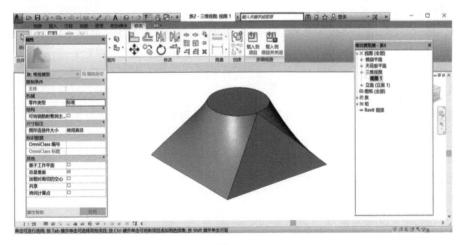

图 6-28

### 6.3.2 真题任务

以 2019 年第二期"1＋X"建筑信息模型（BIM）职业技能等级考试——初级——实操试题第一题为例，使用"融合"和"拉伸"创建模型，如图 6-29 所示。题目要求：根据下图给定尺寸，创建柱结构，请将模型以文件名"柱体＋考生姓名"保存至考生文件夹中（20 分）。

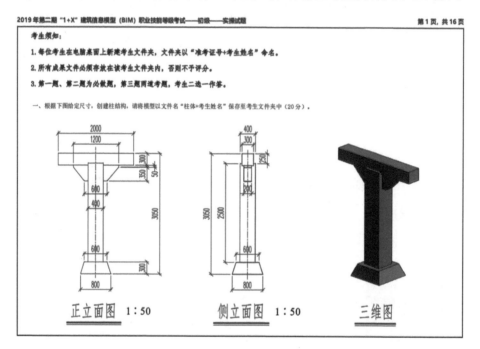

图 6-29

### 6.3.3 实施任务

#### 1. 创建柱体的底座

① 编辑下底面。

创建"融合"。打开"公制常规模型"，在"族编辑器"中的"创建"选项卡的"形状"面板上单击 （融合）。真题中下底面为边长 800 的正方形，如图 6-30 所示。

② 编辑上底面。

融合实施任务

真题中上底面为边长 600 的正方形，在"修改｜创建融合底部边界"选项卡 "模式"面板上，单击 （编辑顶部），编辑上底面，如图 6-31 所示。

③ 输入第一端点和第二端点的数值。若真题中下底面高度为 0，则第一端点为 0，第二端点即底座上底面的高度 300，如图 6-32 所示。

④ 完成编辑。

单击"修改｜创建融合顶部边界" "模式"面板 （完成编辑模式），可在三维视图中查看生成的形状，如图 6-33 所示。

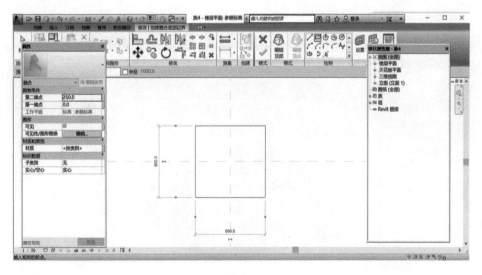

图 6-30

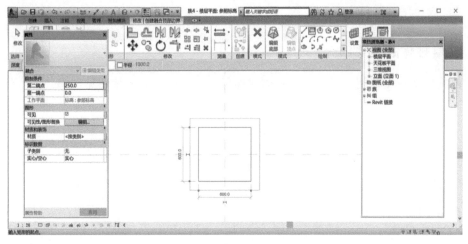

图 6-31

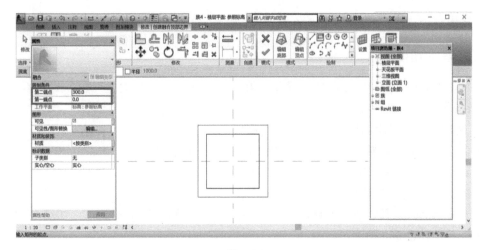

图 6-32

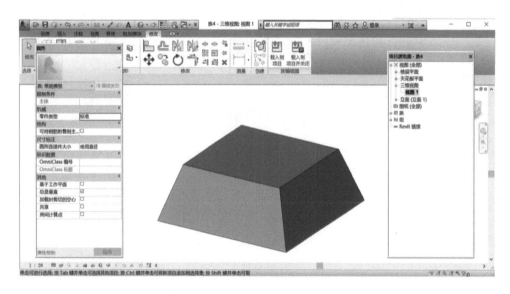

图 6-33

**2.创建柱体的其他部分**

柱体其他部分全部使用"拉伸"工具创建即可。"拉伸"工具的使用见本书"6.2　任务1：拉伸"。

# 6.4　任务3:旋转

## 6.4.1　学习任务

**1.旋转的基本概念**

在族样板中,通过绕轴放样二维轮廓,可以创建三维形状。

**2.旋转的创建**

① 创建"旋转"。打开"公制常规模型",在"族编辑器"中的"创建"选项卡"形状"面板上,执行操作:单击"旋转"。

② 使用绘制工具绘制形状,以围绕着轴旋转。

单击"修改|创建旋转"选项卡 ➤ "绘制"面板 ➤ ⏻(边界线):

· 要创建单个旋转,需绘制一个闭合环;

· 要创建多个旋转,需绘制多个不相交的闭合环。

如通过"旋转"工具创建一个球体,则需要绘制一个半圆绕轴旋转360°。如图6-34所示绘制了一个半径为500的半圆。

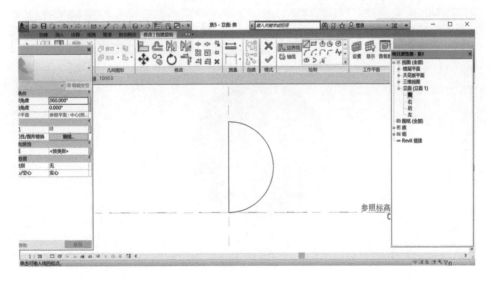

图 6-34

③ 放置旋转轴：

在"修改|创建旋转"选项卡 ▶ "绘制"面板上，单击 （轴线），在所需方向上指定轴的起点和终点。如图 6-35 所示拾取了轴线。若要修改旋转的几何图形的起点和终点，需输入新的"起始角度"和"结束角度"。

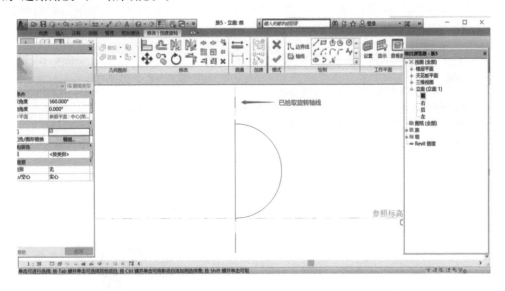

图 6-35

④ 在"模式"面板上，单击 （完成编辑模式）。注意：如果轴与旋转造型接触，则会产生一个实心几何图形。如果轴不与旋转形状接触，旋转体中会出现一个孔。可在三维视图中查看生成的图形，如图 6-36 所示。

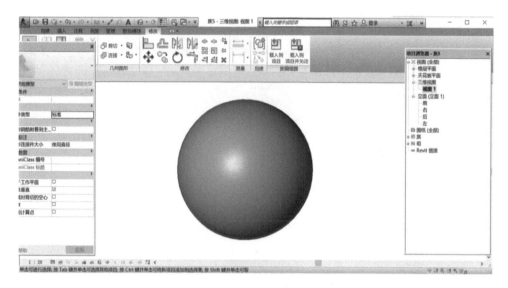

图 6-36

## 6.4.2 真题任务

以 2020 年第二期"1+X"建筑信息模型(BIM)职业技能等级考试——初级——实操试题第一题为例,使用"旋转"和"空心拉伸"创建模型,如图 6-37 所示。题目要求:根据下图给定尺寸,创建球形喷口模型;要求尺寸准确,并对球形喷口材质设置为"不锈钢",请将模型以文件名"球形喷口+考生姓名"保存至本题文件夹中(20 分)。

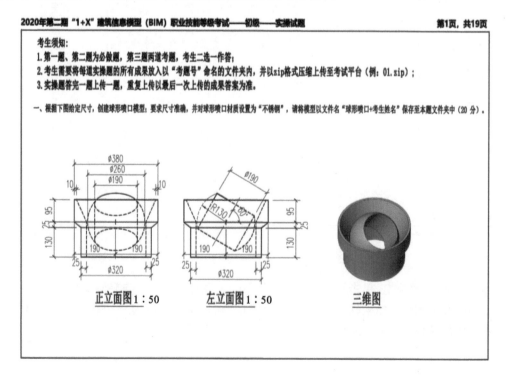

图 6-37

### 6.4.3　实施任务

#### 1. 使用"旋转"工具创建外部构件

① 绘制旋转轮廓。

在立面图上绘制旋转轮廓,如图 6-38 所示。

② 设置旋转轴与旋转角度,如图 6-39 所示。

旋转实施任务

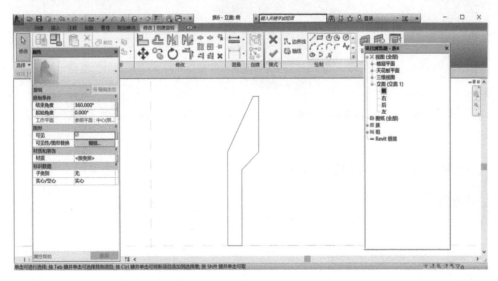

图 6-38

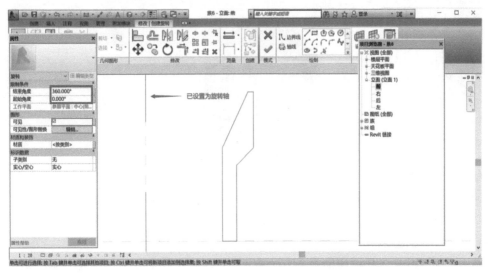

图 6-39

③ 完成编辑。

在"模式"面板上,单击 ✔ (完成编辑模式),并设置材质,如图 6-40 所示。在三维视图中,可查看通过"旋转"工具创建的实心形状。

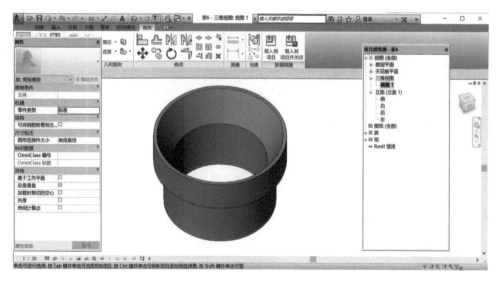

图 6-40

## 2．使用"旋转"工具创建中间球形喷口

1）球的创建

在真题所示的位置使用"旋转"工具创建一个球体，如图 6-41 所示。

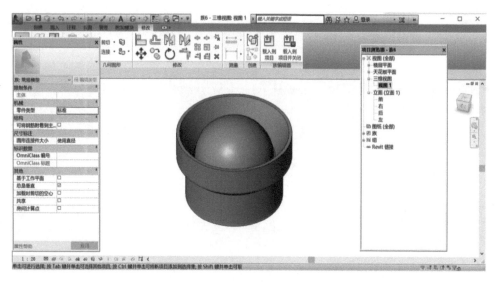

图 6-41

2）空心拉伸的创建

使用"空心拉伸"工具将球的中心变为空心，创建的空心形状需要贯穿球体，如图 6-42 所示。

3）球形喷口的旋转

在立面图将创建的球形喷口旋转，使其达到真题所示角度，并设置材质。在旋转过程中需要设置旋转中心，旋转角度为 30°，如图 6-43 所示。

图 6-42

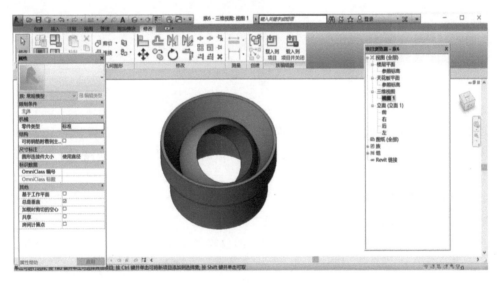

图 6-43

# 6.5　任务 4:放样

## 6.5.1　学习任务

### 1.放样的基本概念

在族样板中,可以通过沿路径放样二维轮廓,创建三维形状。"放样"工具适用于创建轮廓相同但路径不为直线的形状(若轮廓相同,路径为直线,则使用"拉伸"工具)。

**2. 放样的创建**

① 创建"放样"。打开"公制常规模型"，在"族编辑器"中的"创建"选项卡"形状"面板上，单击 🖐 （放样）。如图 6-44 所示，以绘制建筑散水为例，在已绘制好的墙体下部绘制散水。

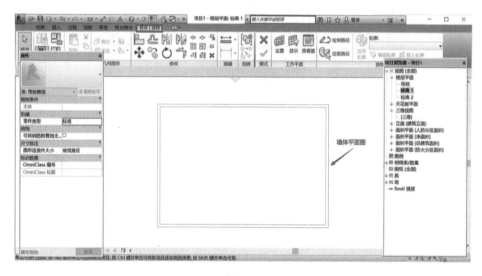

图 6-44

② 指定放样路径。

若要为放样绘制新的路径，可单击"修改|放样"选项卡 ➤ "放样"面板 ✍ （绘制路径）。路径既可以是单一的闭合路径，也可以是单一的开放路径，但不能有多条路径。路径可以是直线和曲线的组合。

若要为放样选择现有的线，请单击"修改|放样"选项卡 ➤ "放样"面板 🗇 （拾取路径）。

在"模式"面板上，单击 ✔ （完成编辑模式）。

在本例中，假设墙体四面均有散水，则散水的放样路径为一个矩形，如图 6-45 所示。

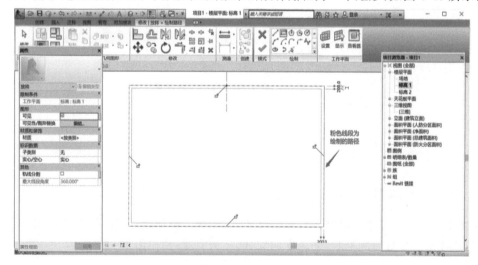

图 6-45

③ 载入或绘制轮廓。

单击"修改|放样"选项卡 ➤ "放样"面板，确认"〈按草图〉"已经显示出来，然后单击 📝（编辑轮廓）。

如果显示"进入视图"对话框，则选择要从中绘制该轮廓的视图，然后单击"确定"。

如果在平面视图中绘制路径，应选择立面视图来绘制轮廓。该轮廓草图可以是单个闭合环形，也可以是不相交的多个闭合环形。在靠近轮廓平面和路径的交点附近绘制轮廓，轮廓必须是闭合环。在本例中，散水的轮廓是一个三角形，如图 6-46 所示。

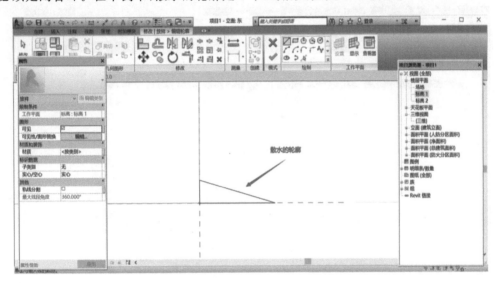

图 6-46

单击"修改|放样" ➤ "模式"，在"模式"面板上，单击 ✔（完成编辑模式），完成建筑散水的创建，如图 6-47 所示。

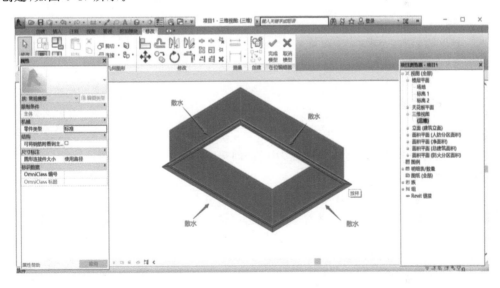

图 6-47

### 6.5.2　真题任务

以 2020 年第一期"1+X"建筑信息模型(BIM)职业技能等级考试——初级——实操试题第一题为例,使用"放样"和"融合"创建模型,如图 6-48 所示。题目要求:绘制仿交通锥模型,具体尺寸如下图给定的投影图尺寸所示,创建完成后以"仿交通锥+考生姓名"为文件名保存至本题文件夹中(20 分)。

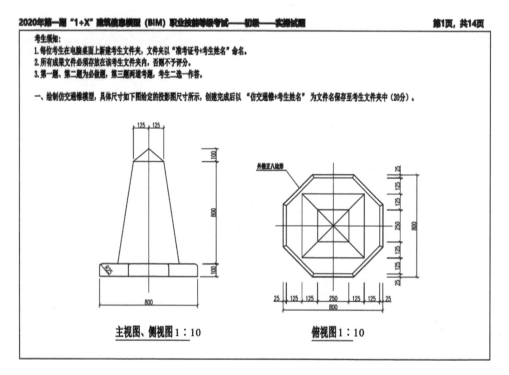

图 6-48

### 6.5.3　实施任务

#### 1. 底座的创建

1)创建"放样"

打开"公制常规模型",在"族编辑器"中的"创建"选项卡"形状"面板上,单击 ⟨⟩ (放样)。

放样实施任务

2)路径的绘制

单击"修改|放样"选项卡 ➤ "放样"面板 ✐ (绘制路径)。在真题中,路径为外接正八边形,如图 6-49 所示。

3)轮廓的绘制

单击"修改|放样"选项卡 ➤ "放样"面板,确认"〈按草图〉"已经显示出来,然后单击 ✐ (编辑轮廓)。

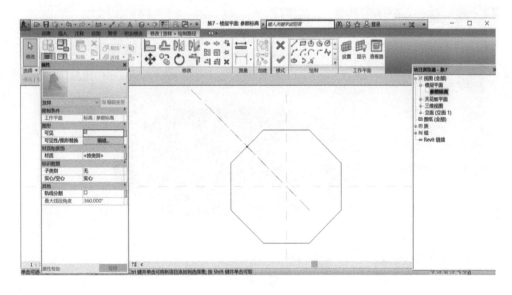

图 6-49

如果显示"进入视图"对话框,则选择要从中绘制该轮廓的视图,然后单击"确定"。真题中选择前后左右立面均可完成轮廓的绘制。以前立面为例,轮廓为一个有倒角的矩形,如图 6-50 所示。

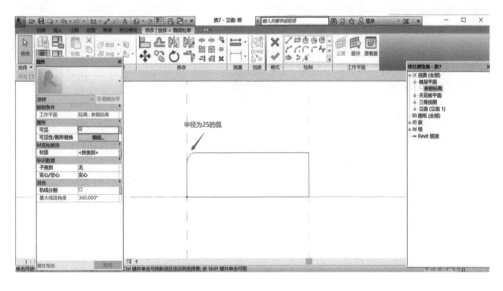

图 6-50

4)完成底座编辑

单击"修改|放样" ➤ "模式",在"模式"面板上,单击 ✔ (完成编辑模式),完成底座的编辑,如图 6-51 所示。

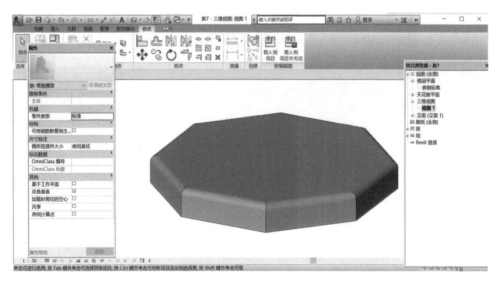

图 6-51

## 2. 中间部位的创建

使用"融合"工具，可创建真题所示图形中间的部位，如图 6-52 所示。

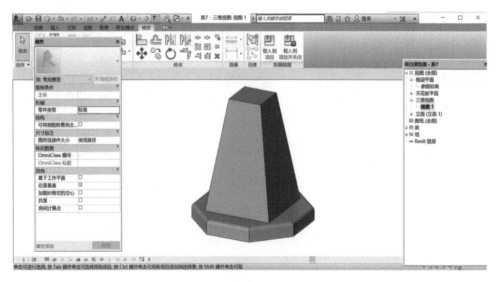

图 6-52

## 3. 顶部的创建

使用"放样"工具，创建交通锥的顶部。在真题中，放样路径为正方形，如图 6-53 所示，放样轮廓为三角形，如图 6-54 所示。将创建好的顶部在立面图向上移动至相应位置即可。创建的交通锥三维视图如图 6-55 所示。

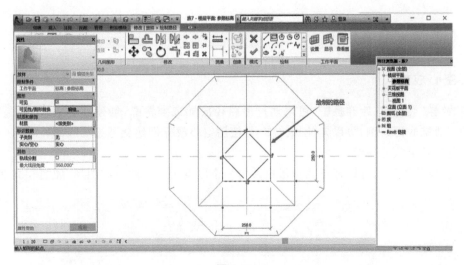

图 6-53

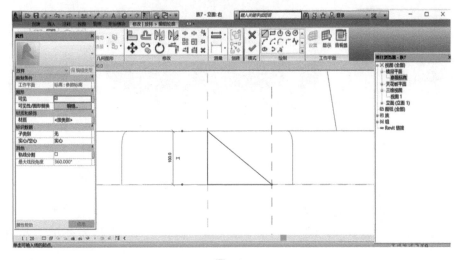

图 6-54

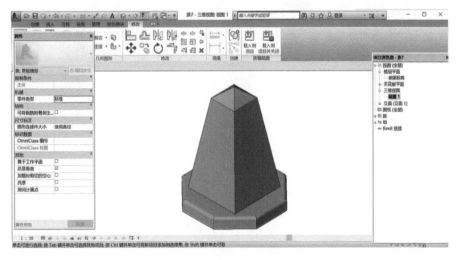

图 6-55

### 6.5.4 拓展任务

**1. 空心放样**

与"放样"类似,在族样板中,可以通过沿路径放样二维轮廓,创建空心三维形状。以真题中的交通锥底部为例,可以先使用拉伸,再使用空心放样创建交通锥的底部。

1)"拉伸"形状的创建

使用"拉伸"工具,可以将正八边形拉伸为一个厚度为 100 的三维图形,如图 6-56 所示。

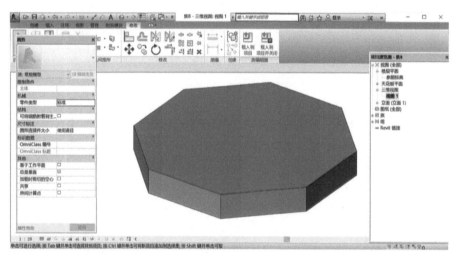

图 6-56

2)空心放样路径绘制

在"族编辑器"中的"创建"选项卡"形状"面板上,单击空心形状 ➤ 空心放样。单击"修改|放样"选项卡 ➤ "放样"面板 ✍ (绘制路径)。在真题中,路径为外接正八边形,如图 6-57 所示。

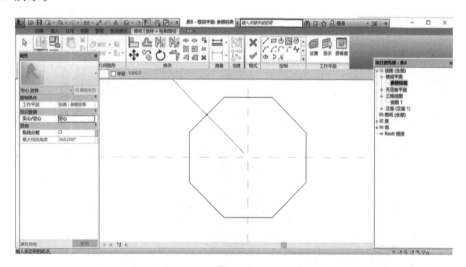

图 6-57

### 3)空心放样轮廓编辑

如果显示"进入视图"对话框,则选择要从中绘制该轮廓的视图,然后单击"确定"。真题中选择前、后、左、右立面均可完成轮廓的绘制。以前立面为例,轮廓为一个长边变为弧的矩形,如图 6-58 所示。

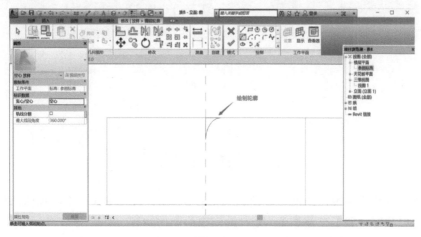

图 6-58

### 4)完成空心放样

单击"修改|放样" ➤ "模式",在"模式"面板上,单击 ✔ (完成编辑模式),完成交通锥底座的编辑,如图 6-59 所示。

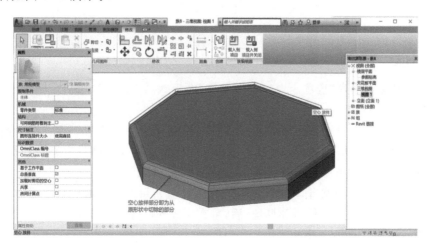

图 6-59

## 6.5.5　真题任务

从我国历史和国情出发,社会主义职业道德建设要坚持的最根本原则是(　　)。

A. 人道主义　　　　　　　　　　　　　B. 爱国主义

C. 社会主义　　　　　　　　　　　　　D. 集体主义

# 学习情境 7　概念体量创建

## 7.1　学习情境

在标准的环境当中要想绘制一个曲面是比较困难的,所以 Revit 才会延伸出体量工具,体量工具可以快速帮我们创建曲面,比如做一些曲面的屋顶、墙体、幕墙等。如果要绘制出这样的效果,软件自带的墙工具是无法实现的,只能用面墙工具通过拾取体量的面来生成。

本章将学习简单的体量创建。

## 7.2　任务:体量的创建

### 7.2.1　学习任务——内建体量的创建

① 单击"体量和场地"选项卡 ▶ "概念体量"面板 ▶ 🗔(内建体量)。输入内建体量族的名称,然后单击"确定"。

② 加入要创建圆柱形体量,可以在平面图上绘制体量的底面——圆。选中创建的圆,选择选项卡中"创建形状" ▶ "实心形状",如图 7-1 所示。生成的体量中有圆柱状和球状可选择,如选择圆柱状,则可生成圆柱状体量,如图 7-2 所示。

③ 单击"修改" ▶ "在位编辑器" ▶ ✔(完成体量),可在完成的体量中添加楼层,如图 7-3 所示。选中项目栏中的"体量和场地"后,可在完成的体量中快速添加幕墙系统、屋顶、墙和楼板等建筑构件,如图 7-4 所示。

### 7.2.2　真题任务

以 2020 年第二期"1+X"建筑信息模型(BIM)职业技能等级考试——初级——实操试题第二题为例,使用"体量"创建模型,如图 7-5 所示。题目要求:按照要求创建下图体量模型,参数详见(图 1),半圆圆心对齐。并将上述体量模型创建幕墙(图 2),幕墙系统为网格布局 1000mm×600mm(横向竖梃间距为 600mm,竖向竖梃间距为 1000mm);幕墙的竖向网格中心对齐,横向网格起点对齐;网格上均设置竖梃,竖梃均为圆形竖梃,半径为 50mm。创建屋面女儿墙以及各层楼板。请将模型以文件名"体量幕墙+考生姓名"保存至本题文件夹中。(20 分)

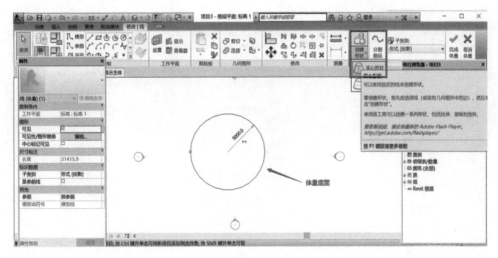

图 7-1

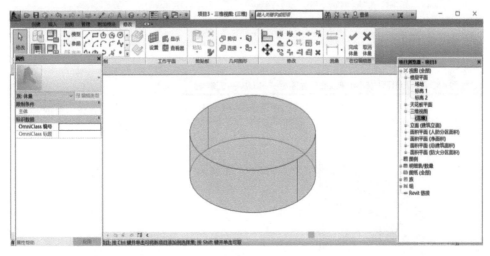

图 7-2

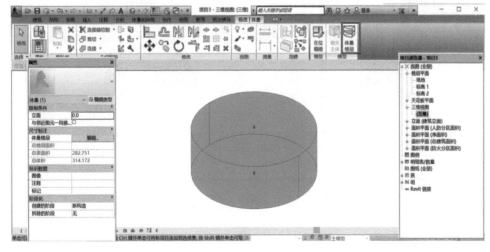

图 7-3

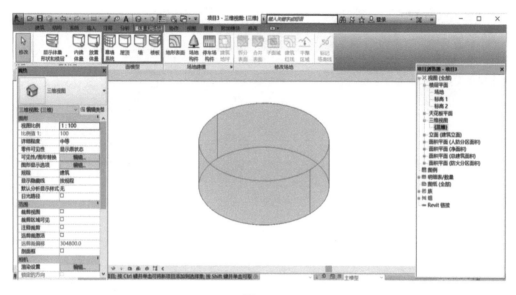

图 7-4

二、按照要求创建下图体量模型，参数详见（图1），半圆圆心对齐。并将上述体量模型创建幕墙（图2），幕墙系统为网格布局1000mm×600mm（横向竖梃间距为600mm，竖向竖梃间距为1000mm）；幕墙的竖向网格中心对齐，横向网格起点对齐；网格上均设置竖梃，竖梃均为圆形竖梃，半径为50mm。创建屋面女儿墙以及各层楼板，请将模型以文件名"体量幕墙+考生姓名"保存至本题文件夹中。（20分）

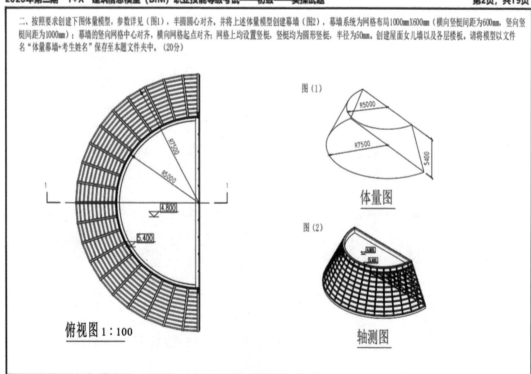

俯视图 1:100

图（1）

体量图

图（2）

轴测图

(a)

图 7-5

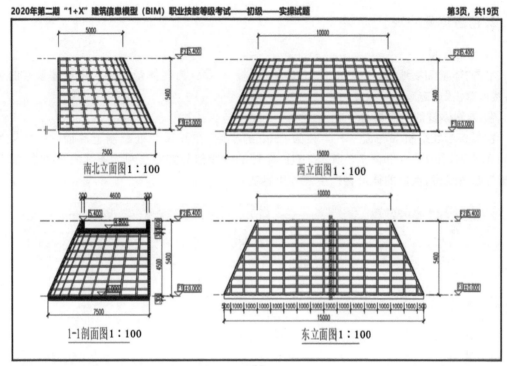

(b)

续图 7-5

## 7.2.3 实施任务

体量实施任务

### 1. 创建标高

按照题目要求，创建或修改标高，如图 7-6 所示。

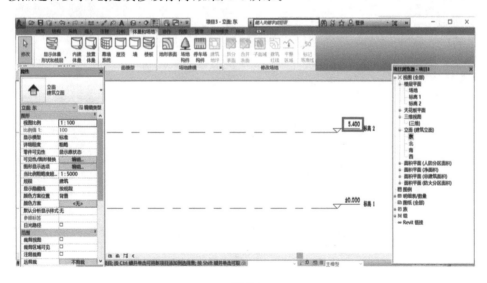

图 7-6

305

## 2. 创建体量外观

① 创建体量。

单击"体量和场地"选项卡 ➤ "概念体量"面板 ➤ ▣（内建体量），输入内建体量族的名称，然后单击"确定"。

② 绘制体量的上底面与下底面。

在标高 1 处绘制下底面——半径为 7500 的半圆，在标高 2 处绘制上底面——半径为 5000 的半圆，如图 7-7 和图 7-8 所示。（注：半圆的线段部分需要绘制为连续的一条线段，若绘制为两条线段，生成的体量会产生额外边界线）

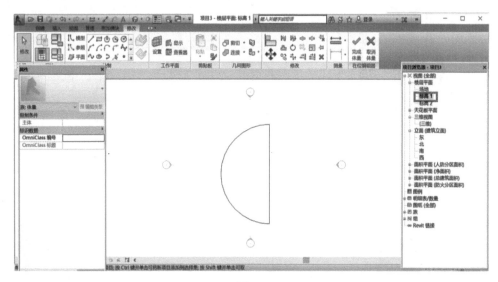

图 7-7

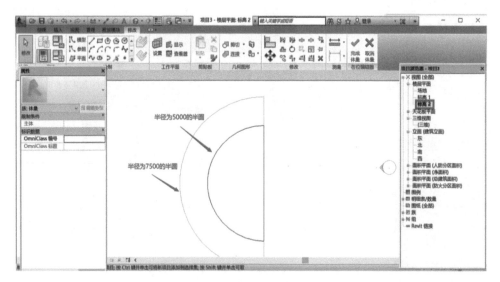

图 7-8

③ 选中两个半圆（可在三维视图中选择），选择选项卡中的"创建形状" ➤ "实心形状"，如图 7-9 所示。生成的体量如图 7-10 所示。

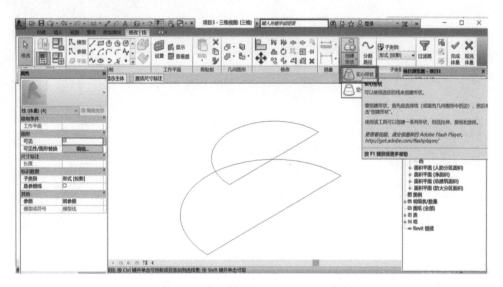

图 7-9

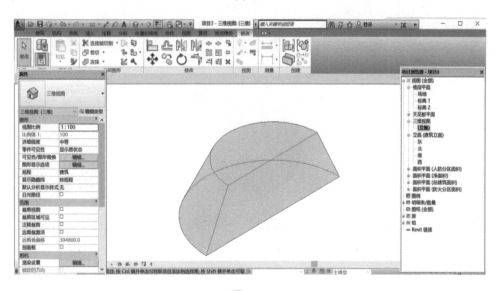

图 7-10

## 3. 创建体量楼层

选中创建的体量，点击"修改|体量"选项中的"体量楼层"，选中标高 1，点击"确认"可在标高 1 中生成体量楼层，如图 7-11 所示。

## 4. 创建墙体

创建体量中的墙体，参照建筑墙体绘制方法。绘制完成效果如图 7-12 所示。

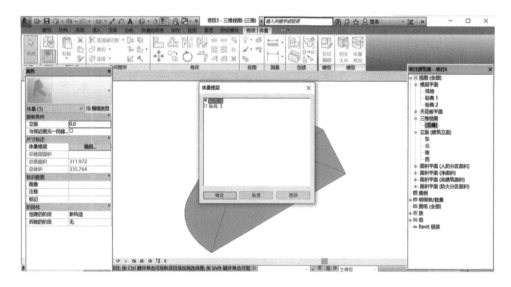

图 7-11

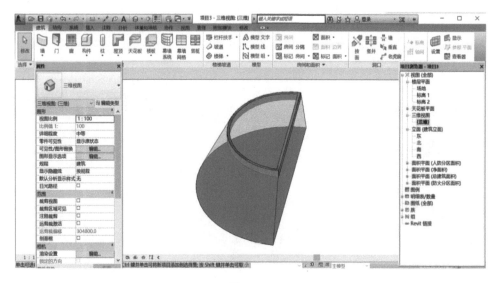

图 7-12

## 5. 创建楼板

1)绘制标高 1 处楼板

在选项卡"体量与场地"中,选择"楼板",再点击刚才创建的楼层 1。在属性栏中选择楼板-300mm,在选项卡"修改|放置面楼板"中,点击"创建楼板",如图 7-13 所示。生成的楼板如图 7-14 所示。

2)绘制标高 4.8m 处楼板

建议使用"旋转"工具绘制 4.8m 处楼板。若使用体量快速创建楼板,则生成的楼板在立面图上显示与真题存在差异。旋转形状截面与旋转角度设置如图 7-15 所示,生成的楼板如 7-16 所示。

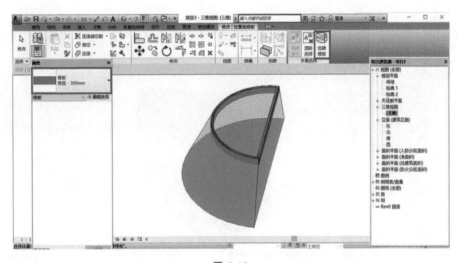

图 7-13

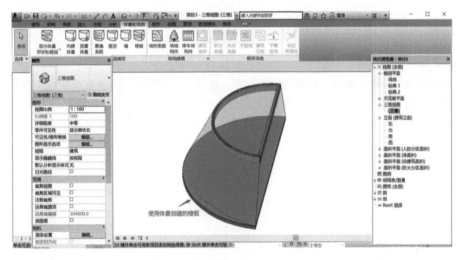

图 7-14

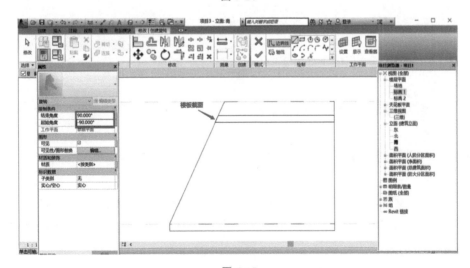

图 7-15

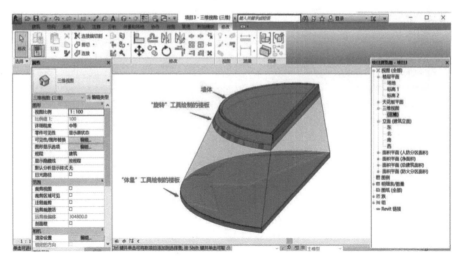

图 7-16

## 6. 创建幕墙系统

1) 编辑幕墙系统属性

点击选项卡"体量与场地"中的"幕墙系统",在属性栏中编辑幕墙系统类型,参照真题要求编辑幕墙系统属性。幕墙系统为网格布局 1000mm×600mm(横向竖梃间距为 600mm,竖向竖梃间距为 1000mm);幕墙的竖向网格中心对齐,横向网格起点对齐;网格上均设置竖梃,竖梃均为圆形竖梃,半径为 50mm。(注:类型属性中网格 1 为纵向,网格 2 为横向,如图 7-17 所示)

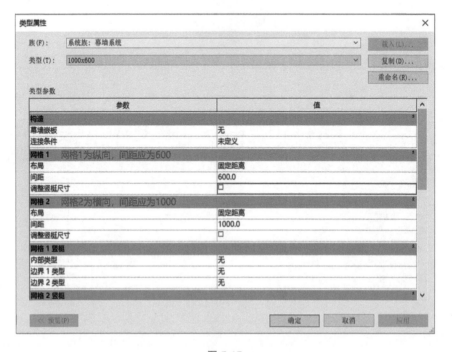

图 7-17

2)创建幕墙系统

编辑完成幕墙系统属性后,选中要创建幕墙的面,点击选项卡"修改|放置面幕墙系统"中的"创建系统",即可完成幕墙的创建,如图 7-18 所示。

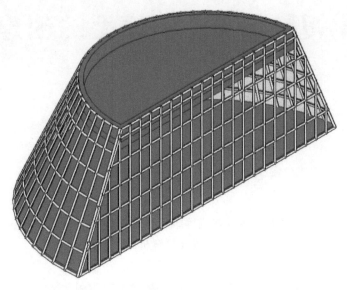

图 7-18

## 7.2.4   真题任务

① 作为 BIM 工程师,职业道德与专业技能的关系是(      )。

A. 企业招聘的标准通常是技能高于职业道德

B. 没有职业道德的人,无论技能如何,都无法充分发挥其自身价值

C. 只要技能提高了,职业道德素质也相应地提高了

D. 职业道德注重的是工程师的内在修养,而不包含职业技能

② 作为一名想要从事 BIM 行业的学生,我们应做好未来的职业规划,下列说法不正确的是(      )。

A. 培养自己的专业技能

B. 提高自己的 BIM 应用能力

C. BIM 行业处于时代的风口,无需自身努力就能取得很大成就

D. 时刻关注行业的最新需求

# 学习情境 8　小模型的创建

## 8.1　学 习 情 境

"1+X"建筑信息模型(BIM)职业技能等级考试——初级——实操试题有时会出现小模型的创建题,本章针对曾经出现过的小模型真题解析做法。

## 8.2　任务:小模型的创建

### 8.2.1　小模型真题1

小模型真题 1

2019 年第二期"1+X"建筑信息模型(BIM)职业技能等级考试——初级——实操试题第二题,如图 8-1 所示。题目要求:按要求建立钢结构雨棚模型(包括标高、轴网、楼板、台阶、钢柱、钢梁、幕墙及玻璃顶棚),尺寸、外观与图示一致,幕墙和玻璃雨棚表示网格划分即可,见节点详图,钢结构除图中标注外均为 GL2 矩形钢,图中未注明尺寸自定义。将建好的模型以"钢结构雨棚+考生姓名"为文件名保存至考生文件夹中。(20 分)

**1. 标高轴网的创建**

按照真题中所示平面图与立面图,绘制真题中的标高和轴网。

**2. 楼板的创建**

使用"建筑楼板"工具,创建楼板。楼板创建后的三维视图如图 8-2 所示。

**3. 台阶的创建**

使用"内建模型"与"拉伸"工具,创建楼梯。
① 绘制工作平面。
由于创建的轮廓需要在立面图上绘制,因此需要创建一个立面的工作平面。(注:在平面图中绘制的工作平面用于在立面绘制图形,在立面绘制的横向工作平面可用于在平面绘

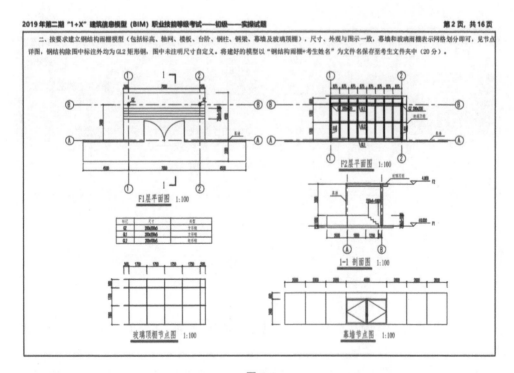

图 8-1

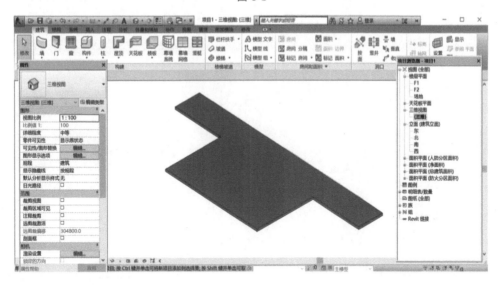

图 8-2

制图形,在立面绘制的纵向工作平面可用于在另一个立面绘制图形。以本道真题为例,需要在立面绘制楼梯的轮廓,因此,需要在平面绘制工作平面)

点击"选项卡"➤"工作平面"➤"绘制工作平面"(快捷键 R+P),在平面图绘制一条纵向的工作平面用于绘制楼梯的轮廓,如图 8-3 所示。

② 设置工作平面。

点击"选项卡"➤"工作平面"➤"设置工作平面",在对话框中选择"拾取一个平面",如图 8-4 所示。

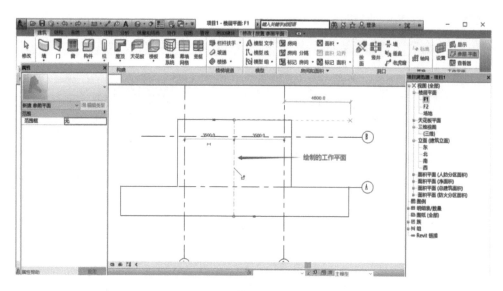

图 8-3

点击"确定",选择刚才确认的平面。在视图中选择"立面:东",如图 8-5 所示,点击"打开视图"。

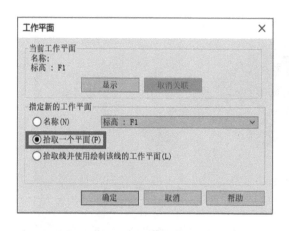

图 8-4

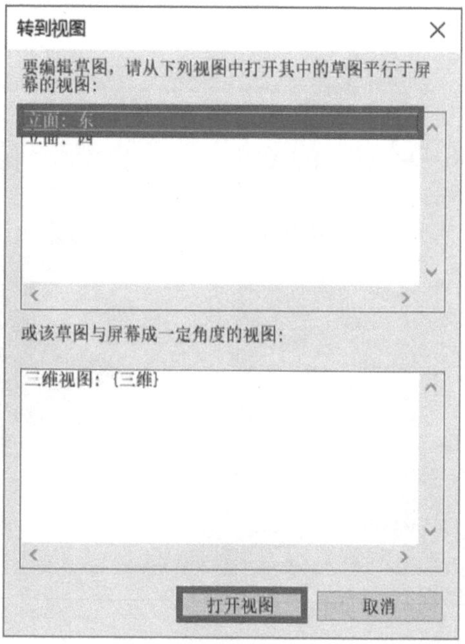

图 8-5

③ 在东立面绘制楼梯的轮廓,如图 8-6 所示。

④ 使用"拉伸"工具绘制另一块楼板。可在平面图拖拉绘制的楼梯或楼板,使其边界与底部楼板保持一致。绘制完成后如图 8-7 所示。

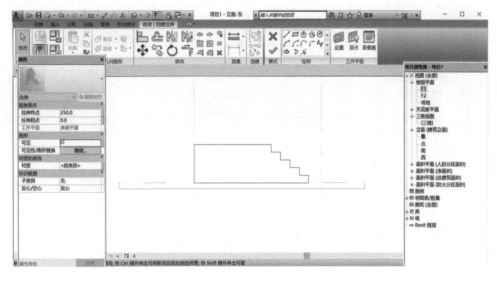

图 8-6

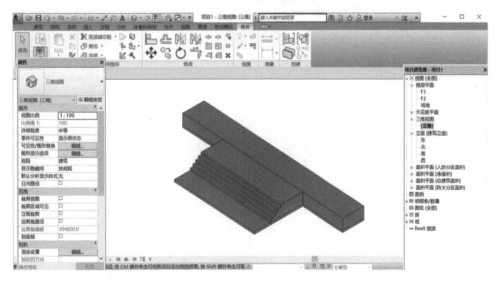

图 8-7

### 4. 幕墙的创建

1) 幕墙的创建

选择建筑墙,在属性栏中找到"幕墙",如图 8-8 所示。

将幕墙放置于真题平面图所示的位置,幕墙的高度设置可参考常规建筑墙。创建完成的幕墙如图 8-9 所示。

2) 幕墙网格的创建

点击"建筑" ▶ "幕墙网格",然后将鼠标移动至幕墙上,按照真题所示的"幕墙节点图"点击幕墙,将节点添加至幕墙上。竖向网格使用"全部分段"绘制,横向网格使用"一段"绘制。创建完成的幕墙网格如图 8-10 所示。

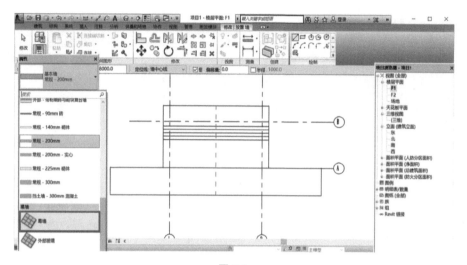

图 8-8

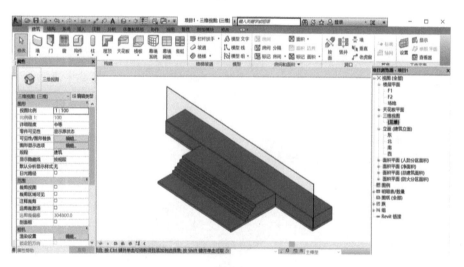

图 8-9

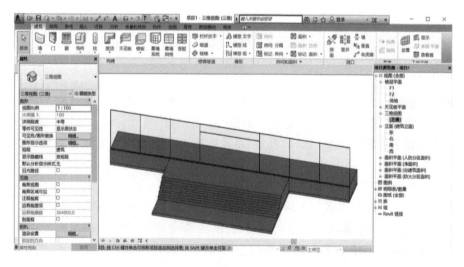

图 8-10

3)幕墙嵌板门的创建

在立面图框选幕墙中需要编辑为门的部分,如图 8-11 所示。在属性栏中点击"编辑类型",在对话框中选择"载入",依次选择"建筑"▶"幕墙"▶"门窗嵌板",选择与"幕墙节点图"中一致的双开门,即可创建真题中的嵌板门,如图 8-12 所示。(注:需在平面图检查开门朝向,开门朝向的调整可参考常规建筑门)

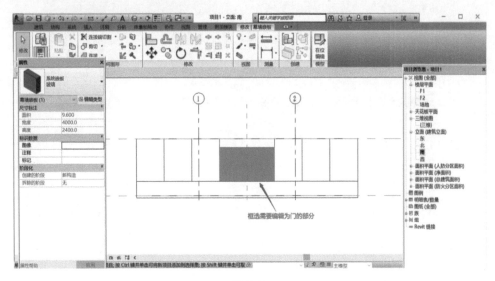

图 8-11

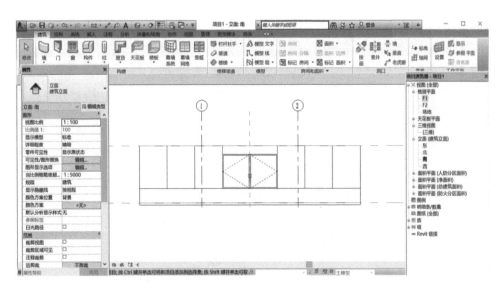

图 8-12

## 5.钢柱的创建

1)钢柱的编辑

在视图中开启结构平面图。选择结构柱,在属性栏中载入"结构"▶"柱"▶"钢"▶"矩形钢管柱",钢管柱的尺寸为 200mm×200mm×5mm,钢管柱的属性编辑如图 8-13 所示。

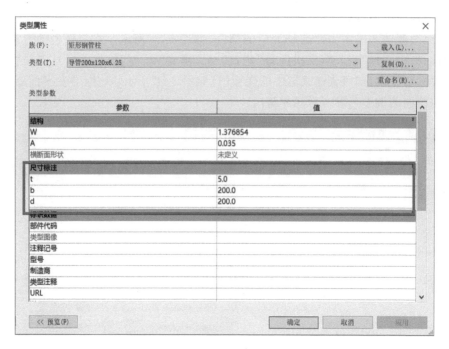

图 8-13

2）钢柱的放置

结构柱的放置可参考建筑柱。完成钢柱的放置后，可在三维视图中查看，如图 8-14 所示。

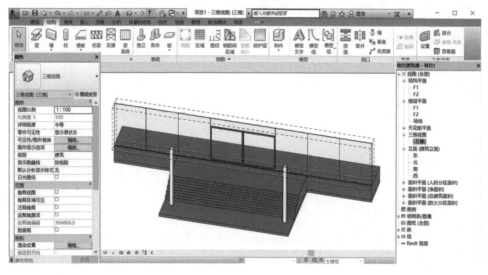

图 8-14

## 6. 钢梁的创建

1）钢梁的编辑

在结构平面图"F2"中，选择结构梁，在属性栏中载入"结构" ➤ "框架" ➤ "钢" ➤ "矩形钢管",钢管梁 GL1 和 GL2 的属性编辑如图 8-15 和图 8-16 所示。

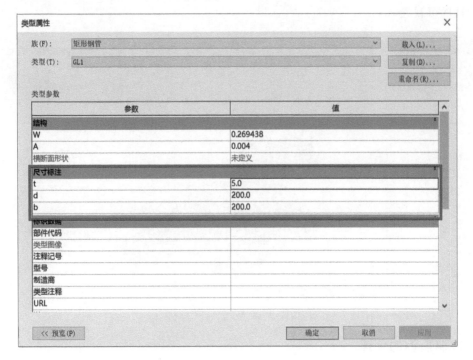

图 8-15

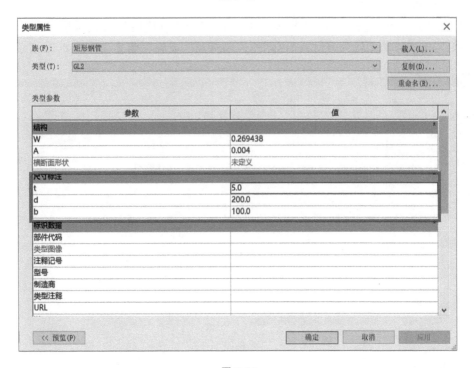

图 8-16

2)钢梁的放置

结构梁的放置可参考建筑梁。完成钢梁的放置后,可在三维视图中查看,如图 8-17 所

示。（注：可在结构平面的属性栏中将详细程度由"粗略"改为"中等"或"精细"，加强平面图中梁和柱的可视性）

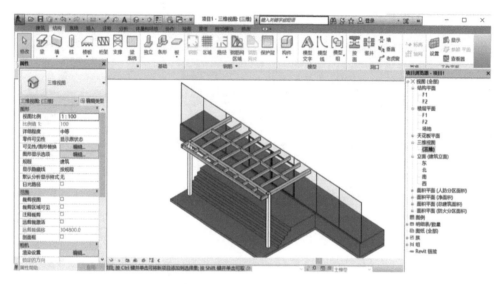

图 8-17

### 7. 玻璃顶棚的创建

1）玻璃顶棚的创建

在楼层平面图中，点击选项卡"建筑"中的"屋顶" ▶ "迹线屋顶"，在属性栏中下拉找到"玻璃斜窗"，编辑玻璃雨棚的迹线，即可创建玻璃雨棚。玻璃顶棚迹线如图 8-18 所示。

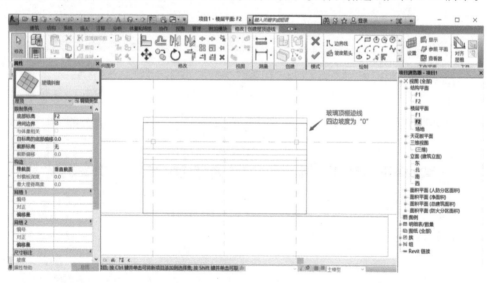

图 8-18

2）玻璃顶棚的网格

玻璃顶棚网格的创建参考幕墙网格的创建。创建完成后的模型三维视图如图 8-19 所示。

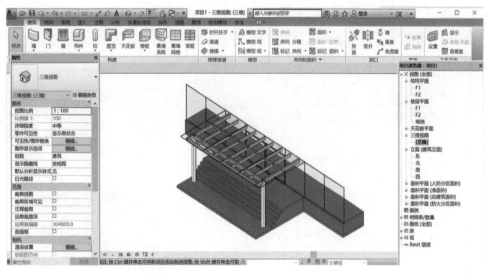

图 8-19

## 8.2.2   小模型真题 2

2020 年第三期"1＋X"建筑信息模型(BIM)职业技能等级考试——初级——实操试题第二题如图 8-20 所示。题目要求:按要求建立地铁站入口模型,包括墙体(幕墙)、楼板、台阶、屋顶,尺寸外观与图示一致,幕墙需表示网格划分,竖梃直径为 50mm,屋顶边缘见节点详图,图中未注明尺寸自定义,请将模型以文件名"地铁站入口＋考生姓名"保存至考生文件夹中(20 分)。

小模型真题 2

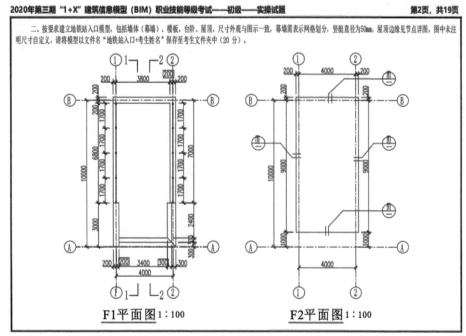

(a)

图 8-20

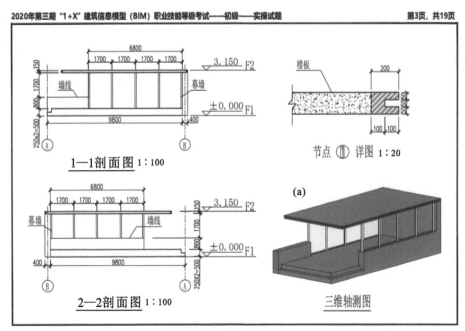

(b)

续图 8-20

## 1. 标高轴网的创建

按照真题中所示平面图与立面图,绘制真题中的标高和轴网。

## 2. 墙体的创建

1)创建常规墙体

按照真题所示的平面图与立面图,绘制真题中的常规墙体,如图 8-21 所示。

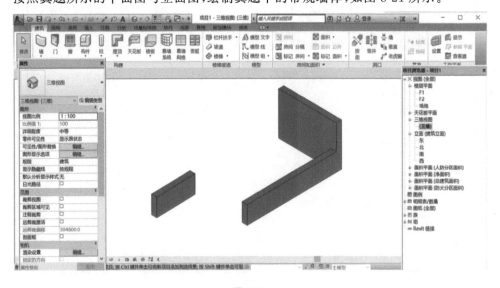

图 8-21

2）创建幕墙

按照真题所示平面图与立面图，绘制真题中的幕墙。添加幕墙网格与竖梃，如图 8-22 所示。

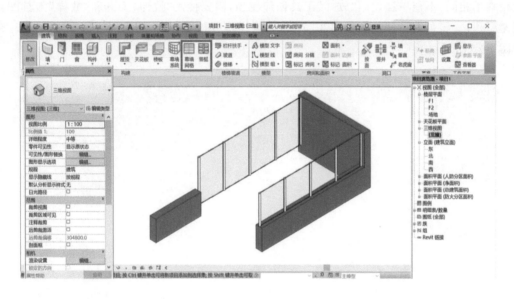

图 8-22

## 3. 楼板以及台阶的创建

使用内建模型中的"拉伸"工具，即可创建楼板和台阶（注：真题中"F1 平面图"有误，应参考"三维轴测图"，楼梯级数为两级）。完成后的三维视图如图 8-23 所示。

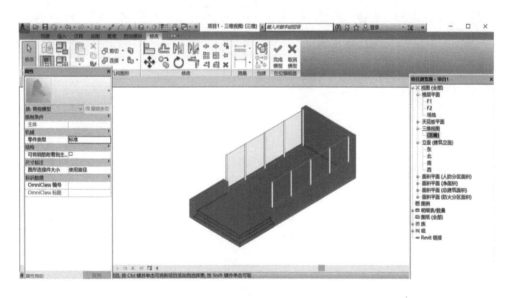

图 8-23

### 4.屋面的创建

使用"拉伸"工具与"放样"工具完成屋顶(注:由于屋顶上底面是矩形而不是正方形,导致轮廓不相同,不能单独使用"放样"工具创建屋顶,需要使用"拉伸"工具和"放样"工具配合创建屋顶)。屋顶的拉伸轮廓如图 8-24 所示,放样迹线如图 8-25 所示,在东立面的编辑轮廓如图 8-26 所示。

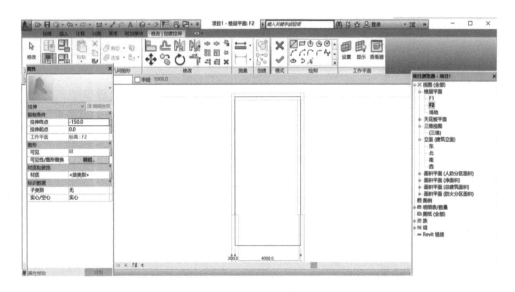

图 8-24

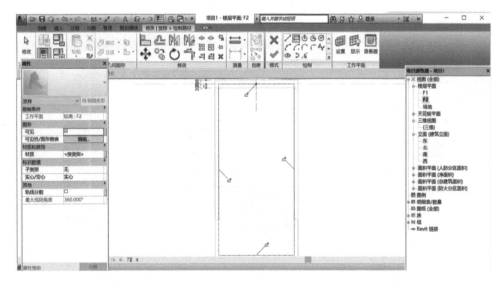

图 8-25

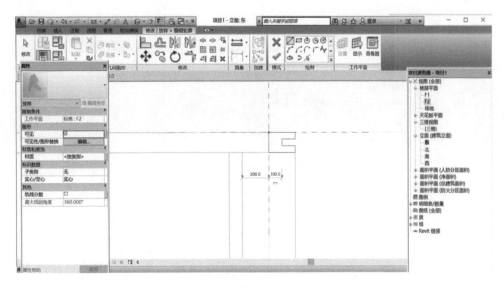

图 8-26

创建完成的模型如图 8-27 所示。

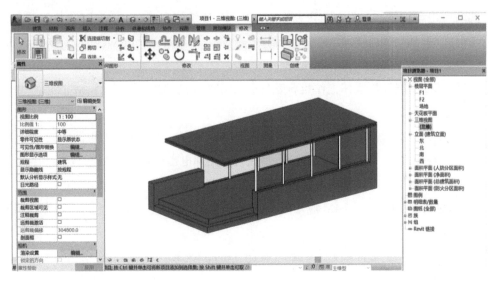

图 8-27

## 8.2.3　真题任务

BIM 从业人员职业道德要求之一是爱岗敬业,下列的说法中你认为正确的是(　　　)。

A. 爱岗敬业是现代企业精神,对个人发展没有意义

B. 现代社会提倡人才流动,爱岗敬业正逐步丧失它的价值

C. 爱岗敬业要树立终生学习观念

D. 在现实中,我们不得不承认,"爱岗敬业"的观念阻碍了人们的择业自由

E. 发扬螺丝钉精神是爱岗敬业的重要表现

# 参考文献

[1] 廊坊市中科建筑产业化创新研究中心.建筑信息模型(BIM)职业技能等级标准[EB/OL].(2021-04-20)[2022-05-22].www.zkjzzx.com/guanlizhidu/zhiyejinengdengjibiaozhun/416.html.

[2] 廊坊市中科建筑产业化创新研究中心."1+X"建筑信息模型(BIM)职业技能等级证书考评大纲[EB/OL][2022-05-22].https://wenku.baidu.com/view/8373b8dbc7da50e2524de518964bcf84bqd52dba.html.

[3] 全国BIM技能等级考评工作指导委员会.BIM技能等级考评大纲[M].北京:中国标准出版社,2019.

[4] 周佶,王静.建筑信息模型(BIM)建模技术[M].北京:高等教育出版社,2020.

[5] 李鑫.Revit2016完全自学教程[M].北京:人民邮电出版社,2017.

[6] 胡建平,宋劲军.BIM建模及应用[M].北京:北京理工大学出版社,2020.

[7] 高华,施秀凤,丁丽丽.BIM应用教程:Revit Architecture 2016[M].武汉:华中科技大学出版社,2019.

[8] 刘学贤.建筑绘图基础教程:建筑制图+CAD+Revit[M].北京:机械工业出版社,2020.

[9] 贾璐.REVIT族入门与提高[M].北京:中国水利电力出版社,2020.

[10] 张玉琢,张德海,孙佳琳.BIM技术应用基础[M].北京:清华大学出版社,2019.

[11] 何波.BIM多软件实用疑难200问[M].北京:中国建筑工业出版社,2016.

[12] 胡仁喜,刘昌丽.Revit2021从入门到精通[M].北京:人民邮电出版社,2021.

[13] 林泉.Revit2020完全自学一本通[M].北京:电子工业出版社,2020.

[14] 赵志.Revit建筑建模基础与实战[M].北京:化学工业出版社,2021.

[15] 孙仲健.BIM技术应用——Revit建模基础[M].北京:清华大学出版社,2018.

[16] 益埃毕教育.全国BIM技能一级考试Revit教程[M].北京:中国电力出版社,2016.

[17] 张建平,胡振中,杨谆. 全国 BIM 技能等级考试试题集[M]. 北京:中国建筑工业出版社,2019.

[18] 中华人民共和国住房和城乡建设部,中华人民共和国国家质量监督检验检疫总局. 建筑制图标准:GB/T 50104—2010.北京:中国建筑工业出版社,2011.

[19] 中华人民共和国住房和城乡建设部. 房屋建筑制图统一标准:GB/T 50001—2017.北京:中国建筑工业出版社,2018.